化学分析检验技术
（含学生工作页）

李丹莹　主编

黄春媛　崔金娟　副主编

化学工业出版社

·北京·

本书共包括六个模块，分别是绪论、酸碱滴定分析技术、氧化还原滴定分析技术、配位滴定法、沉淀滴定法和重量分析法。主要对化学分析中各类分析方法的基本原理、特点、应用领域及最新进展等做了介绍。

本书可作为高等职业技术教育中应用化学、化工、材料、生物、环境等专业的教材，也可供相关师生、分析测试工作者和自学者参考和阅读。

图书在版编目（CIP）数据

化学分析检验技术（含学生工作页）/李丹莹主编．
北京：化学工业出版社，2014.5（2023.9重印）
ISBN 978-7-122-19937-9

Ⅰ.①化… Ⅱ.①李… Ⅲ.①化学分析-检验 Ⅳ.
①O652

中国版本图书馆 CIP 数据核字（2014）第 039618 号

责任编辑：蔡洪伟　陈有华　　　　　　　　　文字编辑：颜克俭
责任校对：吴　静　　　　　　　　　　　　　装帧设计：王晓宇

出版发行：化学工业出版社（北京市东城区青年湖南街 13 号　邮政编码 100011）
印　　装：北京科印技术咨询服务有限公司数码印刷分部
787mm×1092mm　1/16　印张 15½　字数 395 千字　2023 年 9 月北京第 1 版第 7 次印刷

购书咨询：010-64518888　　　　　　　　　　售后服务：010-64518899
网　　址：http://www.cip.com.cn
凡购买本书，如有缺损质量问题，本社销售中心负责调换。

定　价：45.00 元　　　　　　　　　　　　　　　　　　　版权所有　违者必究

前言

本书为食品安全与质量检验专业、工业分析与质量检验专业的专业基础课程之一。全书共包括六个模块,分别是绪论、酸碱滴定分析技术、氧化还原滴定分析技术、配位滴定法、沉淀滴定法和重量分析法。主要对化学分析中各类分析方法的基本原理、特点、应用领域及最新进展等做了介绍。

目前职业技术教育所用教材大多难度较大,理论水平要求较高,给职业技术学校的学生学习带来较大的难度,并且与技工学校的教学要求不相匹配。本书以能力为本位,对理论知识以"够用"为原则,"以典型工作任务为载体",采用模块化进行编写,着重强调操作技能的培养,可作为高等职业技术教育中应用化学、化工、材料、生物、环境等专业的教材,也可供相关师生、分析测试工作者和自学者参考和阅读。

本书由李丹莹主编,黄春媛、崔金娟副主编,丁忠耀、赵丽冰参编。全书采用任务引领的方式进行编排,力求突出以能力为本位的主线;引入大量图片、表格,增强直观性;以在"做中学、手脑并用"的设计思想组织材料。

由于编者水平有限,本书可能存在许多不足之处,恳请广大读者批评、指正。

编者

2014 年 2 月

目录

绪论 ... 1

任务1 认识化学分析课程 ... 1
    任务描述 ... 1
    学习目标 ... 1
    相关知识 ... 1

任务2 标准溶液的浓度及配制 ... 6
    任务描述 ... 6
    学习目标 ... 6
    相关知识 ... 6

任务3 分析结果的表示与数据处理 ... 12
    任务描述 ... 12
    学习目标 ... 12
    相关知识 ... 12

习题 ... 20

模块1 酸碱滴定分析技术 ... 22

背景知识 ... 22

任务1 食醋总酸度的测定 ... 30
    任务背景 ... 30
    学习目标 ... 30
    情境设置 ... 31
    资讯信息 ... 31
    问题引领 ... 31
    工作计划 ... 31
    任务实施 ... 31
    交流讨论 ... 32
    考核评价 ... 32

任务2 混合碱的测定 ... 33
    学习目标 ... 33
    相关知识 ... 33
    子任务1 盐酸标准溶液的配制与标定 ... 35

情境设置 ·· 35
　　　资讯信息 ·· 35
　　　问题引领 ·· 35
　　　方法原理 ·· 35
　　　仪器试剂 ·· 35
　　　操作过程 ·· 36
　　　数据处理 ·· 36
　　　交流讨论 ·· 36
　　　考核评价 ·· 37
　　子任务2　混合碱的测定 ······································ 38
　　　情境设置 ·· 38
　　　资讯信息 ·· 38
　　　问题引领 ·· 38
　　　工作计划 ·· 38
　　　任务实施 ·· 38
考核项目　工业硫酸纯度的测定 ································· 40
习题 ·· 40

模块2　氧化还原滴定分析技术　42

背景知识 ··· 42
高锰酸钾法 ··· 50
任务1　双氧水中过氧化氢含量的测定 ························· 54
　　学习目标 ·· 54
　　前期准备 ·· 54
　　情境设置 ·· 55
　　资讯信息 ·· 55
　　问题引领 ·· 55
　　工作计划 ·· 56
　　任务实施 ·· 56
　　交流与思考 ··· 57
重铬酸钾法 ··· 57
碘量法 ·· 60
任务2　胆矾($CuSO_4 \cdot 5H_2O$)含量的测定 ··················· 64
　　学习目标 ·· 64
　　任务描述 ·· 64
　　前期准备 ·· 65
　　情境设置 ·· 67
　　资讯信息 ·· 67
　　问题引领 ·· 67
　　工作计划 ·· 67
　　任务实施 ·· 67
　　交流与思考 ··· 68

任务 3 维生素 C 含量的测定	68
学习目标	68
任务背景	69
资讯信息	69
问题引领	69
工作计划	70
任务实施	70
其他氧化还原滴定法	71
考核项目 绿矾含量的测定（高锰酸钾法）	72
习题	72

模块 3 配位滴定法   74

背景知识	74
任务 1 EDTA 标准溶液的配制和标定	88
学习目标	88
任务背景	89
标定原理	89
仪器和试剂	89
操作步骤	89
结果计算	90
交流与思考	90
任务 2 工业结晶氯化铝含量的测定	90
学习目标	90
任务背景	91
情境设置	91
资讯信息	91
问题引领	91
工作计划	92
任务实施	92
考核评价	93
考核项目 工业碳酸钙含量的测定	94
习题	94

模块 4 沉淀滴定法   95

背景知识	95
任务 食盐中氯含量的测定	99
学习目标	99
任务背景	100
前期准备	100
情境设置	102
资讯信息	102
问题引领	102

| 工作计划 ··· 102
| 任务实施 ··· 102
| 考核项目　自来水氯含量的测定 ··· 103
| 习题 ··· 103

模块 5　重量分析法　105

| 背景知识 ··· 105
| 任务　氯化钡中钡含量的测定 ··· 115
| 任务背景 ··· 115
| 情境设置 ··· 115
| 资讯信息 ··· 115
| 问题引领 ··· 115
| 工作计划 ··· 116
| 任务实施 ··· 116
| 考核评价 ··· 117
| 考核项目　水泥中二氧化硅含量的测定 ··· 118
| 习题 ··· 118

附录　119

| 附录 1　洗涤液的配制及使用 ··· 119
| 附录 2　市售酸碱试剂的浓度及密度 ··· 119
| 附录 3　常用指示剂 ··· 120
| 附录 4　不同温度下，稀溶液体积对温度的补正值 ··· 123
| 附录 5　化学试剂纯度分级表 ··· 123
| 附录 6　元素的相对原子质量表（1989） ··· 124
| 附录 7　化合物的相对分子质量表（1989） ··· 125
| 附录 8　常用基准物质的干燥条件和应用 ··· 129
| 附录 9　无机酸在水溶液中的解离常数（25℃） ··· 129
| 附录 10　EDTA 的 $\lg\alpha_{Y(H)}$ 值 ··· 131
| 附录 11　标准电极电势 ··· 132
| 附录 12　难溶化合物的溶度积常数 ··· 142

参考文献　147

绪论

任务1　认识化学分析课程

任务描述
本学习任务主要是让学生对本课程相关信息进行了解，主要包括课程的定位、相关的专业术语、学时及考核评价等，旨在加深学生对课程的了解。

学习目标
专业能力：1. 能介绍分析化学的任务和作用；
　　　　　2. 能解释分析化学的分类；
　　　　　3. 能讲解滴定分析的相关术语。
方法能力：1. 能独立解决实验过程中遇到的一些问题；
　　　　　2. 能独立使用各种媒介完成学习任务；
　　　　　3. 信息收集能力能得到相应的拓展。
社会能力：1. 具备与团队负责人、成员相互沟通的能力；
　　　　　2. 树立良好的时间观念。

相关知识

一、分析化学概述

（一）分析化学的任务和作用
分析化学是研究物质的化学组成、结构和测定方法及有关理论的科学。也就是说它是研究物质化学组成的表征和测量的科学，是化学学科的重要分支，它所要解决的问题是确定物质中含有哪些组分、这些组分在物质中是如何存在的、各个组分的相对含量是多少以及如何表征物质的化学结构等。其主要任务是鉴定物质的化学成分、测定有关成分的含量、确定物质的化学结构等。

分析化学是研究物质及其变化的重要方法之一。在化学学科本身的发展上，以及与化学有关的各科学领域中，分析化学都起着一定的作用，如材料科学、环境科学、能源科学、生命科学、矿物学、地质学、生理学、医学、农业及其他科学技术，凡涉及化学现象，在其研究过程中必用到分析化学，故分析化学有科学技术的"眼睛"之美誉。

分析化学在国民经济建设中，在生活实践中具有实用价值。如：解决人类面临的"五大危机"（资源、能源、粮食、人口、环境）问题；当代科学领域的四大理论（天体、地球、生命、人类起源和演化）；环境中的五大全球性问题（温室效应、酸雨、臭氧层、水质污染、森林减少）；在工农业生产、国防建设等方面，都依赖分析化学的配合。

总之，分析化学在解决各种理论和实际问题上起着巨大的作用，在我国现代化建设中有着广泛的应用。因此，各类高校与化学有关的专业都设有适当课时的分析化学基础课。

通过分析化学的学习，使大家把理论更密切地联系实际，培养同学们严格、认真和实事求是的科学态度，具备分析化学工作者的实验动手能力、观察能力、查阅文献资料的能力、记忆能力、思维能力、想象能力和表达能力七种能力，为以后的学习和工作打下良好的基础。图 0-1 为分析化学的知识体系。

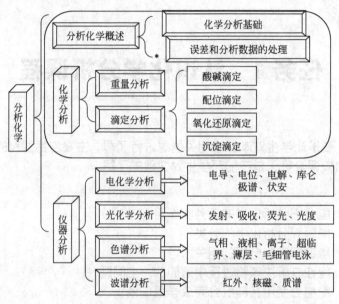

图 0-1　分析化学知识体系

（二）分析方法的分类

分析化学不仅应用广泛，它所采用的方法也多种多样。多年来，人们从不同的角度，如根据分析工作的目的、任务、对象方法和原理的不同对分析方法进行了分类。

1. 按分析目的分类　分为定性分析、定量分析和结构分析。

定性分析的任务是鉴定物质由哪些元素、原子团或化合物所组成；定量分析的任务是测定物质中有关成分的含量。结构分析的任务是研究物质的分子结构、晶体结构或综合形态。

2. 按分析对象分类　分为无机分析和有机分析。

无机分析的对象是无机物质，有机分析的对象是有机物质。两者分析对象不同，对分析的要求和使用的方法多有不同。针对不同的分析对象，还可以进一步分类，例如冶金分析、地质分析、环境分析、药物分析、材料分析和生物分析等。

3. 按照测定原理和操作方法的不同分类（图 0-2）

4. 按试样用量分类（表 0-1）

表 0-1　按试样用量分类

分析方法	试样用量/g	试液体积/mL
常量分析	＞0.1	＞10
半微量分析	0.01～0.1	1～10
微量分析	0.001～0.01	0.01～1
痕量分析	＜0.0001	＜0.01

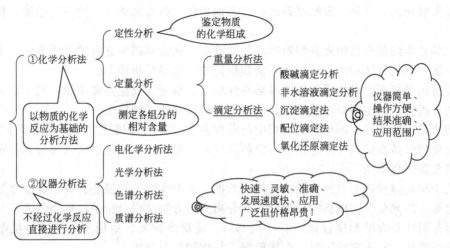

图 0-2　按测定原理和操作方法的不同分类

5. 按组分含量分类（见表 0-2）

表 0-2　按组分含量分类

分析方法	被测组分的含量/%
常量组分分析	>1
微量组分分析	0.01~1
痕量组分分析	<0.01

6. 按分析原理分类

按分析原理分为化学分析法和仪器分析法。以物质的化学反应及其计量关系为基础的分析方法称为化学分析法。化学分析是分析化学的基础，又称经典分析法，主要有重量分析（称重分析）法和滴定分析（容量分析）法等。

重量分析法是通过化学反应及一系列操作步骤使试样中的待测组分转化为另一种化学组成恒定的化合物，再称量该化合物的质量，从而计算出待测组分的含量。如测试样中钡的含量，称取一定量试样溶解于水（或酸），加过量稀 H_2SO_4，使之生成 $BaSO_4$，然后过滤、洗涤、烘干、灼烧、称重，就可求出钡的百分含量。

滴定分析法是将已知浓度的标准滴定溶液滴加到待测物质溶液中，使两者定量完全反应，根据用去的标准滴定溶液的准确体积和浓度即可计算出待测组分的含量，故又称容量分析法。根据反应类型不同，滴定分析又可分为酸碱滴定法、配位滴定法、氧化还原滴定法和沉淀滴定法。

化学分析法常用于常量组分的测定，即待测组分的含量一般在 1% 以上。化学分析法特点：准确度高，误差一般小于 0.2%，在基准方法中起着重要作用。缺点是速度慢、时间长，尤其是重量分析法，灵敏度较低，比滴定分析法麻烦、费时，适于常量组分（大于 1%）分析。

以物质的物理性质和物理化学性质为基础的分析方法称为物理和物理化学分析法。这类方法通过测量物质的物理或物理化学参数完成，需要较特殊的仪器，通常称为仪器分析法。最主要的仪器分析法有：光学分析法、电化学分析法、热分析法、色谱法等。

光学分析法是根据物质的光学性质和能量变化所建立的分析方法，主要包括：①分子光谱法，例如可见和紫外吸光光度法、红外光谱法、分子荧光及磷光分析法；②原子光谱法，例如原子发射光谱法、原子吸收光谱法；③其他如激光拉曼光谱法、光声光谱法、化学发光分析等。

电化学分析法是根据物质在溶液中电化学性质变化为基础所建立的分析方法，主要包括电位分析法、电重量法和库仑法、伏安法和极谱法、电导分析法等。

热分析法是根据测量体系的温度与某些性质（如质量、反应热或体积）间的动力学关系所建立的分析方法，主要有热重量法、差示热分析法和测温滴定法。

色谱法是以物质在互不相溶的两相中的分配系数差异为基础建立起来的分离分析方法，是一种重要的分离富集和分析方法，主要包括气相色谱法、液相色谱法（又分为柱色谱、纸色谱）以及离子色谱法。

近几十年迅速发展起来的质谱法、核磁共振、X射线电子能谱法、电子显微镜分析以及毛细管电泳、纳米化学传感器等仪器分析的分离分析方法使得分析手段更为强大。

仪器分析法具有准确度较高（2%～10%）、灵敏度较高、适用于微量、痕量组分的测定，分析速度快，易于实施实时、在线监测，如炼钢炉前分析。

（三）定量分析的一般程序

1. 取样

所谓样品或试样是指在分析工作中被采用来进行分析的物质体系，它可以是固体、液体或气体。分析化学对试样的基本要求是其在组成和含量上具有一定的代表性，能代表被分析的总体。合理的取样是分析结果是否准确可靠的基础。取有代表性的样品必须采取特定的方法和程序。一般来说要多点取样（指不同部位、深度），然后将各点取得的样品粉碎之后混合均匀，再从混合均匀的样品中取少量物质作为试样进行分析。

2. 试样的分解

定量分析一般采用湿法分析，即将试样分解后转入溶液中，然后进行滴定。分解试样的方法很多，主要有酸溶法、碱溶法和熔融法，操作时可根据试样的性质和分析的要求选用适当的分解方法。

3. 测定

根据分析要求以及样品的性质选择合适的方法进行测定。

4. 数据处理

根据测定的有关数据计算出组分的含量，并对分析结果的可靠性进行分析，最后得出结论。

二、滴定分析法概述

（一）滴定分析法概述

滴定分析中常用术语如下。

（1）滴定分析　滴定分析是用滴定管将已知准确浓度的溶液，滴加到被测物质的溶液中，直到被测组分恰好完全反应为止。由所用溶液的浓度和体积，根据化学反应方程式量的关系，来计算被测物质含量的方法。

（2）滴定剂（标准溶液）　已知准确浓度的溶液。

（3）滴定　滴加标准溶液并发生化学反应的操作过程称滴定。

（4）试液　被测物质的溶液称试液。

（5）等量点　滴加的标准溶液的量与被测物质的量相等时，称等量点。

（6）指示剂　用来指示滴定等量点的物质称指示剂。

（7）滴定终点　滴定至指示剂变色时，停止滴定，称滴定终点。

(8) **终点误差** 指示剂的变色点与滴定反应的等量点不一致所造成的误差称终点误差。滴定分析的误差一般小于 0.1%。

(二) 滴定分析法的分类与滴定方式

1. 滴定分析法分类

(1) **酸碱滴定** 以酸碱中和反应为基础的滴定分析法。反应实质为：
$$H^+ + OH^- = H_2O$$
此法可以用来测定酸、碱以及可以和酸、碱进行定量反应的物质。

(2) **氧化还原滴定法** 以氧化还原反应为基础的滴定分析法。（其中常用的有高锰酸钾法、重铬酸钾法、碘量法、铈量法等）。反应如：
$$MnO_4^- + 8H^+ + 5e^- = Mn^{2+} + 4H_2O$$
此法可用来测定具有氧化性或还原性的物质，以及能和氧化剂或还原剂发生间接反应的物质。

(3) **配位滴定法** 以配合反应为基础的滴定分析法。如 EDTA 法。反应为：
$$H_2Y^{2-} + M^{n+} = MY^{n-4} + 2H^+$$
此法主要用于测定金属离子。其中 M^{n+} 表示 1~4 价的金属离子，H_2Y^{2-} 表示 EDTA 的阴离子。

(4) **沉淀滴定法** 以沉淀反应为基础的滴定分析法。如银量法，反应为：
$$Ag^+ + Cl^- = AgCl\downarrow$$
此法主要用于 Ag^+、CN^-、CNS^-、卤素的测定。

2. 滴定分析必须具备的条件

① 反应必须按方程式进行，无副反应发生，或副反应可以忽略不计。
② 滴定反应完全的程度必须大于 99.9%。
③ 反应速度要快。或者通过催化、加热等方法，可以加速的反应。
④ 要有简便可靠的方法来确定滴定的终点。

3. 按滴定方式不同分类

(1) **直接滴定法** 用标准溶液直接滴定被测物质溶液的方法。

(2) **返滴定法（剩余量滴定法）** 被测物质先与一定过量的已知浓度的试剂作用；反应完全后，再用另一标准溶液滴定剩余的试剂。此法适应于反应速度较慢，需要加热才能反应完全的物质，或者直接法无法选择指示剂等类型的反应。

(3) **置换滴定法** 将被测物质和适当过量的试剂反应，生成一定量的新物质，再用一标准溶液来滴定生成的物质。此法适应用于直接滴定时有副反应的物质测定。

(4) **间接滴定法** 不能和滴定剂反应的物质，可以用能够与滴定剂反应的试剂定量沉淀出来，然后再把沉淀溶解，用滴定剂滴定沉淀剂，从而求出被测物质的含量。如：$KMnO_4$ 不能测定 Ca^{2+}，但是用下面方法可以测定：
$$Ca^{2+} + C_2O_4^{2-} = CaC_2O_4\downarrow$$
$$CaC_2O_4\downarrow + SO_4^{2-} = C_2O_4^{2-} + CaSO_4$$
$$2MnO_4^- + 5C_2O_4^{2-} + 16H^+ = 2Mn^{2+} + 10CO_2\uparrow + 8H_2O$$

课后工作任务
假如你是小老师，请你介绍化学分析这门课程的相关信息。

课后任务实施
1. 小组讨论、获取信息

2. 信息整理、归纳

3. 派出代表进行介绍

任务 2 标准溶液的浓度及配制

任务描述
从事化学分析工作，始终离不开标准溶液的配制及浓度计算，本任务主要是熟悉常用化学试剂的规格、基本物质，并学会标准溶液的配制、浓度计算、标定方法及浓度调整。

学习目标
专业能力：1. 能说出分析化学中试剂的分类方法及常用的基准试剂；
　　　　　2. 知道标准溶液的配制方法；
　　　　　3. 能对溶液浓度进行调整。
方法能力：1. 能独立解决实验过程中遇到的一些问题；
　　　　　2. 能独立使用各种媒介完成学习任务；
　　　　　3. 信息收集能力能得到相应的拓展。
社会能力：1. 具备与团队负责人、成员相互沟通的能力；
　　　　　2. 形成团队合作意识。

相关知识

一、化学试剂

1. 常用化学试剂的规格

化学试剂产品很多，门类很多，有无机试剂和有机试剂两大类，又可按用途分为标准试剂、一般试剂、高纯试剂、特效试剂、仪器分析专用试剂、指示剂、生化试剂、临床试剂、电子工业或食品工业专用试剂等。世界各国对化学试剂的分类和分级及标准不尽相同。我国化学试剂产品有国家标准（GB）、专业（行业，ZB）标准及企业标准（QB）等。国际标准化组织（ISO）和国际纯粹化学与应用化学联合会（IUPAC）也都有很多相应的标准和规定。例如，IUPAC对化学标准物质的分级有A级、B级、C级、D级和E级。A级为原子量标准，B级为与A级最接近的基准物质，C级和D级为滴定分析标准试剂，含量分别为（100%±0.02%）和（100%±0.05%），而E级为以C级和D级试剂为标准进行对比测定所得的纯度或相当于这种纯度的试剂。表0-3为我国的主要国产标准试剂和一般试剂的等级及用途。

表 0-3 我国的主要国产标准试剂和一般试剂的等级及用途

标准试剂类别（级别）	主 要 用 途	相当于IUPAC的级别
容量分析第一基准	容量分析工作基准试剂的定值	C
容量分析工作基准	容量分析标准溶液的定值	D

续表

标准试剂类别（级别）	主 要 用 途	相当于IUPAC的级别
容量分析标准溶液	容量分析测定物质的含量	E
杂质分析标准溶液	仪器及化学分析中用作杂质分析的标准	
一级pH基准试剂	pH基准试剂的定值和精密pH计的校准	C
pH基准试剂	pH计的定位（校准）	D
有机元素分析标准	有机物的元素分析	E
热值分析标准	热值分析仪的标定	
农药分析标准	农药分析的标准	
临床分析标准	临床分析化验标准	
气相色谱分析标准	气相色谱法进行定性和定量分析的标准	

一般试剂级别	中文名称	英文符号	标签颜色	主要用途
一级	优级纯（保证试剂）	GR	深绿色	精密分析实验
二级	分析纯（分析试剂）	AR	红色	一般分析实验
三级	化学纯	CP	蓝色	一般化学实验
生化试剂	生化试剂 / 生物染色剂	BR	咖啡色	生物化学实验

化学试剂中，指示剂纯度往往不太明确。除少数标明"分析纯"、"试剂四级"外，经常遇到只写明"化学试剂"、"企业标准"或"生物染色素"等。常用的有机溶剂、掩蔽剂等，也经常见到级别不明的情况，平常只可作为"化学纯"试剂使用，必要时需进行提纯。例如，三乙醇胺中铁含量较大，而又常用来掩蔽铁，因此使用该试剂时，必须注意。

生物化学中使用的特殊试剂，纯度表示和化学中一般试剂表示也不相同。例如，蛋白质类试剂，经常以含量表示，或以某种方法（如电泳法等）测定杂质含量来表示。再如，酶是以每单位时间能酶解多少物质来表示其纯度，就是说，它是以其活力来表示的。此外，还有一些特殊用途的所谓高纯试剂。例如，"色谱纯"试剂，是在最高灵敏度下以 10^{-10} g 下无杂质峰来表示的；"光谱纯"试剂，是以光谱分析时出现的干扰谱线的数目强度大小来衡量的，往往含有该试剂各种氧化物，它不能认为是化学分析的基准试剂，这点须特别注意；"放射化学纯"试剂，是以放射性测定时出现干扰的核辐射强度来衡量的；"MOS"级试剂，是"金属氧化物-半导体"试剂的简称，是电子工业专用的化学试剂，等等。

在一般分析工作中，通常要求使用AR级的分析纯试剂。

常用化学试剂的检验，除经典的湿法化学方法之外，已越来越多地使用物理化学方法和物理方法，如原子吸收光谱法、发射光谱法、电化学方法、紫外分析法、红外分析法和核磁共振分析法以及色谱法等。高纯试剂的检验无疑只能选用比较灵敏的痕量分析方法。分析工作者必须对化学试剂标准有一个明确的认识，做到科学地存放和合理地使用化学试剂，既不超规格造成浪费，又不随意降低规格而影响分析结果的准确度。

2. 基准物质

已确定其一种或几种特性，用于校准测量工具、评价测量方法或测定材料特性量值的物质、或能用于直接配制标准溶液的化学试剂称为基准物质（基准试剂）。

基准试剂应该符合的条件如下：

(1) 试剂组成和化学式完全相符；
(2) 试剂的纯度一般应在 99.9% 以上；
(3) 化学性质稳定；
(4) 满足滴定分析对反应的各项要求，不发生副反应；
(5) 试剂最好有较大的摩尔质量，可减少称量误差。

常用基准物质的标定对象及干燥条件见表 0-4 所示。

表 0-4 常用基准物质的标定对象及干燥条件

标定对象	基准物质		干燥后组成	干燥条件/℃
	名 称	化 学 式		
酸	碳酸氢钠	$NaHCO_3$	$NaHCO_3$	270～300
	十水合碳酸钠	$Na_2CO_3 \cdot 10H_2O$	Na_2CO_3	270～300
	无水碳酸钠	Na_2CO_3	Na_2CO_3	270～300
	碳酸氢钾	$KHCO_3$	$KHCO_3$	270～300
	硼砂	$Na_2B_4O_7 \cdot 10H_2O$	$Na_2B_4O_7 \cdot 10H_2O$	放在装有 NaCl 和蔗糖饱和溶液的干燥器中
碱或 $KMnO_4$	二水合草酸	$H_2C_2O_4 \cdot 2H_2O$	$H_2C_2O_4 \cdot 2H_2O$	室温空气干燥
	邻苯二甲酸氢钾	$KHC_8H_4O_4$	$KHC_8H_4O_4$	105～110
还原剂	重铬酸钾	$K_2Cr_2O_7$	$K_2Cr_2O_7$	120
	溴酸钾	$KBrO_3$	$KBrO_3$	180
	碘酸钾	KIO_3	KIO_3	180
	铜	Cu	Cu	室温干燥器中保存
氧化剂	三氧化二砷	As_2O_3	As_2O_3	硫酸干燥器中保存
	草酸钠	$Na_2C_2O_4$	$Na_2C_2O_4$	105
EDTA	碳酸钙	$CaCO_3$	$CaCO_3$	110
	锌	Zn	Zn	室温干燥器中保存
	氧化锌	ZnO	ZnO	800
$AgNO_3$	氯化钠	NaCl	NaCl	500～550
	氯化钾	KCl	KCl	500～550
氯化物	硝酸银	$AgNO_3$	$AgNO_3$	硫酸干燥器中保存

二、标准溶液的配制与标定

1. 标准溶液

已知其准确浓度的溶液。（常用四位有效数字表示）

例如：$c_{HCl}=0.1002mol/L$，用于测定被测物质含量。

2. 标准溶液的配制与标定

标准溶液的配制，通常有直接法和间接法两种。

（1）直接法　准确称取一定量的纯物质，溶解后定量的转移到一定体积的容量瓶中，稀释至刻度。根据称取物质的质量和容量瓶的体积即可算出标准溶液的准确浓度。

直接配制法步骤：

① 用分析天平（见图 0-3）称量基准物质（基准试剂）；

② 溶解；

③ 转移至容量瓶（见图 0-3）定容。

例：锌标准溶液的配制如下。准确称取氧化锌约 0.16g 于 100mL 烧杯中，用少量水润湿，再逐滴加入 6mol/L 盐酸溶液 1mL，边加边搅至完全溶解，定量转移入 200mL 容量瓶中，加水稀释到刻度，摇匀。

（2）间接法（标定法）　有些试剂不易制纯，有些组成不明确，有些在放置时发生变化，它们都不能用直接法配制标准溶液，而要用标定法。即先配成接近所需浓度的溶液，再用基准物质（或另一种标准溶液）来测定它的准确浓度。这种利用基准物质来确定标准溶液浓度的操作过程称标定，因此称为标定法。标定一般至少做 2~3 次平行标定，标定的相对偏差通常要求不大于 0.2%。

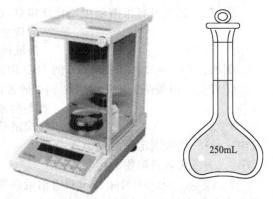

图 0-3　分析天平和容量瓶

间接配制法步骤如下。

① 配制溶液：配制成近似所需浓度的溶液。

② 标定（standardization）：用基准物或另一种已知浓度的标准溶液来准确测定滴定液浓度的操作过程。

③ 计算浓度：由基准物的质量（或另一种已知浓度的标准溶液体积、浓度），计算确定之。

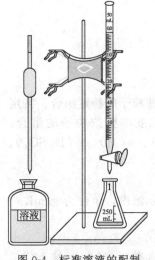

图 0-4　标准溶液的配制标定装置

例：氢氧化钠标准溶液的配制与标定（见图 0-4）。

① 配制：取澄清的氢氧化钠饱和溶液 5.6mL，加新沸过的冷水使成 1000mL，摇匀。

② 标定：取在 105℃ 干燥至恒重的基准邻苯二甲酸氢钾约 0.6g，精密称定，加新沸过的冷水 50mL，振摇，使其溶解；加酚酞指示剂 2 滴，用配制好的氢氧化钠溶液滴定至溶液显粉红色。

间接配制注意事项如下。

① 配制溶液：溶质与溶剂的取用量均应根据规定量进行称取或量取，并使制成后滴定液的浓度为规定浓度的 0.95~1.05 倍。

② 标定：标定工作应由初标者和复标者在相同条件下各作 3 份平行试验；3 份平行试验结果的相对平均偏差不得大于 0.1%；初标平均值和复标平均值的相对偏差也不得大于 0.1%；标定结果按初、复标的平均值计算，取 4 位有效数字。

③ 为减小测量误差，基准物质的量不应太少。

④ 校正配制和标定溶液时使用的量器。

⑤ 标定后的溶液应妥善保存。

三、标准溶液的浓度调整

标准溶液的浓度表示如下。

（1）物质的量浓度

$$c_B = \frac{n_B}{V}$$

式中　c_B——物质 B 的物质的量浓度，mol/L；

n_B——物质 B 的物质的量，mol；

V——混合物（溶液）的体积，L。

(2) 滴定度（titer） 滴定度有以下两种表示方法。

① T_s 每毫升标准溶液中所含滴定剂（溶质）的质量（g）表示浓度，单位为 g/mL。

$$T_s = \frac{溶质的质量}{溶液的体积} = \frac{m(g)}{V(mL)}$$

例如：$T_{HCl} = 0.001012$ g/mL 的 HCl 溶液，表示每毫升此溶液含有 0.001012g 纯 HCl。

② $T_{s/x}$ 以每毫升标准溶液所相当的被测物的质量（g）表示的浓度。

$$T_{s/x} = \frac{被测物质的质量}{标准溶液的体积} = \frac{m(g)}{V(mL)}$$

式中 s——代表滴定剂的化学式；
x——代表被测物的化学式。

$T_{HCl/Na_2CO_3} = 0.005316$ g/mol HCl 溶液，表示每毫升此 HCl 溶液相当于 0.005316g Na_2CO_3。这种滴定度表示法对分析结果计算十分方便。

四、标准溶液和基准物质

1. 标准溶液的浓度

(1) 物质的量浓度

$$c_B = \frac{n_B}{V}$$

式中 c_B——物质 B 的物质的量浓度，mol/L；
n_B——物质 B 的物质的量，mol；
V——混合物（溶液）的体积，L；
角标 B——基本单元，物质 B 的物质的量 n_B 与基本单元的选择有关。

基本单元：可以是分子、原子、离子、电子以及其他粒子或这些粒子的特定组合。特定组合可以是已知客观存在的，也可以是根据需要拟定的独立单元或非整数粒子的组合。如 H_2、H、H_2SO_4、$1/2H_2SO_4$、$1/5KMnO_4$，分别记为 $n(H_2)$、$n(H)$、$n(H_2SO_4)$、$n(1/2H_2SO_4)$、$n(1/5KMnO_4)$。

(2) 滴定度 T 滴定度有以下两种表示方法。

① T_s 每毫升标准溶液中所含滴定剂（溶质）的质量（g）表示浓度，单位为 g/mL。

$$T_s = \frac{溶质的质量}{溶液的体积} = \frac{m(g)}{V(mL)}$$

例如：$T_{HCl} = 0.001012$ g/mL 的 HCl 溶液，表示每毫升此溶液含有 0.001012g 纯 HCl。

② $T_{s/x}$ 以每毫升标准溶液所相当的被测物的质量（g）表示的浓度。

$$T_{s/x} = \frac{被测物质的质量}{标准溶液的体积} = \frac{m(g)}{V(mL)}$$

式中 s——代表滴定剂的化学式；
x——代表被测物的化学式。

(3) 物质的量浓度与滴定度的区别和联系

① 区别 标准溶液的物质的量浓度与滴定度不同之处在于前者只表示单位体积中含有多少物质的量；后者则是针对被测物质而言的，将被测物质的质量与滴定剂的体积用量联系起来。滴定度的优点是：只要将滴定时所消耗的标准溶液的体积乘以滴定度，就可以直接得到被测物质的质量。这在批量分析中很方便。

② 联系 物质的量的浓度与滴定度的换算

$$c_{M_1} = \frac{T_{M_1/M_2} \times 1000}{M_{M_2}} \text{ 或 } T_{M_1/M_2} = \frac{c_{M_1} \times M_2}{1000}$$

式中，c_{M_1} 为物质 M_1 的物质的量浓度，mol/L；T 为滴定度，g/mL；M 为摩尔质量，g/mol。

【例 0-1】已知 HCl 的浓度为 0.1000mol/L，求其对 Na_2CO_3 的滴定度

$$(Na_2CO_3 + 2HCl = 2NaCl + CO_2 + H_2O)$$

解：$T_{HCl/\frac{1}{2}Na_2CO_3} = \dfrac{c(HCl) \times M\left(\frac{1}{2}Na_2CO_3\right)}{1000} = \dfrac{0.1000 \times 53.00}{1000} = 0.005300(g/L)$

2. 标准溶液浓度的调整

在配制时，溶液浓度一般略高或略低于指定浓度，可用稀释或加浓溶液来进行调整。两种情况的计算如下。

(1) 当标定浓度较指定浓度略高时，需加水冲稀 设标定后浓度为 c_1，溶液总体积为 V_1；欲配指定浓度为 c_2，则需加水的体积 V_2，加水后总体积为 (V_1+V_2)，由稀释定律得：$c_1V_1 = c_2(V_1+V_2)$，则：

$$V_2 = \frac{c_1V_1 - c_2V_1}{c_2} = \frac{V_1(c_1-c_2)}{c_2}$$

(2) 当标定浓度较指定浓度略稀时，需加浓溶液来进行调整 设标定浓度为 c_1、溶液体积为 V_1；欲配制溶液指定浓度为 c_2；需加入浓度为 $c_浓$ 的浓溶液的体积 $V_浓$ 可由下式计算：

$$c_1V_1 + c_浓 V_浓 = c_2(V_1+V_浓) \quad V_浓 = \frac{c_2V_1 - c_1V_1}{c_浓 - c_2} = \frac{V_1(c_2-c_1)}{c_浓 - c_2}$$

3. 标准溶液的储存应注意的问题

① 标准溶液应密封保存，防止水分蒸发，容器壁上如有水珠，使用前应摇匀。

② 见光易分解、挥发的溶液存于棕色瓶中，如 $KMnO_4$、$Na_2S_2O_3$、$AgNO_3$、I_2。

③ 对玻璃有腐蚀的溶液，如 KOH、NaOH、EDTA 等，一般应储存于塑料瓶中。短时间盛装稀 KOH、NaOH 的溶液时，也可用玻璃瓶，不过必须用橡皮塞塞住。对易吸收 CO_2 溶液，可采用装有碱石灰干燥管的容器，以防止 CO_2 进入。

④ 由于实验条件不同，溶液的性质不同，浓度易变，应定期进行复标。

课后工作任务

请以小组为单位，配制 2L 0.1mol/L 的氢氧化钠溶液。

课后任务实施

1. 小组讨论、获取信息

2. 制定配制计划

3. 实施任务，进行溶液配制

4. 成果展示并相互评价

任务3 分析结果的表示与数据处理

任务描述

定量分析的目的是通过一系列的分析步骤,来获得被测组分的准确含量。但是,在实际测量过程中,即使采用最可靠的分析方法、使用最精密的仪器、由技术最熟练的分析人员测定也不可能得到绝对准确的结果,误差是客观存在的。所以,我们要了解分析过程中误差产生的原因及出现的规律,以便采取相应措施减小误差,并进行科学的归纳、取舍、处理,使测定结果尽量接近客观真实值。另外,在一个样品的分析测试过程中,一般都要经过多个测量的环节,而每个测量的环节都有具体的测量数据,这些测量所得的数据,应如何进行正确记录、取舍?在参与结果计算的过程中,应如何运算?这些问题将在本次学习中得到解决。

学习目标

专业能力:1. 能解释误差、偏差的有关概念;
2. 能解释精密度与准确度的关系;
3. 能说出误差的分类及减免误差的方法;
4. 能解释有效数字的意义并掌握有效数字的修约规则;
5. 能利用有效数字的修约规则对数据进行处理;
6. 能对实验数据进行分析、评价、取舍。

方法能力:1. 能独立解决学习过程遇到的一些问题;
2. 能独立使用各种媒介完成学习任务;
3. 信息收集能力能得到相应的拓展。

社会能力:1. 对立严谨的实验意识,能够严谨地对待实验过程、实验结果;
2. 形成独立思考、独立解决问题的良好学习习惯。

相关知识

一、分析结果的表示

1. 等物质的量规则

等物质的量规则是在滴定分析中,当滴定化学反应达到化学计量点时,待测物质的量 n_B 与标准溶液的物质的量 n_A 相等,这是滴定分析计算结果的计算依据,表示如下:

$$n_A = n_B$$

若反应的两种物质均为溶液,则等物质的量规则可表示为:

$$c_B V_B = c_A V_A$$

式中 c_B——待测溶液的物质的量的浓度,mol/L;
V_B——待测溶液的体积,mL;
c_A——标准溶液的物质的量的浓度,mol/L;
V_A——标准溶液的体积,mL。

若待测物质为固体,则等物质的量规则可以表示为:

$$c_A V_A = 1000 \times \frac{m_B}{M_B}$$

式中　m_B——待测物质的质量，g；
　　　M_B——待测物质的摩尔质量，g/mol；
　　　c_A——标准溶液的物质的量的浓度，mol/L；
　　　V_A——标准溶液的体积，mL

注意：利用等物质的量规则时摩尔质量要根据化学反应来确定，浓度 c 必须注明基本单元，并依此计算各物质的摩尔质量。

2. 被测物质的质量分数的计算

（1）质量分数

$$w = \frac{m}{m_{样}} \times 100\% = \frac{(cV)_{滴定剂} \times \dfrac{M_{被测物}}{1000}}{m_{样}} \times 100\% \tag{0-1}$$

（2）质量浓度

$$\rho_{被测}(\text{g/L}) = \frac{m_{被测}}{V(\text{mL})} \times 1000 = \frac{(cV)_{标准溶液} \times \dfrac{M_{被测}}{1000}}{V_{样}(\text{mL})} \times 1000 \tag{0-2}$$

二、准确度和精密度

在实际测量过程中，即使采用最可靠的分析方法，使用最精密的仪器，由技术最熟练的分析人员测定也不可能能得到绝对准确的结果。由同一个人、在同样条件下对同一个试样进行多次测定，所得结果也不尽相同。这说明，在分析测定过程中误差是客观存在的。所以，我们要了解分析过程中误差产生的原因及出现的规律，以便采取相应措施减小误差，并进行科学的归纳、取舍、处理，使测定结果尽量接近客观真实值。

（一）准确度与误差（accuracy and error）

定量分析的各种测量，如质量称量、溶液体积量取等，由于受测量方法、手段和工具的限制，测量值与客观存在的真实值总是存在差异的，这种差异称为误差。误差表示测量值的差异。准确度的高低常以误差的大小来衡量，误差越小，测量值与真实值越接近，准确度越高，所以将测量值与真实值接近的程度称为准确度。误差一般用绝对误差和相对误差来表示。

1. 绝对误差

绝对误差即测量值与真实值之间的差值，即：

$$\text{绝对误差} = \text{个别测量值} - \text{真实值}$$

$$E = x - x_T \tag{0-3}$$

式中　x——测量值；
　　　x_T——真实值。

绝对误差可正可负，正值表示结果偏高，负值表示结果偏低，与测量值具有同样的单位，其单位及符号不可忽略。

但绝对误差不能完全地说明测定的准确度，即它没有与被测物质的质量联系起来。如果被称量物质的质量分别为 1g 和 0.1g，称量的绝对误差同样是 0.0001g，则其含义就不同了，故分析结果的准确度常用相对误差表示。

2. 相对误差

相对误差是指绝对误差在真实值中所占的百分率，用 RE% 表示。

$$\text{RE}\% = \frac{E}{x_T} \times 100\% \tag{0-4}$$

相对误差也有正、负号。相对误差反映了误差在真实值中所占的比例,用来比较在各种情况下测定结果的准确度比较合理。如上例中的相对误差为:

$$\mathrm{RE}\% = \frac{E}{x_T} \times 100\% = \frac{0.0001}{1} \times 100\% = 0.01\%$$

$$\mathrm{RE}\% = \frac{E}{x_T} \times 100\% = \frac{0.0001}{0.1} \times 100\% = 0.1\%$$

这说明,绝对误差相同时,测量值越大,则相对误差越小,也就是绝对误差对测量值准确度的影响就越小。因而在分析测定中,取样量应该大一些(例见表 0-5)。

表 0-5 数据表

例 子	真 值	称 得 量	绝 对 误 差	相 对 误 差
体重	62.5kg	62.4kg	0.1kg	$\frac{0.1}{62.5} \times 100\% = 0.16\%$
买白糖	1kg	0.9kg	0.1kg	$\frac{0.1}{1} \times 100\% = 10\%$
抓中药	0.2kg	0.1kg	0.1kg	$\frac{0.1}{0.2} \times 100\% = 50\%$

从表中的例子中你看出了什么问题?

另外,对于多次测量的数值,其准确度可按式(0-5)计算:

$$E = \sum_{i=1}^{n} x_i - x_T \tag{0-5}$$

式中 i ——第 i 次测定的测量值;
n ——测量次数;
x_T ——真实值

$$\mathrm{RE}\% = \frac{E}{x_T} \times 100\% = \frac{\overline{x} - x_T}{x_T} \times 100\% \tag{0-6}$$

(二) 精密度与偏差 (precision and deviation)

在未知真实值的情况下,无法用误差与准确度来评价分析数据的可靠性,而只能采用精密度与偏差来表示。精密度是指一试样的多次平行测定值彼此相符合的程度。我们把单次测定值与算术平均值之间的差值称为测定值的绝对偏差,简称偏差,因此精密度可用偏差来衡量。偏差越小,精密度越高;反之则精密度越低。

1. 绝对偏差和相对偏差

$$\text{绝对偏差} \quad d = x_i - \overline{x} \tag{0-7}$$

式中 x_i ——第 i 次测定的测量值;
$\overline{x}$ —— n 次测量值的算术平均值。

$$\text{相对偏差} \quad Rd\% = \frac{d}{\overline{x}} \times 100\% \tag{0-8}$$

从式(0-7)、式(0-8)可知,绝对偏差是指单项测量次测量值与平均值的差值,有正、负之分,而相对偏差是指绝对偏差在平均值中所占的百分比。由此可知,绝对偏差和相对偏差只能用来衡量单次测量值对平均值的偏离程度,而不能表示测定的总体结果对平均值的偏离程度。为了更发地说明精密度,在一般分析工作中常用平均偏差来表示。

2. 平均偏差

平均偏差又称算术平均偏差,是指单次测量值偏差的绝对值之和除以测量次数,平均偏差用表示，不计正负，公式如下：

$$平均偏差 = \frac{|d_1|+|d_2|+\cdots+|d_n|}{n} = \frac{\sum|X_n-\overline{X}|}{n} \quad 即：\overline{d} = \frac{\sum|d_i|}{n} \quad (0-9)$$

有时也用相对平均偏差来表示精密度，如：

$$相对平均偏差 = \frac{平均偏差}{测定平均值} \times 100\% = \frac{\overline{d}}{\overline{X}} \times 100\% \quad 即：R\overline{d} = \frac{\overline{d}}{\overline{X}} \times 100\% \quad (0-10)$$

平均偏差和相对平均偏差，不计正负号，而单次测定值的偏差要记正负号，而且由统计学可知，当平行测定次数无限多时，单次测定值的偏差之和等于零，即 $\sum_{i=1}^{n} d_i = 0$。

用平均偏差表示精密度比较简单，但不足之处是在一系列测定中，小的偏差测定总次数总是占多数，而大的偏差的测定总是占少数。因此，在数理统计中，常用标准偏差表示精密度。

3. 标准偏差

（1）总体标准偏差　当测定次数大量时（$n>30$ 次），测定的平均值接近真值此时标准偏差用 σ 表示：

$$\sigma = \sqrt{\frac{\sum_{i=1}^{n}(x_i-\mu)^2}{n}} \quad (0-11)$$

式中　i——第 i 次测定的测量值；

n——测量次数；

μ——总体平均值。

（2）样本标准偏差　在实际测定中，测定次数有限，一般 $n<30$，此时，统计学中，用样本的标准偏差 S 来衡量分析数据的分散程度：

$$S = \sqrt{\frac{\sum_{i=1}^{n}(x_i-\overline{x})^2}{n-1}} \quad (0-12)$$

式中　i——第 i 次测定的测量值；

n——测量次数；

$\overline{x}$——多次测量的平均值

（3）样本的相对标准偏差——变异系数

$$RSD\% = \frac{S}{\overline{x}} \times 100\% \quad (0-13)$$

用标准偏差比用平均偏差更科学、更准确，因为单次测量值的偏差经平方后，较大的偏差就能显著地反映出来。所以实际工作中常用相对标准偏差来表示分析结果的精密度。

（三）准确度和精密度的关系

准确度是指测定值和真实值的符合程度，用误差的大小来度量。而误差的大小与系统误差和随机误差都有关，它反映了测定的正确性。精密度则是指一系列平行测定数据相互间符合的程度，用偏差大小来衡量。偏差的大小仅与随机误差有关，而与系统误差无关。因此，偏差的大小不能反映测定值与真实值之间相符合的程度，它反映的只是测定的重现性。所以应从准确度与精密度两个方面来衡量分析结果的好坏（例见图 0-5）。

精密度好，是保证准确度的先决条件。即高精密度是获得高准确度的必要条件；但是，精密度高却不一定准确度高。因为精密度高只反映了随机误差小，却并不保证消除了系统误差。因此，要从准确度和精密度这两个方面，从消除系统误差和减小随机误差这两方面来努力，以保证测定结果的准确性和可靠性。

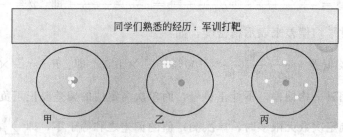

图 0-5　军训打靶实例

三、误差的分类及减免误差的方法

（一）误差的分类

根据误差的来源和性质，可将误差分为两类。

1. 系统误差

系统误差又称可测误差，是由某种固定的原因引起的误差。它的突出特点如下。

a. 单向性　它对分析结果的影响比较固定，可使测定结果系统偏高或偏低。

b. 重现性　当重复测定时，它会重复出现。

c. 可测性　一般来说产生系统误差的具体原因都是可以找到的。因此也就能够设法加以测定，从而消除它对测定结果的影响，所以系统误差又叫可测误差。如：未经校正的砝码或仪器。

根据系统误差产生的具体原因，又可把系统误差分为以下几种。

① 方法误差　是由分析方法本身不够完善或有缺陷而造成的，如：滴定分析中所选用的指示剂的变色点和化学计量点不相符；分析中干扰离子的影响未消除；重量分析中沉淀的溶解损失而产生的误差。

② 仪器误差　由仪器本身不准确造成的。如：天平两臂不等，滴定管刻度不准，砝码未经校正。

③ 试剂误差　所使用的试剂或蒸馏水不纯而造成的误差。

④ 主观误差（或操作误差）　由操作人员一些生理上或习惯上的主观原因造成的，如：终点颜色的判断，有人偏深，有人偏浅。重复滴定时，有人总想第二份滴定结果与前一份相吻合。在判断终点或读数时，就不自觉地受这种"先入为主"的影响。

2. 随机误差（或称偶然误差，未定误差）

它是由某些无法控制和避免的偶然因素造成的。如：测定时环境温度、湿度、气压的微小波动，仪器性能的微小变化，或个人一时的辨别的差异而使读数不一致等。如：天平和滴定管最后一位读数的不确定性。

它的特点：大小和方向都不固定，也无法测量或校正。

除这两种误差外，往往可能由于工作上粗枝大叶不遵守操作规程等而造成的"过失误差"。如：器皿不洁净，丢损试液，加错试剂，看错砝码、记录或计算错误等。

（二）提高分析结果准确度的方法

（1）选择合适的分析方法

（2）减小测量误差

（3）增加平行测定次数　减小偶然误差在消除系统误差的情况下，增加测定次数，取其平均值,可减少偶然误差。同一试样通常要求平行测定 3~4 次,以获得较准确的分析结果。

(4) 检验和消除系统误差

① 选择适当的分析方法　选择与被测物质组成相适应的方法和最佳反应条件。选定分析方法后,系统误差也可以和公认的标准方法进行比较,找出校正数据。

② 校正测量仪器　滴定分析所使用的仪器主要有:天平、滴定管、容量瓶、移液管等,一般在出厂时已进行校验,若允许分析误差大于 1%,可以不必校正;若允许误差较小时,必须进行校正。天平必须定期进行校验。

③ 做空白实验——检验和消除试剂误差　就是在不加试样的情况下,按样品分析的操作和规程进行分析,所得结果为空白值。空白值可以校正试剂、器皿、蒸馏水等带进杂质所造成的系统误差。在计算时,从样品分析结果中扣除空白值,使得分析结果更准确。

④ 对照试验　对照试验是采用一个已知准确含量的标准样品(其组成与被测样品相近),按同样方法和条件进行分析,还可以采用不同分析方法、不同分析人员、不同实验室,分析相同样品进行相互对照,即可判断分析结果是否存在系统误差。

四、数据处理

(一) 有效数字

1. 有效数字的含义

为了获得准确的测定结果,不仅需要采用合理的分析方法和相应准确的仪器来进行测定,而且还要正确地记录和运算。对测定结果的正确记录是用有效数字的位数来确切地反映出测量结果的准确程度。

因此,分析化学中的有效数字,就是实际上能测到的数字。其中,最后一位为可疑数字,除非特别说明,通常理解为它可能有±1 或±0.5 单位的误差。有效数字中,除最后一位是不确定外,其余数字都是确定的。

2. 有效数字位数的确定

① 数据中的"0"可以是有效数字也可以不是有效数字,在数字之前的"0"只做定位用,不算有效数字;在数字之间或数字之后的"0"则是有效数字。如:0.005030 的有效数字位数是四位。

② 算式中的常数、系数如 π、e、$\frac{1}{2}$、$\sqrt{2}$ 等的有效数字,可以认为是无限制的,即在计算中,需要几位,就可以写成几位。

③ 在对数运算中,应以真数的有效数字为准。即在 pH、pC、pK 等对数和负对数值中,其有效数字的位数仅取决于小数点后数字的位数,因其整数部分只说明了该数据的方次。

(二) 有效数字的运算规则

1. 有效数字的修约规则

在分析结果的运算过程中,可能涉及到各测量值的有效数字位数不同,为了避免运算中的无意义工作,先将其修约到误差接近时的有效数后,再进行运算。其修约规则一般用"四舍五入"修约规则;要求较高时,用"四舍六入五留双"的法则,即被修约之数在 4 或 4 以下时舍去;在 6 或 6 以上时进位;等于 5 时,5 后非 0 则进一,而如果 5 后全 0 则就看 5 前面,5 的前一位是单数的就进一,是双数的就舍去。

(1) 四舍六入五成双　当尾数≤4 时舍去,尾数≥6 时进位。当尾数为 5 时,则看留下来的末位数是偶数还是奇数。末位数是奇数时,5 进位,是偶数时,舍弃,如:4.175,

4.165，处理为三位有效数字时则为：4.18，4.16。当被修约的 5 后面还有数字时，该数总比 5 大，这种情况下，该数以进位为宜。如：2.451→2.5，83.5009→84（四舍六入，五后非零则进一，五后全零看五前，五前偶舍奇进一。注：5 前的 0 视为偶数）

(2) 修约数据应一次进行，不能逐位修约　如 4.7488 修约为两位有效数字应一次修约为 4.7，而不能先修约为 4.75，再修约为 4.8；0.1749 修约成两位有效数字，应一次修约到 0.17，不可先修约到 0.175，再修约到 0.18。

2. 有效数字的运算规则

(1) 加减法　当几个数相加或相减时，保留有效数字的位数，以绝对误差最大或以小数点后位数最少的那个数为标准。例如：

$0.0121+1.0356+25.64=0.01+1.04+25.64=26.69$

$0.4271+10.56+7.214≈18.20$

(2) 乘除法

① 当几个数相乘或相除，保留有效数字的位数，以相对误差最大或通常以有效数字位位数最少的那个数为标准。例如：

$0.0121×25.64×1.0356=0.0121×25.6×1.04=0.322$

$10.32×0.123×3.1751≈10.3×0.123×3.18≈4.03$

② 一般在乘或除计算过程中，如果位数最少的数的首位数是 8 或 9，则有效数字位数可多算一位。例如：$0.9×12.6$，可将 0.9 看成两位有效数字，因为 0.9 与两位有效数字的 1.0 的相对误差相近，因此 $0.98×1.266=1.24$。

五、可疑值的取舍

在实验中得到一组数据，往往个别数据离群较远，这一数据称为异常值，又称可疑值或极端值。如果这是由于过失造成的，如溶解试样有溶液溅出、滴定时加入了过量的滴定剂等，则这一数据必须舍去。若并非这种情况，则对异常值不能随意取舍，特别是当测量数据较少时，异常值的取舍对分析结果产生很大影响，必须慎重对待。对于不是因为过失而造成的异常值，应按一定的统计学方法进行处理。统计学处理异常值的方法有格鲁布斯（Grubbs）法（简称 G 检验法）、$4\bar{d}$ 法和 Q 值检验法等好几种，下面重点介绍 Q 值检验法和 G 检验法。

1. Q 值检验法（3～10 次测定适用，且只有一个可疑数据）

(1) 数据排列　x_1　x_2　…　x_n。

(2) 求极差　x_n-x_1。

(3) 求可疑数据与相邻差：x_n-x_{n-1} 或 x_2-x_1。

(4) 计算：$Q=\dfrac{x_n-x_{n-1}}{x_n-x_1}$　或　$Q=\dfrac{x_2-x_1}{x_n-x_1}$。

(5) 根据测定次数和要求的置信度，(如 90%) 查 Q 表（表 0-6）。

表 0-6　Q 值检验法之 Q 表值

测定次数 n	$Q_{0.90}$	$Q_{0.95}$	$Q_{0.99}$
3	0.94	0.98	0.99
4	0.76	0.85	0.93
5	0.64	0.73	0.82

续表

测定次数 n	$Q_{0.90}$	$Q_{0.95}$	$Q_{0.99}$
6	0.56	0.64	0.74
7	0.51	0.59	0.68
8	0.47	0.54	0.63
9	0.44	0.51	0.60
10	0.41	0.48	0.57

（6）将 Q 与 Q_x（如 Q_{90}）相比，若 $Q>Q_x$ 舍弃该数据（过失误差造成）；若 $Q\leqslant Q_x$ 保留该数据（偶然误差所致）。

2. G 检验法（Grubbs 法）

（1）排序：x_1，x_2，x_3，x_4，…

（2）求 $\overline{X}$ 和标准偏差 s。

（3）计算 G 值：$G_{计算}=\dfrac{X'_n-\overline{X}}{s}$ 或 $G_{计算}=\dfrac{\overline{X}-X_1}{s}$。

（4）由测定次数和要求的置信度，查 $G_{(p,n)}$ 值表得 G 表（表 0-7）。

表 0-7 G 检验法（Grubbs 法）之 G 表值

n	置信度		
	95%	97.5%	99%
3	1.15	1.15	1.15
4	1.46	1.48	1.49
5	1.67	1.71	1.75
6	1.82	1.89	1.94
7	1.94	2.02	2.10
8	2.03	2.13	2.22
9	2.11	2.21	2.32
10	2.18	2.29	2.41
11	2.23	2.36	2.48
12	2.29	2.41	2.55
13	2.33	2.46	2.61
14	2.37	2.51	2.66
15	2.41	2.55	2.71
20	2.56	2.71	2.88

（5）比较若 $G_{计算}>G_{表}$，弃去可疑值，反之保留。

由于格鲁布斯（Grubbs）检验法引入了标准偏差，故准确性比 Q 检验法高。

讨论：

① Q 值法不必计算 $\bar{x}$ 及 s，使用比较方便；

② Q 值法在统计上有可能保留离群较远的值；

③ Grubbs 法引入 s，判断更准确；
④ 不能追求精密度而随意丢弃数据；必须进行检验。

课后工作任务

以小组为单位完成下列实验过程中出现的数据问题。

1. 测定某一样品，三次测定结果为：0.1827，0.1825，0.1828（g/L），已知标准样品为 0.1800g/L，求绝对误差和相对误差。

2. 两人对同一样品的分析，采用同样的方法，测得结果为：

甲：31.27%、31.26%、31.28%；

乙：31.17%、31.22%、31.21%；

求甲、乙两人各自测量的精密度？

3. 甲、乙两人，同做一样品，所得数据如下：求其标准偏差？

分析者	绝对偏差					
甲	+0.3	+0.2	-0.2	+0.4	+0.3	-0.1
乙	0.00	-0.3	+0.7	+0.1	-0.1	+0.3

分析者	绝对偏差				平均偏差	标准偏差
甲	+0.2	-0.3	+0.4	+0.1	0.25	0.28
乙	+0.6	-0.1	-0.2	-0.1	0.25	0.35

4. 测定某药物中 Co 的含量（10^{-4}）得到结果如下：1.25，1.27，1.31，1.40，用 Grubbs 法和 Q 值检验法判断 1.40 是否保留。

课后任务实施

完成习题。

习题

0-1 玻璃仪器洗净的标准是什么？

0-2 在称量过程中，出现以下情况，对称量结果有无影响，为什么？

(1) 用手拿称量瓶或称量瓶瓶盖；

(2) 不在盛入试样的容器上方打开或关上称量瓶瓶盖；

(3) 从称量瓶中很快向外倾倒试样；

(4) 倒完试样后，很快竖起瓶子，不用瓶盖轻轻地敲打瓶口，就盖上瓶盖去称量；

(5) 倒出所需质量的试样，要反复多次以至近 10 次才能完成。

0-3 什么叫误差？误差的表示方法有几种？什么叫偏差？偏差的表示方法有几种？

0-4 如何提高分析结果准确度的方法？

0-5 根据有效数字的运算规则进行计算：

(1) 7.9936/0.9967−5.02＝？

(2) 0.0325×5.0103×60.06/139.8＝？

(3) (1.276×4.17)＋1.7×10−1−(0.0021764×0.0121)＝？

(4) pH＝1.05，$[H^+]$＝？

0-6 指出下列情况各引起什么误差，若是系统误差，应如何消除？

(1) 称量时试样吸收了空气中的水分；

(2) 所用砝码被腐蚀；

(3) 天平零点稍有变动；
(4) 试样未经充分混匀；
(5) 读取滴定管读数时，最后一位数字估计不准；
(6) 蒸馏水或试剂中，含有微量被测定的离子；
(7) 滴定时，操作者不小心从锥形瓶中溅失少量试剂。

0-7 指出下列情况各引起什么误差，若是系统误差，应如何消除？

0-8 某铁矿石中含铁 39.16%，若甲分析结果为 39.12%，39.15%，39.18%；乙分析结果为 39.19%，39.24%，39.28%。试比较甲、乙两人分析结果的准确度和精密度。

0-9 如果要求分析结果达到 0.2% 或 1% 的准确度，问至少应用分析天平称取多少克试样？滴定时所用溶液体积至少要多少毫升？

0-10 甲、乙二人同时分析一样品中的蛋白质含量，每次称取 2.6g，进行两次平行测定，分析结果分别报告为

甲：5.654% 5.646%

乙：5.7%   5.6%

试问哪一份报告合理？为什么？

0-11 下列物质中哪些可以用直接法配制成标准溶液？哪些只能用间接法配制成标准溶液？

$FeSO_4$ $H_2C_2O_4 \cdot 2H_2O$ KOH $KMnO_4$

$K_2Cr_2O_7$ $KBrO_3$ $Na_2S_2O_3 \cdot 5H_2O$ $SnCl_2$

0-12 有一 NaOH 溶液，其浓度为 0.5450mol/L，取该溶液 100.0mL，需加水多少毫升才能配制成 0.5000mol/L 的溶液？

0-13 计算 0.2015mol/L HCl 溶液对 Ca(OH)$_2$ 和 NaOH 的滴定度。

0-14 称取基准物质草酸（$H_2C_2O_4 \cdot 2H_2O$）0.5987g 溶解后，转入 100mL 容量瓶中定容，移取 25.00mL 标定 NaOH 标准溶液，用去 NaOH 溶液 21.10mL。计算 NaOH 溶液的浓度。

0-15 标定 0.20mol/L HCl 溶液，试计算需要 Na_2CO_3 基准物质的质量范围。

0-16 分析不纯 $CaCO_3$（不含干扰物质）。称取试样 0.3000g，加入浓度为 0.2500mol/L HCl 溶液 25.00mL，煮沸除去 CO_2，用浓度为 0.2012mol/L 的 NaOH 溶液返滴定过量的酸，消耗 5.84mL，试计算试样中 $CaCO_3$ 的质量分数。

模块 1 酸碱滴定分析技术

 背景知识

一、酸碱溶液 pH 值的计算

1. 强酸、强碱

强电解质在稀溶液中是全部电离的，因此其离子浓度可直接根据电解质浓度来确定。

（1）强酸溶液 pH 值的计算

① 常见强酸：$HClO_4$、H_2SO_4、HI、HBr、HNO_3、$HMnO_4$

② 如 0.1mol/L HCl 溶液电离后溶液中 H^+ 浓度为 0.1mol/L，Cl^- 浓度为 0.1mol/L。

③ pH = $-\lg [H^+]$

（2）强碱溶液 pH 值的计算

① 强碱：NaOH、KOH 等

② 强碱属于强电解质，在水溶液中是完全电离的，如 0.1mol/L 的 NaOH 溶液，其 OH^- 浓度、Na^+ 浓度也都相等，即：[NaOH] = [OH^-] = [Na^+] = 0.1mol/L

③ pH = $-\lg [H^+] = -\lg \dfrac{K_w}{[OH^-]} = -(\lg K_w - \lg [OH^-]) = -\lg K_w + \lg [OH^-]$

其中 $K_w = [OH^-][H^+] = 10^{-14}$

如果强酸或强碱溶液浓度小于 10^{-6} mol/L，求算溶液的酸度还必须考虑水的质子传递作用所提供的 H^+ 或 OH^-。

2. 一元弱酸弱碱溶液

如一元弱酸 HA，设其浓度为 c mol/L，则

当 $cK_a^\ominus \geqslant 20K_w^\ominus$ 时，可以忽略水的质子自递产生的 H^+，根据 HA $\rightleftharpoons H^+ + A^-$，

$$c(H^+) = c(A^-) \qquad c(HA) = c - c(H^+)$$

当 $c/K_a^\ominus \geqslant 500$ 时，已离解的酸极少，$c(HA) = c - c(H^+) \approx c$，则有

$$K_a^\ominus = \dfrac{[c(H^+)/c^\ominus][c(A^-)/c^\ominus]}{c(HA)/c^\ominus} = \dfrac{c^2(H^+)}{c}$$

$$c(H^+) = \sqrt{cK_a^\ominus} \qquad 所以 pH = -\lg [H^+] = -\lg \sqrt{K_a^\ominus c}$$

同理，一元弱碱溶液中 OH^- 浓度的最简式为：

$$c(OH^-) = \sqrt{cK_b^\ominus}$$

$$pOH = -\lg [OH^-] = -\lg \sqrt{K_b^\ominus c} = -\dfrac{1}{2}\lg K_b^\ominus - \dfrac{1}{2}\lg c$$

$$pH = 14 + \frac{1}{2}\lg K_b^\ominus + \frac{1}{2}\lg c$$

3. 多元弱酸、多元弱碱溶液

多元弱酸、弱碱在水溶液中是分级离解的，每一级都有相应的质子转移平衡。因为 $K_{a_1}^\ominus \gg K_{a_2}^\ominus$，（当 $K_{a_1}^\ominus > 10^4 K_{a_2}^\ominus$ 时，可认为 $K_{a_1}^\ominus \gg K_{a_2}^\ominus$）第二步产生的 H^+ 相对于第一步来说小得多，可以忽略不计。因此，这种二元弱酸可以用一元弱酸电离衡的方法来处理。

即：当 $K_{a_1}^\ominus \gg K_{a_2}^\ominus$，$c/K_a^\ominus \geqslant 500$ 时有 $[H^+] = \sqrt{K_{a_1}^\ominus c_{初}}$

$$pH = -\frac{1}{2}\lg K_{a_1} - \frac{1}{2}\lg c_{初}$$

多元弱碱溶液的 pH 的计算与此相似。

4. 两性溶液

① 两性物质如 $NaHA$，HA^- 既可从溶剂中获得质子转变为共轭酸 H_2A，也可失去质子转变为共轭碱 A^{2-}，即：

$$HA^- + H_2O \rightleftharpoons H_2A + OH^-$$
$$HA^- \rightleftharpoons H^+ + A^{2-}$$

一般来说，当浓度较高时，溶液的浓度可按下式进行计算：

$$[H^+] = \sqrt{K_{a_1}^\ominus K_{a_2}^\ominus}$$

② 又如 NH_4Ac 也是两性物质，它在水中发生下列质子转移平衡

$$NH_4^+ + H_2O \rightleftharpoons NH_3 + H_3O^+$$
$$Ac^- + H_2O \rightleftharpoons HAc + OH^-$$

以表示正离子酸（NH_4^+）的离解常数，表示负离子碱（Ac^-）的共轭酸（HAc）的离解常数。这类两性物质的浓度可按以下公式计算，即：

$$[H^+] = \sqrt{K_a^\ominus K_a'^\ominus} \qquad pH = -\frac{1}{2}\lg K_a^\ominus - \frac{1}{2}\lg K_a'^\ominus$$

知识链接 pH 与生活

（1）pH 与人体健康　人体体液的 pH 值是 7.35～7.45 时正常；人体体液的 pH< 7.35 时，处于亚健康状况；人体体液的 pH= 6.9 时，变成植物人；人体体液的 pH 值是 6.85～6.45 时死亡。

（2）pH 与智商　近年来，医学研究发现，人体体液的酸碱度与智商水平有密切关系。在体液酸碱度允许的范围内，酸性偏高者智商较低，碱性偏高则智商较高。科学家测试了数十名 6～13 岁的男孩，结果表明，大脑皮层中的体液 pH 大于 7.0 的孩子，比小于 7.0 的孩子的智商高出 1 倍之多。人们知道，健康人的体液（主要是血液）应呈微碱性（pH 约为 7.3～7.5），这样有利于机体对蛋白质等营养物质的吸收利用，并使体内的血液循环和免疫系统保持良好状态，人的精力也就显得较为充沛。而有些孩子表现脾气暴躁、多动，学习精力不集中，常感疲乏无力，且易患感冒、龋齿及牙周炎等疾病，其原因可能与体液酸碱度有关。

（3）一些食物的近似 pH（表 1-1）

表 1-1　一些食物的近似 pH

食物	pH	食物	pH	食物	pH
醋	2.4~3.4	啤酒	4.0~5.0	卷心菜	5.2~5.4
李、梅	2.8~3.0	番茄	4.0~4.4	白薯	5.3~5.6
苹果	2.9~3.3	香蕉	4.5~4.7	面粉、小麦	5.5~6.5
草莓	3.0~3.5	辣椒	4.6~5.2	马铃薯	5.6~6.0
柑橘	3.0~4.0	南瓜	4.8~5.2	豌豆	5.8~6.4
桃	3.4~3.6	甜菜	4.9~5.5	谷物	6.0~6.5
杏	3.6~4.0	胡萝卜	4.9~5.3	牡蛎	6.1~6.6
梨	3.6~4.0	蚕豆	5.0~6.0	牛奶	6.3~6.6
葡萄	3.5~4.5	菠菜	5.1~5.7	饮用水	6.5~8.0
果酱	3.5~4.0	萝卜	5.2~5.6	虾	6.8~7.0

二、酸碱指示剂

(一) 酸碱指示剂的变色原理

在酸碱在酸碱滴定中，所用的指示剂一般都是有机弱酸或弱碱，它们都有不同颜色的互变异构体。当溶液的 pH 值改变时，由于结构发生变化，溶液的颜色也发生相应的变化。若用 HIn 来表示弱酸型指示剂，则在溶液中，由于溶液的 pH 值改变，发生着电离和互变异构体的平衡。

作用原理　$HIn \rightleftharpoons H^+ + In^-$
　　　　　$ pK_a$

　　　　　酸色　　　　　　碱色

$$K_a = \frac{[H^+][In^-]}{[HIn]} \implies \frac{[In^-]}{[HIn]} = \frac{K_a}{[H^+]}$$

HIn 所具有的颜色，称为该指示剂的酸色，当加碱时，HIn 电离并发生异构变化，变为相应的异构体 In^-，同时呈现异构体的颜色，称为碱色。若在溶液中又加入酸时，则平衡向左移动，溶液则由碱色变为酸色。

(二) 酸碱指示剂的变色范围

1. 变色范围

由指示剂的电离平衡可得　$[H^+] = K_{HIn} \cdot \frac{[HIn]}{[In^-]}$　　$pH = pK_{HIn} - \lg \frac{[HIn]}{[In^-]}$

在一定的温度下，K_{HIn} 是一个常数，称为指示剂电离平衡常数。

$$K_{HIn} = \frac{[In^-][H^+]}{[HIn]}$$

指示剂的变色过程可以表示如下：

$pH = pK_{HIn} + 1 \left(\frac{[HIn]}{[In^-]} > 10 \right)$ 显酸色；

$pH = pK_{HIn} \left(\frac{[HIn]}{[In^-]} = 1 \right)$ 理论变色点；

$pH = pK_{HIn} - 1 \left(\frac{[HIn]}{[In^-]} < \frac{1}{10} \right)$ 显碱色。

甲基橙(MO)

红 3.1

橙 4.0

4.4 黄

指示剂从一种颜色变为另一种颜色不是瞬间发生的，而是有一个变化过程，在一定范围内，有一个从量变到质变的过程，当pH＝pK_{HIn}±1之间变化时，人们观察到指示剂酸色和碱色的相互变化过程，把pH＝pK_{HIn}±1称指示剂的变色范围。

（1）pH＝pK_{HIn}±1称指示剂的变色范围。

（2）指示剂的变色范围越窄，变色越敏锐，即在溶液中pH值有微小变化时，指示剂就发生了明显的颜色变化，有利于提高分析结果的准确度。

2. 影响指示剂变色范围的因素

指示剂变色范围受多种因素的影响，其中主要有温度、用量、溶液中其他盐类的存在及不同溶剂的作用等。温度和盐类影响指示剂的离解平衡常数，因此影响指示剂的变色范围；指示剂在不同的溶剂中有不同的离解常数，因此，也影响指示剂的变色范围；指示剂的用量过大，终点颜色变化不明显，同时指示消耗一定量滴定剂，引起误差，另外，单色指示剂的变色范围会因用量过大而向低pH值方向移动。

3. 常用酸碱指示剂（表1-2）

表1-2　常用酸碱指示剂

指示剂	变色范围pH	颜色		pK_{HIn}	浓度	用量滴/20mL试液
		酸色	碱色			
百里酚蓝	1.2～2.8	红	黄	1.65	0.1%的20%酒精液	1～4
甲基黄	2.9～4.0	红	黄	3.25	0.1%的90%酒精液	1～4
甲基橙	3.1～4.4	红	黄	3.45	0.1%水溶液	1～2
溴酚蓝	3.0～4.6	黄	紫	4.1	0.1%的20%酒精液	2～5
甲基红	4.4～6.2	红	黄	5.0	0.1%的60%酒精液	1～4
溴百里酚蓝	6.2～7.6	黄	蓝	7.3	0.1%的20%酒精液	1～5
中性红	6.8～8.0	红	黄橙	7.4	0.1%的60%酒精液	1～4
酚红	6.8～8.0	黄	红	8.0	0.1%的60%酒精液	1～4
酚酞	8.0～10.0	无	红	9.1	1%的90%酒精液	1～3
百里酚酞	9.4～10.6	无	蓝	10.0	0.1%的90%酒精液	1～4

（三）混合指示剂

混合指示剂是将两种指示剂或指示剂和惰性有机染料按一定比例配制而成。它具有变色范围窄、颜色变化明显的特点。在酸碱滴定中，提高指示剂的敏锐程度可以提高滴定结果的准确性。

三、酸碱缓冲溶液

（一）缓冲溶液的组成和原理

（1）缓冲溶液　具有调节和控制溶液酸度作用的溶液。

（2）组成　一般由弱酸及其共轭碱组成。

例：HAc—$NaAc$、NH_4Cl—NH_3等

（3）作用原理　通过解离平衡起调节和控制溶液的pH值。

如：HAc—$NaAc$组成的缓冲溶液：HAc和Ac^-的量都较大，

$$HAc \rightleftharpoons Ac^- + H^+ \qquad ①$$
$$NaAc \longrightarrow Ac^- + Na^+$$

① 加入少量强酸时，H^+ 与 Ac^- 生成 HAc 分子，使式①质子转移平衡向左移动，结果溶液中 H^+ 浓度几乎没有升高，即溶液的 pH 几乎保持不变。

② 加入少量强碱时，OH^- 与 H^+ 生成 H_2O 分子，使式①质子转移平衡向右移动，以补充 H^+ 的消耗，结果溶液中 H^+ 浓度几乎没有降低，pH 几乎保持不变。

③ 加入少量水稀释时，溶液中 H^+ 浓度和其他离子浓度相应地降低，促使 HAc 的离解平衡向右移动，给出 H^+ 来补充，达到新的平衡时，H^+ 浓度几乎保持不变。

（4）缓冲溶液的作用　由于缓冲溶液的加入，在反应生成或外加少量的强酸或强碱后，也能保持溶液的 pH 值基本不变。因此缓冲溶液起到稳定溶液酸度的作用。

（二）缓冲溶液 pH 的计算

缓冲溶液的计算主要取决于溶液中弱酸或弱碱电离常数和各级分的浓度比。

以 HAc－NaAc 为例，根据 HAc 的电离平衡得：

$$HAc \rightleftharpoons H^+ + Ac^- \qquad NaAc \rightleftharpoons Na^+ + Ac^-$$

$$K_a = \frac{[H^+][Ac^-]}{[HAc]} \qquad [H^+] = K_a \cdot \frac{[HAc]}{[Ac^-]}$$

设醋酸电离的 H^+ 浓度为 x，溶液中的醋酸浓度为 $c_{酸}$，醋酸钠的浓度为 $c_{盐}$。

则

$$[HAc] = c_{酸} - x$$
$$[Ac^-] = c_{碱} + x$$

由于 $K_a = 1.8 \times 10^{-5}$ 较小，且溶液中有大量 Ac^- 存在，由于同离子效应，使醋酸电离度减小，即 x 很小，可以忽略不计。由于醋酸的存在，抑制了水解作用，水解生成的 $[Ac^-]$ 也可以忽略不计。

因此：$[HAc] = c_{酸} - x \approx c_{酸} \qquad [Ac^-] = c_{碱} + x \approx c_{碱}$

即 $$[H^+] = K_a \cdot \frac{[HAc]}{[Ac^-]} = K_a \cdot \frac{c_{酸}}{c_{碱}} \qquad pH = -\lg K_a - \lg \frac{c_{酸}}{c_{碱}}$$

根据以上知识可知：缓冲溶液的 pH 值和弱酸或弱碱的电离常数（K_a 或 K_b）有关，对同一组成的缓冲溶液的 pH 值，则与弱酸和弱酸盐、弱碱和弱碱盐的浓度比值有关。

（三）缓冲溶液的缓冲容量及缓冲范围

在缓冲溶液中加入强酸或强碱时，溶液的 pH 值变化不大，如果所加的酸或碱及溶剂超过了一定的限度时，缓冲溶液就失去了缓冲能力，即溶液的 pH 值会发生大幅度的变化。可见缓冲溶液的缓冲作用是有一定限度的。

缓冲容量：在 1L 缓冲溶液中，引起 pH 值改变 1 个单位时，所需加入的强酸或强碱的量（mol/L），称缓冲容量。

缓冲范围：缓冲溶液的作用都有一个有效的 pH 范围，它大约在 pK_a 值两侧各一个 pH 单位之内，称为缓冲范围：$pH = pK_a \pm 1$

根据以上知识可知。

① 缓冲容量的大小和缓冲物质的浓度有关，浓度高的缓冲容量大，浓度低的缓冲容量小。

② 同时还和缓冲物质的浓度比有关，当浓度比为 1∶1 时，即浓度相等时，缓冲容量最大，两物质浓度相差越大，缓冲容量越小。相差量大到一定程度，就失去了缓冲能力。因此，对任何一种缓冲溶液都有一个有效的缓冲范围。

（四）缓冲溶液的选择和配制

1. 缓冲溶液的选择

① 在选择缓冲溶液时，应考虑缓冲物质对分析反应无干扰。需要控制的 pH 值应在缓冲范围之内，并且有足够的缓冲容量。一般选择时，应尽量选择用接近缓冲溶液的 pK_a（或

pK_w-pK_b)值,由酸式盐组成的缓冲溶液,则为$\frac{1}{2}(pK_a^\ominus+pK_b^\ominus)$。

② 通常缓冲组分的浓度在 0.05~0.5mol/L 之间。
③ 缓冲物质对分析反应无干扰。

2. 缓冲溶液的配制（略）

四、酸碱滴定法的基本原理

在酸碱滴定中,重要的是要估计待测组分能否被准确滴定,滴定过程中溶液的 pH 变化情况,以及如何选择合适的指示剂来确定终点。为了表征滴定反应过程变化的规律性,能过实验和计算方法记录滴定过程中 pH 随标准溶液体积或反应完全程度变化的图形,即可得到滴定曲线。滴定曲线在滴定分析中不但可从理论上解释滴定过程的变化规律,对指示剂选择也具有重要的实际意义。下面介绍几种基本类型的酸碱滴定过程。

1. 强碱滴定强酸

例：0.1000mol/L 的 NaOH 滴定 20.00mL 的 HCl,$c=0.1000$mol/L,把滴定过程中溶液 pH 值变化分为 4 个阶段讨论并作图 1-1。

(1) 滴定前　$c(HCl)=c(H^+)=0.1000$mol/L　　pH=1.00

(2) 计量点前 (决定于剩余的 HCl 的浓度)　NaOH + HCl = NaCl + H_2O

若加入 NaOH 体积为 19.98mL,即剩下 0.1% HCl 未被中和。

$$c_{(H^+)}=\frac{0.1000\times20.00-0.1000\times19.98}{20.00+19.98}\approx5\times10^{-5}(mol/L)\quad pH=4.3$$

(3) 计量点时　加入 20.00mL NaOH,HCl 全部被中和,生成 NaCl 和水。　pH=7.0

(4) 计量点后 (pH 值的计算决定于过量的 OH^- 的浓度)　当加入 20.02mL NaOH,即 NaOH 过量 0.1%。

$$c_{(OH^-)}=\frac{0.1000\times20.02-0.1000\times20.00}{20.02+20.00}\approx5\times10^{-5}(mol/L)$$

$$pOH=4.3\qquad pH=9.7$$

曲线分析如下。
① 突跃范围：-0.02~+0.02mL　　pH=4.3~9.7
② 计量点：7.0。
选择指示剂的原则：指示剂的变色范围必须全部或部分落在滴定曲线的突跃范围内。其终点误差在 ±0.1%以内。
③ pH 突跃范围及其影响因素　pH 突跃范围：化学计量点前后滴定由不足 0.1% 到过量 0.1% 范围内溶液 pH 值的变化范围。此范围是选择指示剂的依据。
影响突跃范围大小的因素：酸的浓度（c）↑→(pH) 突跃范围↑
④ 指示剂的选择　0.1000mol/L NaOH 滴定 0.1000mol/L

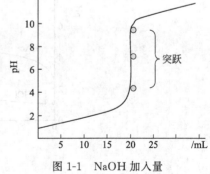

图 1-1　NaOH 加入量

HCl：酚酞,甲基红（甲基橙）；0.01000mol/L NaOH 滴定 0.01000mol/L HCl：酚酞,甲基红。

2. 一元弱酸和一元弱碱的滴定

以 $c=0.1000$mol/L 的 NaOH 滴定 20.00mL, $c(HAc)=0.1000$mol/L 的 HAc 进行讨论。反应式如下：

$$HAc + OH^- \rightleftharpoons NaAc + H_2O$$

(1) 滴定前 0.1000mol/L HAc 溶液的 pH 值为:

$$[H^+] = \sqrt{K_a c} = \sqrt{1.8 \times 10^{-5} \times 0.1000} = 1.34 \times 10^{-3} (mol/L) \quad pH = 2.87$$

(2) 滴定开始至等量点前 由于反应形成 HAc—NaAc 缓冲体系 $[H^+] = K_a \dfrac{[HAc]}{[Ac^-]}$,当加入 19.98mL NaOH 时,

$$[HAc] = \frac{0.02 \times 0.1000}{20.00 + 19.98} = 5.0 \times 10^{-5} (mol/L)$$

$$[Ac^-] = \frac{19.98 \times 0.1000}{20.00 + 19.98} = 5.0 \times 10^{-2} (mol/L)$$

$$[H^+] = K_a \frac{[HAc]}{[Ac^-]} = 1.8 \times 10^{-5} \times \frac{5 \times 10^{-5}}{5.0 \times 10^{-2}} = 1.8 \times 10^{-8} \quad pH = 7.74$$

(3) 等量点时 溶液全部中和生成 NaAc,溶液的 pH 值由 Ac^- 水解求得

$$[OH^-] = \sqrt{\frac{K_w}{K_a} \cdot c_{Ac^-}}$$

$$[Ac^-] = \frac{0.1000 \times 20.00}{20.00 + 20.00} = 0.05000 (mol/L)$$

$$[OH^-] = \sqrt{\frac{K_w}{K_a} \cdot c_{Ac^-}} = \sqrt{\frac{10^{-14}}{1.8 \times 10^{-5}} \times 0.05000} = 5.3 \times 10^{-6} (mol/L) \quad pH = 8.72$$

(4) 等量点后 溶液受 NaOH 控制,加入 20.02mL 时

$$[OH^-] = \frac{0.02 \times 0.1000}{20.00 + 20.02} = 5.0 \times 10^{-5} (mol/L) \quad pH = 9.70$$

按上述计算方法所组成的滴定曲线如图 1-2 所示。

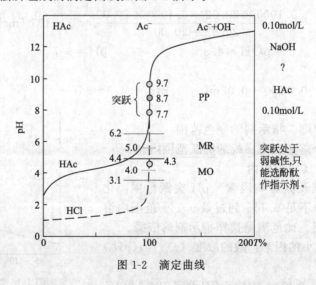

图 1-2 滴定曲线

曲线分析如下。
① 曲线的突跃范围是在 pH 为 7.74~9.70。
② 在理论终点前溶液已呈碱性,所以在理论终点时 pH 值不是 7 而是 8.72。
③ 选择碱性区域变色的指示剂。如酚酞、百里酚蓝等,但不能是甲基橙。
④ 用强碱滴定弱酸,当弱酸的浓度一定时,酸越弱(K_a 值越小),曲线起点的 pH 值越

大,突跃范围越窄。当 $K_a < 10^{-7}$ 时,无明显的突跃,就不能用一般的方法进行酸碱滴定。如图 1-3。

根据以上知识可知:当酸的浓度一定时,如果我们要求终点误差为 $\pm 0.2\%$,则强碱能够用指示剂直接准确滴定弱酸的可行性判据(滴定条件)为:$c_a K_a \geqslant 10^{-8}$。

3. 多元酸碱的滴定

(1) 多元酸的滴定　多元酸多数是弱酸,它们在水中分级离解如 H_2B 分两步电离,但 H_2B 能否被分步滴定,则与其 $K_{a_1}^{\ominus}$、$K_{a_2}^{\ominus}$ 的数值及两者的数量级大小有关。

已经证明二元弱酸能否分步滴定可按按列原则大致判断:若 $cK_{a_1}^{\ominus} \geqslant 10^{-8}$ 且 $K_{a_1}^{\ominus}/K_{a_2}^{\ominus} \geqslant 10^4$,则可分步滴定至第一终点;若同时 $cK_{a_2}^{\ominus} \geqslant 10^{-8}$ 则可继续滴定到第二终点;若 $cK_{a_1}^{\ominus}$ 和 $cK_{a_2}^{\ominus}$ 都大于 10^{-8},但 $K_{a_1}^{\ominus}/K_{a_2}^{\ominus} < 10^4$,则只能滴定到第二终点。对于三、四元弱酸判断可以类似处理。

用强碱滴定多元弱酸时,只有当相邻两个 K_a 相差 10^4 倍以上 $\left(\text{即} \dfrac{K_{a_1}}{K_{a_2}} \geqslant 10^4\right)$,第一个等量点附近才能 pH 值突跃。只有 $\dfrac{K_{a_2}}{K_{a_3}} \geqslant 10^4$ 时,第二等量点附近才出现第二个 pH 突跃。如以氢氧化钠滴定磷酸为例,如图 1-4 所示。

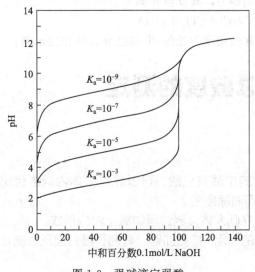

图 1-3　强碱滴定弱酸　　　　图 1-4　NaOH 滴定 H_3PO_4

(2) 多元碱的滴定　多元弱碱的滴定与多元弱酸的滴定相似,有关多元酸分步滴定的条件也适用于多元碱,只需将 $K_a^{\ominus}$ 换成 $K_b^{\ominus}$。

五、标准溶液的配制与标定

1. 氢氧化钠溶液的配制与标定

NaOH 有很强的吸水性和吸收空气中的 CO_2,因而,市售 NaOH 中常含有 Na_2CO_3。

反应式:$2NaOH + CO_2 \longrightarrow Na_2CO_3 + H_2O$

由于碳酸钠的存在,对指示剂的使用影响较大,应设法除去。除去 Na_2CO_3 最通常的方法是将 NaOH 先配成饱和溶液(约 52%,质量),由于 Na_2CO_3 在饱和 NaOH 溶液中几乎不溶解,会慢慢沉淀出来,因此,可用饱和氢氧化钠溶液,配制不含 Na_2CO_3 的 NaOH 溶液。待 Na_2CO_3 沉淀后,可吸取一定量的上清液,稀释至所需浓度即可。此外,用来配制 NaOH 溶液的蒸馏水,也应加热煮沸放冷,除去其中的 CO_2。

标定碱溶液的基准物质很多，常用的有草酸（$H_2C_2O_4 \cdot 2H_2O$）、苯甲酸（C_6H_5COOH）和邻苯二甲酸氢钾（$C_6H_4COOHCOOK$，缩写为 KHP）等。最常用的是邻苯二甲酸氢钾，滴定反应如下：

$$\text{C}_6\text{H}_4(\text{COOK})(\text{COOH}) + \text{NaOH} \longrightarrow \text{C}_6\text{H}_4(\text{COOK})(\text{COONa}) + \text{H}_2\text{O}$$

计量点时由于弱酸盐的水解，溶液呈弱碱性，应采用酚酞作为指示剂。

2. 盐酸标准溶液的配制与标定

在化学研究上，盐酸是一种重要的化学试剂，常用作溶剂、酸碱滴定重要标准溶液；在工业上，盐酸是一种重要的化工原料，常用于化学药品的制造，HCl 标准溶液是酸碱滴定中常用的标准溶液，因此 HCl 标准溶液的配制和标定是酸碱滴定的基础。

浓盐酸容易挥发，不能用它们来直接配制具有准确浓度的标准溶液，因此，配制 HCl 标准溶液时，只能先配制成近似浓度的溶液，然后用基准物质标定它们的准确浓度，或者用另一已知准确浓度的标准溶液滴定该溶液，再根据它们的体积比计算该溶液的准确浓度。标定盐酸有多种方法，可用已知浓度的标准氢氧化钠溶液进行标定也可用基准 Na_2CO_3 等进行标定，本次实验用基准 Na_2CO_3 作为基准物质标定盐酸溶液。

标定 HCl 溶液的基准物质常用的是无水 Na_2CO_3，其反应式如下：

$$Na_2CO_3 + 2HCl = 2NaCl + CO_2 + H_2O$$

滴定至反应完全时，溶液 pH 为 3.89，通常选用溴甲酚绿-甲基红混合液作指示剂。

任务 1　食醋总酸度的测定

任务背景

食醋的妙用

1. 食醋有一定消除疲劳的作用。醋中所含的丰富有机酸，可以促进人体内糖的代谢并使肌肉中的疲劳物质乳酸和丙酮等被分解，从而消除疲劳。
2. 食醋有一定抗衰老作用。醋可以抑制和降低人体衰老过程中氧化物的形成。
3. 食醋有软化血管、降血脂、降低胆固醇的作用；扩张血管，有利于降低血压，防止心血管疾病的发生。
4. 食醋有预防肥胖的作用。醋可使人体内过多的脂肪转化为体能消耗，并促使人体糖和蛋白质的代谢，故有一定的减肥作用。
5. 食醋有养颜护肤作用。醋中丰富的有机酸对人体皮肤有柔和的刺激作用，促使小血管扩张，增强皮肤血液循环，使皮肤光润。
6. 食醋具有较强的杀菌能力。

学习目标

专业能力：1. 能叙述强碱滴定弱酸的原理并正确选择指示剂；
　　　　　2. 能分析食醋总酸度的测定原理并正确测定食醋总酸度；
　　　　　3. 能对数据进行准确处理，并对分析结果进行评价、分析。
方法能力：1. 根据工作需要查阅资料并主动获取信息；
　　　　　2. 对工作结果进行评价及反思。
社会能力：1. 在学习中形成团队合作意识，并提交流、沟通的能力；
　　　　　2. 能按照"5S"的要求，清理实验室，注意环境卫生，关注健康。

情境设置

小王:"小刘,我听说食醋有很多妙用,趁着昨天星期天去买了一瓶食醋,本想回家好好享受一下,可惜当我打开瓶子的时候,我闻不到一点酸味,你是读分析的对吧,你拿回去你们实验室帮我检验一下是不是假的,谢谢啦!"

资讯信息

1. 参考书籍:见参考文献
2. 食品伙伴网等网站参考有关食醋的国标。
3. 向老师咨询相关的信息。

问题引领

1. 什么叫食醋的总酸度?
2. 一般市售食醋的总酸度大概为多少?
3. 有哪些方法可以用来测定食醋的总醋度?其中有哪些方法是你所学过的?
4. 若用化学分析方法进行测定,那么其方法原理是什么?将需要哪些标准溶液?如何配制与标定?
5. 你所需要的仪器、试剂我们实验室是否具备?
6. 在你完成任务的过程将会产生哪些环保方面的问题?你将如何处理?
7. 你认为要完成此任务还需要老师提供哪些帮助?

工作计划

请你与你的团队成员共同制定工作计划(表1-3)。

表 1-3 工作计划表

序 号	工 作 内 容	工具/辅助用具	所需时间	负 责 人	注 意 事 项

任务实施

1. 方法原理

2. 实施步骤

3. 数据处理(表1-4)

$$\rho(\text{HAc}) = \frac{c(\text{NaOH}) \dfrac{V(\text{NaOH})}{1000} M_r(\text{HAc}) \times 100}{V_s} \text{(g/100mL)}$$

表 1-4 数据处理

内容 \ 次数		1	2	3
食醋试样的体积 V（HAc）/mL				
测定试验	滴定消耗 NaOH 溶液的用量/mL			
	滴定管校正值/mL			
	溶液温度补正值/（mL/L）			
	实际滴定消耗 NaOH 溶液的体积 V/mL			
空白试验	滴定消耗 NaOH 的体积/mL			
	滴定管校正值/mL			
	溶液温度补正值/（mL/L）			
	实际滴定消耗 NaOH 溶液的体积 V_0/mL			
ρ（HAc）/（g/L）				
ρ（HAc）平均值/（g/L）				
平行测定结果的极差/（g/100mL）				
极差与平均值之比/%				

交流讨论

1. 如果 NaOH 标准溶液在放置的程中吸收了 CO_2，测定结果偏低（　　）。
   A. 正确　　　　　　　B. 错误
2. 选用甲基红作指示剂，测定结果偏低（　　）。
   A. 正确　　　　　　　B. 错误
3. 用移液管吸取食醋试样 5.00mL，移入 250mL 锥形瓶中，加入的 20mL 蒸馏水必须精确（　　）。
   A. 正确　　　　　　　B. 错误
4. 用酚酞作指示剂时，加入过多的指示剂可使定结果偏高（　　）。
   A. 正确　　　　　　　B. 错误
5. 若测定的食醋是陈醋，颜色较深，怎么办？

考核评价

见表 1-5。

表 1-5 考核评价表

指标属性及配分	序号	评价指标要素	分值	评价依据	学生自评	学生互评	教师评价
社会能力 20 分	1	出勤情况	4	学习、完成任务的出勤率			
	2	参与程度	4	富于工作热情，积极参与			
	3	团队协作	6	服从教师、组长的任务分配，并按时完成			
	4	遵守规章制度	4	遵守各项规章制度			
	5	精神面貌	2	仪容、仪态合适			

续表

指标属性及配分	序号	评价指标要素	分值	评价依据	学生自评	学生互评	教师评价
方法能力 20 分	1	知识的获取	5	知识获取的方法、途径,知识量			
	2	知识的运用	5	灵活运用所获取的知识来解决问题			
	3	问题的解决	5	能独立解决实验过程中遇到的一些问题			
	4	工作的反思与评价	5	能反工作进行全面、客观的评价			
专业能力 60 分	1	任务准备	5	完成任务前是否认真预习			
	2	仪器选择	3	仪器的选择是否正确			
	3	溶液的配制	5	溶液的配制规范、熟练			
	4	仪器的使用	5	仪器的使用是否符合要求、规范			
	5	滴定速度	5	滴定速度控制是否恰当			
	6	终点判断	6	滴定终点判断准确			
	7	滴定操作	5	滴定操作规范、熟练			
	8	数据记录	4	数据记录规范、准确			
	9	数据处理	5	数据处理正确			
	10	分析结果的准确度	6	准确度不大于 2 倍允差,即 2×0.1%			
	11	分析结果的精密度	6	极差与平均值之比不大于 1/2 允差			
	12	工作页的填写	5	工作页的填写			
总成绩	学生自评(分)×20% + 学生互评(分)×20% + 教师评价(分)×60% = 分						

任务 2　混合碱的测定

学习目标

专业能力：1. 学会解释酸碱指示剂的变色原理并能正确选择指示剂；
2. 能够配制和准确标定盐酸溶液并能对浓度进行正确的计算；
3. 能够解释混合碱的测定原理及计算；
4. 能理会双指示剂法并能运用双指示剂法测定混合碱。

方法能力：1. 根据工作需要查阅资料并主动获取信息；
2. 对工作结果进行评价及反思。

社会能力：1. 在学习中形成团队合作意识，并提交流、沟通的能力；
2. 能按照"5S"的要求，清理实验室，注意环境卫生，关注健康；
3. 养成求真务实、科学严谨的工作态度。

相关知识

混合碱的测定方法如下所述。

一、混合碱的测定原理

混合碱通常是指 NaOH 和 Na_2CO_3 或 Na_2CO_3 和 $NaHCO_3$ 的混合物。本任务采用双指示剂法进行测定。所谓双指示剂法，就是用两种指示剂在不同化学计量点颜色的变化，得到两个终点时所消耗的酸标准溶液的体积，从而计算各种碱的含量及总碱量。

1. 烧碱中 NaOH 与 Na_2CO_3 含量测定（图 1-5）

在含有 NaOH 与 Na_2CO_3 的混合溶液中，加入酚酞指示剂，用 HCl 标准溶液滴定至红色退去，其中 NaOH 完全被中和，而 Na_2CO_3 被中和至 $NaHCO_3$，此时消耗 HCl 标准溶液的体积为 V_1。加入甲基橙指示剂，继续用 HCl 标准溶液滴定至溶液呈橙色，此时消耗 HCl 标准溶液的体积为 V_2。

2. 纯碱中 Na_2CO_3 与 $NaHCO_3$ 含量的测定（图 1-6）

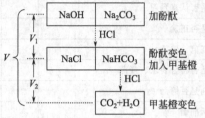
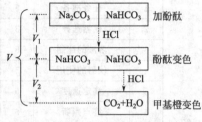

图 1-5　烧碱中 NaOH 与 Na_2CO_3 含量测定　　图 1-6　纯碱中 Na_2CO_3 与 $NaHCO_3$ 含量的测定

在含有 Na_2CO_3 与 $NaHCO_3$ 的混合溶液中，加入酚酞指示剂，用 HCl 标准溶液滴定至红色退去，为第一计量点，其中只 Na_2CO_3 被中和至 $NaHCO_3$，此时消耗 HCl 标准溶液的体积为 V_1。加入甲基橙指示剂，继续用 HCl 标准溶液滴定至溶液呈橙色，为第二计量点，此时新生成的 $NaHCO_3$ 和原有的 $NaHCO_3$ 共同消耗 HCl 标准溶液的体积为 V_2。

二、计算实例

【例 1-1】 称取混合碱试样 0.6800g，以酚酞为指示剂，用 0.1800mol/L 的 HCl 标准溶液滴定至终点，消耗 HCl 溶液 $V_1 = 26.80$ mL，然后加甲基橙指示剂滴定至终点，又消耗 HCl 溶液 $V_2 = 23.00$ mL，判断混合碱的组成，并计算试样中各组分的含量。

解： 由 $V_1 > V_2$，且 V_2 不为 0，可判断混合碱组分为 NaOH 和 Na_2CO_3

$$w(Na_2CO_3) = \frac{\frac{2V_2 c(HCl)}{1000} \times M\left(\frac{1}{2} Na_2CO_3\right)}{m_{样}} \times 100\%$$

$$= \frac{\frac{2 \times 23.000 \times 0.1800}{1000} \times 53.00}{0.68} \times 100\% = 64.54\%$$

$$w(NaOH) = \frac{\frac{(V_1 - V_2)c(HCl)}{1000} \times M(NaOH)}{m_{样}} \times 100\%$$

$$= \frac{\frac{(26.80 - 23.00) \times 0.1800}{1000} \times 40.00}{0.68} \times 100\% = 4.02\%$$

（三）结果分析

V_1、V_2 的大小与未知碱样的组成，见表 1-6。

表 1-6　V_1、V_2 的大小与未知碱样的组成

V_1 和 V_2 的关系	碱的组成
$V_1 > V_2$，$V_2 \neq 0$	NaOH 和 Na_2CO_3
$V_1 < V_2$，$V_1 \neq 0$	Na_2CO_3 和 $NaHCO_3$

续表

V_1 和 V_2 的关系	碱 的 组 成
$V_1 = V_2$	Na_2CO_3
$V_1 \neq 0$, $V_2 = 0$	NaOH
$V_1 = 0$, $V_2 \neq 0$	$NaHCO_3$

子任务 1　盐酸标准溶液的配制与标定

情境设置

假如你是某公司化验室的一名分析检测员,现需要配制 20L 0.1mol/L 的盐酸标准溶液并对其进行准确标定,请你按照公司的相关标准要求,准时完成任务并将标定结果送到下一岗位。

资讯信息

1. 参考书籍:见参考文献。
2. 互联网。
3. 向老师咨询相关的信息。

问题引领

1. 一般市售浓盐酸的质量分数、密度、物质的量浓度分别是多少?
2. 如何利用市售浓盐酸配制成 0.1mol/L 的盐酸溶液?
3. 标定盐酸可以用哪些基本物?各有何优缺点?如何选择?
4. 若用无水碳酸钠作为基准物标定盐酸,其标定原理如何?结果如何计算?
5. 配制标准溶液允许误差是多少?标定结果的准确度、精密度如何要求?
6. 在标定盐酸的过程中有哪些注意点,需要特别留意?
7. 在你完成任务的过程将会产生哪些环保方面的问题?你将如何处理?
8. 你认为要完成此任务还需要老师提供哪些帮助?

方法原理

由于浓盐酸容易挥发,不能用它们来直接配制具有准确浓度的标准溶液,因此,配制 HCl 标准溶液时,只能先配制成近似浓度的溶液,然后用基准物质标定它们的准确浓度,或者用另一已知准确浓度的标准溶液滴定该溶液,再根据它们的体积比计算该溶液的准确浓度。

标定 HCl 溶液的基准物质常用的是无水 Na_2CO_3,其反应式如下:

$Na_2CO_3 + 2HCl = 2NaCl + CO_2 + H_2O$

滴至反应完全时,溶液 pH 为 3.89,通常选用溴甲酚绿-甲基红混合液作指示剂。

仪器试剂

1. 试剂

浓盐酸(相对密度 1.19)溴甲酚绿-甲基红混合液指示剂:量取 30mL 溴甲酚绿乙醇溶液(2g/L),加入 20mL 甲基红乙醇溶液(1g/L),混匀。

2. 仪器

量筒,50mL 酸式滴定管,锥形瓶,称量瓶、移液管等。

操作过程

1. 0.1mol/L HCl 溶液的配制

用量筒量取浓盐酸 9mL，倒入预先盛有适量水的试剂瓶中，加水稀释至 1000mL，摇匀，贴上标签。

2. 盐酸溶液浓度的标定

用减量法准确称取约 0.15g 在 270~300℃干燥至恒量的基准无水碳酸钠，置于 250mL 锥形瓶，加 50mL 水使之溶解，再加 10 滴溴甲酚绿-甲基红混合液指示剂，用配制好的 HCl 溶液滴定至溶液由绿色转变为紫红色，煮沸 2min，冷却至室温，继续滴定至溶液由绿色变为暗紫色。由 Na_2CO_3 的重量及实际消耗的 HCl 溶液的体积，计算 HCl 溶液的准确浓度。

3. 结果计算

HCl 标准溶液浓度计算公式：$c_{HCl} = \dfrac{m_{Na_2CO_3} \times 1000}{V_{HCl} \times M_{\frac{1}{2}Na_2CO_3}}$

式中　m——无水碳酸钠的质量，g；

　　　V_{HCl}——盐酸标准滴定溶液用量，mL；

　　　$M_{\frac{1}{2}Na_2CO_3}$——$\dfrac{1}{2}Na_2CO_3$ 的摩尔质量，g/mol。

数据处理

见表 1-7。

表 1-7　数据处理

内容	次数	1	2	3
称量瓶+Na_2CO_3 的质量（第一次读数）				
称量瓶+Na_2CO_3 的质量（第二次读数）				
基准 Na_2CO_3 的质量 m/g				
标定试验	滴定消耗 HCl 溶液的用量/mL			
	滴定管校正值/mL			
	溶液温度补正值/(mL/L)			
	实际滴定消耗 HCl 溶液的体积 V/mL			
空白试验	滴定消耗 HCl 溶液的体积/mL			
	滴定管校正值/mL			
	溶液温度补正值/(mL/L)			
	实际滴定消耗 HCl 溶液的体积 V_0/mL			
c_{HCl}/(mol/L)				
c_{HCl} 平均值/(mol/L)				
平行测定结果的极差/(mol/L)				
极差与平均值之比/%				

交流讨论

1. 作为标定的基准物质应具备哪些条件？

2. 溶解 Na_2CO_3 基准物质时，加水 50mL 应以量筒量取还是用移液管吸取？为什么？
3. 本实验中所使用的称量瓶、烧杯、锥形瓶是否必须都烘干？为什么？
4. 标定 HCl 溶液时为何要称 0.15g 左右 Na_2CO_3 基准物？称过多或过少有何不好？

考核评价

见表 1-8。

表1-8 考核评价表

项目	评分标准	配分	扣分	得分	项目	评分标准	配分	扣分	得分
天平称量前准备	称量工具选取	1			测定操作	半滴加入正确	2		
	检查水平、状态完好情况	1				滴定终点判断正确	2		
	天平内外清洁	1				读数姿势正确/终点读数正确	2+2		
	检查和调零点	1				终读数正确	2		
称量操作	操作轻、慢、稳	2			5S管理	仪器清洗	2		
	加减试样操作正确	2				仪器归整	1		
	倾出试样符合要求	2				仪器破损	1		
	读数及记录正确	1				桌面整理	1		
	其他	1				其他	1		
称量后处理	样品放回干燥器、工具放回原位	2			数据记录	记录及时	1		
	清洁天平门外	1				记录漏项	1		
	关天平门	1				记录数值精度不符合要求	1		
	检查零点	1				记录涂改现象二处以上	1		
	其他	1				数据记错	1		
测定操作	选用玻璃仪器、滴定管正确	1				有意涂改数据	1		
	滴定管试漏、洗涤	2			分析结果	平行误差	15		
	滴定管润洗、装溶液、赶气泡	3				平行结果与参照值误差	20		
	试样溶解正确	2			计算正确		5		
	加入指示剂恰当	2							
	始读数正确（或不调刻度）	2			考核时间	考核时间为120分，每超5分钟扣2分			
	滴定姿势正确	2							
	摇瓶操作正确	2							
	滴定速度控制恰当	2			监考老师签名				
	淋洗锥形瓶内壁	2							

子任务 2　混合碱的测定

情境设置

假如你是某公司化验室的一名分析检测员，请利用已经配制并标定好的盐酸标准溶液对混合碱进行分析。

资讯信息

1. 参考书籍：见参考文献。
2. 互联网。
3. 向老师咨询相关的信息。

问题引领

1. 什么叫混合碱？一般会由哪些成分组成？
2. 测定混合碱中各组分的含量可以用什么方法？
3. 什么叫双指示剂法？双指示剂是否等同于混合指示剂？
4. 利用双指剂法测定混合碱的测定原理是什么？结果如何分析？
5. 利用双指示剂法测定混合碱所需的仪器、试剂分别是什么？
6. 利用双指示剂法测定混合碱具体该如何操作？
7. 在你完成任务的过程将会产生哪些环保方面的问题？你将如何处理？
8. 你认为要完成此任务还需要老师提供哪些帮助？

工作计划

请你与你的团队成员共同制定工作计划，见表 1-9。

表 1-9　制定工作计划

序　号	工作内容	工具/辅助用具	所需时间	负　责　人	注 意 事 项

任务实施

1. 工作准备

(1) 仪器

(2) 试剂

2. 方法原理

3. 操作流程

4. 数据处理（表 1-10）

表 1-10 数据处理

内容			次数	1	2	3
称量瓶＋烧碱的质量（第一次读数）						
称量瓶＋烧碱的质量（第二次读数）						
烧碱的质量 m/g						
第一终点	实验测定	滴定消耗 HCl 溶液的用量/mL				
		滴定管校正值/mL				
		溶液温度补正值/（mL/L）				
		实际消耗 HCl 溶液的体积 V_1/mL				
	空白试验	滴定消耗 HCl 溶液的体积/mL				
		滴定管校正值/mL				
		溶液温度补正值/（mL/L）				
		实际消耗 HCl 溶液的体积 V_0/mL				
第二终点	实验测定	滴定消耗 HCl 溶液的用量/mL				
		滴定管校正值/mL				
		溶液温度补正值/（mL/L）				
		实际消耗 HCl 溶液的体积 V_2/mL				
	空白试验	滴定消耗 HCl 溶液的体积/mL				
		滴定管校正值/mL				
		溶液温度补正值/（mL/L）				
		实际消耗 HCl 溶液的体积 V_0/mL				
w（NaOH）/%						
w（NaOH）平均值/%						
平行测定结果的极差/%						
极差与平均值之比/%						
w（Na_2CO_3）/%						
w（Na_2CO_3）平均值/%						
平行测定结果的极差/%						
极差与平均值之比/%						

考核项目 工业硫酸纯度的测定

由学生自行选择合适的实验原理、仪器和试剂并自行规划实验步骤和设计数据处理表格等。

习题

1-1 查出下列各酸的 K_a，计算各酸共轭碱的 K_b。
(1) HCOOH (2) HCN (3) 苯甲酸 (4) 苯酚

1-2 欲配制 1L pH=10.00 的 NH_3-NH_4Cl 的缓冲溶液，现有 250mL 10mol/L 的 $NH_3·H_2O$ 溶液，还需称取 NH_4Cl 固体多少克？（已知：$K_b=1.8\times10^{-5}$）

1-3 计算下列溶液的 pH 值。
(1) 0.10mol/L 的 HCl
(2) 0.10mol/L 的 CH_3COOH
(3) 0.20mol/L 的 $NH_3·H_2O$
(4) 0.50mol/L 的 $NaHCO_3$
(5) 0.10mol/L 的 NH_4Ac
(6) 0.20mol/L 的 Na_2HPO_4

1-4 酸碱滴定中，指示剂选择的原则是什么？

1-5 某酸碱指示剂的 pK(HIn)=9，推算其变色范围。

1-6 借助指示剂的变色确定终点，下列各物质能否用酸碱滴定法直接准确滴定？如果能，计算计量点时的 pH 值，并选择合适的指示剂。①0.10mol/L NaF，②0.10mol/L HCN，③0.10mol/L $CH_2ClCOOH$。

1-7 下列多元酸能否分步滴定？若能，有几个 pH 突跃，能滴至第几级？①0.10mol/L 草酸，②0.10mol/L H_2SO_3，③0.10mol/L H_2SO_4。

1-8 计算用 0.10mol/L NaOH 滴定 0.10mol/L HCOOH 溶液至计量点时，溶液的 pH 值，并选择合适的指示剂。

1-9 某一元弱酸（HA）纯试样 1.250g，溶于 50.00mL 水中，需 41.20mL 0.09000mol/L NaOH 滴至终点。已知加入 8.24mL NaOH 时，溶液的 pH=4.30，①求弱酸的摩尔质量 M，②计算弱酸的电解常数 K_a，③求计量点时的 pH 值，并选择合适的指示剂指示终点。

1-10 以 0.2000mol/L NaOH 标准溶液滴定 0.2000mol/L 邻苯二甲酸氢钾溶液，近似计算滴定前及滴定剂加入至 50% 和 100% 时溶液的 pH 值。（已知 KHP 的 $K_{a_1}=1.3\times10^{-3}$ $K_{a_2}=3.9\times10^{-6}$）

1-11 有一浓度为 0.1000mol/L 的三元酸，其 $pK_{a_1}=2$，$pK_{a_2}=6$，$pK_{a_3}=12$，能否用 NaOH 标准溶液分步滴定？如能，能滴至第几级，并计算计量点时的 pH 值，选择合适的指示剂。

1-12 用因保存不当失去部分结晶水的草酸（$H_2C_2O_4·2H_2O$）作基准物质来标定 NaOH 的浓度，问标定结果是偏高、偏低还是无影响。

1-13 某标准 NaOH 溶液保存不当吸收了空气中的 CO_2，用此溶液来滴定 HCl，分别以甲基橙和酚酞作指示剂，测得的结果是否一致？

1-14 有工业硼砂 1.000g，用 0.1988mol/L HCl 24.52mL 恰好滴至终点，计算试样中 $Na_2B_4O_7·10H_2O$，$Na_2B_4O_7$ 和 B 的质量分数。（$B_4O_7^{2-}+2H^++5H_2O\Longrightarrow 4H_3BO_3$）

1-15 称取纯碱试样（含 $NaHCO_3$ 及惰性杂质）1.000g 溶于水后，以酚酞为指示剂滴至终点，需 0.2500mol/L HCl 20.40mL；再以甲基橙作指示剂继续以 HCl 滴定，到终点时消耗同浓度 HCl 28.46mL，求试样中 Na_2CO_3 和 $NaHCO_3$ 的质量分数。

1-16 取含惰性杂质的混合碱（含 NaOH、$NaCO_3$、$NaHCO_3$ 或它们的混合物）试样一份，溶解后，以酚酞为指示剂，滴至终点消耗标准酸液 V_1 mL；另取相同质量的试样一份，溶解后以甲基橙为指示剂，用相同的标准溶液滴至终点，消耗酸液 V_2 mL，①如果滴定中发现 $2V_1=V_2$，则试样组成如何？②如果试样仅含等摩尔 NaOH 和 Na_2CO_3，则 V_1 与 V_2 有何数量关系？

1-17 称取含 NaH_2PO_4 和 Na_2HPO_4 及其他惰性杂质的试样 1.000g，溶于适量水后，以百里酚酞作指示剂，用 0.1000mol/L NaOH 标准溶液滴至溶液刚好变蓝，消耗 NaOH 标准溶液 20.00mL，而后加入溴甲酚绿指示剂，改用 0.1000mol/L HCl 标准溶液滴至终点时，消耗 HCl 溶液 30.00mL，试计算：①w（NaH_2PO_4），②w（Na_2HPO_4），③该 NaOH 标准溶液在甲醛法中对氮的滴定度。

1-18 称取粗铵盐 1.000g，加过量 NaOH 溶液，加热逸出的氨吸收于 56.00mL 0.2500mol/L H_2SO_4 中，过量的酸用 0.5000mol/L NaOH 回滴，用去碱 21.56mL，计算试样中 NH_3 的质量分数。

1-19 蛋白质试样 0.2320g 经处理后，加浓碱蒸馏，用过量硼酸吸收蒸出的氨，然后用 0.1200mol/L HCl 21.00mL 滴至终点，计算试样中氮的质量分数。

1-20 含有 H_3PO_4 和 H_2SO_4 的混合液 50.00mL 两份，用 0.1000mol/L NaOH 滴定。第一份用甲基橙作指示剂，需 26.15mL NaOH 到达终点；第二份用酚酞作指示剂需 36.03mL NaOH 到达终点，计算试样中两种酸的浓度。

模块 2 氧化还原滴定分析技术

背景知识

氧化还原滴定法是以溶液中氧化剂和还原剂之间的电子转移为基础的一种滴定分析方法。与酸碱滴定法和配位滴定法相比较，氧化还原滴定法应用非常广泛，它不仅可用于无机分析，而且可以广泛用于有机分析，许多具有氧化性或还原性的有机物都可以用氧化还原滴定法来加以测定。

一、氧化与还原

1. 狭义定义

氧化（oxidation）本来是指物质与氧结合。

还原（reduction）是指从氧化物中去掉氧恢复到未被氧化前的状态的反应（图2-1）。

例如：$2Cu(s) + O_2 \rightleftharpoons 2CuO$ 铜的氧化

$2CuO(s) + H_2 \rightleftharpoons 2Cu(s) + H_2O$

氧化铜的还原

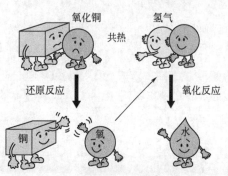

图 2-1 氧化还原反应与得、失氧关系的示意

2. 广义定义

氧化：在一个反应中，氧化值升高的过程；

还原：氧化值降低的过程。

反应中氧化过程和还原过程同时发生。

氧化还原反应：在化学反应过程中，元素的原子或离子在反应前后氧化值发生变化的一类反应。

氧化值升高的物质叫做还原剂，还原剂是使另一种物质还原，本身被氧化，它的反应产物叫做氧化产物。氧化值降低的物质叫作氧化剂，氧化剂是使另一种物质氧化，本身被还原，它的反应产物叫做还原产物（表2-1）。

表 2-1 氧化剂与还原剂在反应中的变化规律

氧 化 剂	还 原 剂
得电子	失电子
氧化数降低	氧化数升高
具有氧化性	具有还原性
使还原剂氧化	使氧化剂还原
本身被还原	本身被氧化

$$\overset{+1}{\text{NaClO}} + 2\overset{+2}{\text{FeSO}_4} + \text{H}_2\text{SO}_4 = \overset{-1}{\text{NaCl}} + \overset{+3}{\text{Fe}_2(\text{SO}_4)_3} + \text{H}_2\text{O}$$

氧化剂　还原剂　　　　　　　　　还原产物　氧化产物

3. 自氧化还原反应

如果氧化数的升高和降低都发生在同一化合物中，这种氧化还原反应称为自氧化还原反应，如：$2\text{KClO}_3 = 2\text{KCl} + 3\text{O}_2$

4. 歧化反应

如果氧化数的升、降都发生在同一物质中的同一元素上，则这种氧化还原反应称为歧化反应。例如：$2\text{H}_2\overset{-1}{\text{O}}_2 \xrightarrow{\text{MnO}_2,\Delta} 2\text{H}_2\overset{-2}{\text{O}} + \overset{0}{\text{O}}_2$

5. 氧化值（数）

是指某元素的一个原子的电荷数，该荷电数是假定把每一化学键中的电子指定给电负性更大的原子而求得的。

$$\text{Cu}^{2+} + \text{Zn} = \text{Zn}^{2+} + \text{Cu} \quad \text{得失电子}$$
$$\text{H}_2(g) + \text{Cl}_2(g) = 2\text{HCl}(g) \quad \text{电子偏移}$$

二、氧化还原平衡

(一) 电极电势

1. 电极电势的产生

由于双电层的存在，使金属与溶液之间产生了电势差，这个电势差叫做金属的电极电势。用符号 E 表示，单位为伏特。电极电势的大小主要取决于电极材料的本性，同时还与溶液浓度、温度、介质等因素有关。

2. 原电池的电动势与电极电势

原电池的电动势是电池中各个相界面上电势差的代数和。

目前还无法由实验测定单个电极的绝对电势，但可用电位计测定电池的电动势，并规定电动势 E 等于两个电极电势的相对差值，即：$E = \varphi_+ - \varphi_-$。

3. 标准电极电势

将待测电极和标准氢电极组成原电池，通过测定该电池的电动势，可以求出电极的电极电势。

(1) 标准氢电极（如图 2-2 所示）　标准氢电极电位，是压力保持 $1.013 \times 10^5 \text{Pa}$ 的氢气所饱和的铂黑电极，插入了氢离子浓度等于 1mol/L 的溶液中，所组合的 $2\text{H}^+/\text{H}_2$ 电对，其半反应式为

$$2\text{H}^+(1\text{mol/L}) + 2e^- \rightleftharpoons \text{H}_2 (1.013 \times 10^5 \text{Pa})$$

在 25℃ 时，规定其电极电位为零，即 $\varphi^{\ominus}_{2\text{H}^+/\text{H}_2} = 0(\text{V})$

(2) 标准电极电势　如果参加电极反应的物质均处于标准态，这时的电极称为标准电极，对应的电极电势称为标准电极电势，用 $\varphi^{\ominus}$ 表示，SI 单位为 V。

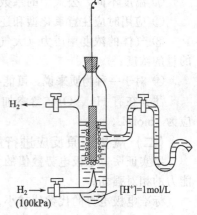

图 2-2　标准氢电极

所谓标准态是指组成电极的离子浓度为 1mol/kg，气体分压为，液体或固体都是纯净物质。

如果原电池的两个电极均为标准电极，此电池为标准电池，对应的电动势为标准电池电动势，用 $E^{\ominus}$ 表示，即：$E^{\ominus} = \varphi^{\ominus}_+ - \varphi^{\ominus}_-$。

用标准态下的各种电极与标准氢电极组成原电池，用检流计确定电池的正负极，用单位计测得电池的标准电极电势即可求出待测的标准电极电势。

如：将 Zn 电极在 1mol/L $ZnSO_4$ 溶液组成标准锌半电池，把它和标准氢半电池组成原电池，在 25℃恒温下，用电位计测得原电池电动势。即可计算 Zn 标准电极的电位。25℃时测得电动势为 0.76V。同理，可测得其他电对的电动势。

4. Nernst 方程

各种不同的氧化剂的氧化能力和还原剂的还原能力是不相同的，其氧化还原能力的大小，可以用电极电位来衡量。

对于任何一个可逆氧化还原电对

$$Ox(氧化态) + ne^- \longleftrightarrow Red（还原态）$$

当达到平衡时，其电极电位与氧化态、还原态之间的关系遵循能斯特方程。

$$\varphi_{Ox/Red} = \varphi^{\ominus}_{Ox/Red} + \frac{RT}{nF} \ln \frac{a_{Ox}}{a_{Red}} \tag{2-1}$$

式中 $\varphi^{\ominus}_{Ox/Red}$ 为电对 Ox/Red 的标准电极电位；a_{Ox} 和 a_{Red} 分别为电对氧化态和还原态的活度；R 为气体常数 [8.314J/(K·mol)]；T 为绝对温度，K；F 为法拉第常数，96485C/mol；n 为电极反应中转移的电子数。将以上常数代入式（2-1），并取常用对数，于 25℃时得：

$$\varphi_{Ox/Red} = \varphi^{\ominus}_{Ox/Red} + \frac{0.0592}{n} \lg \frac{a_{Ox}}{a_{Red}} \tag{2-2}$$

可见，在一定温度下，电对的电极电位与氧化态和还原态的浓度有关。

当 $a_{Ox} = a_{Red} = 1mol/L$ 时，$\varphi_{Ox/Red} \varphi^{\ominus}_{Ox/Red}$

因此，标准电极电位是指在一定的温度下（通常为 25℃），当 $a_{Ox} = a_{Red} = 1mol/L$ 时（若反应物有气体参加，则其分压等于 100kPa）的电极电位。

电对的电位值越高，其氧化态的氧化能力越强；电对的电位值越低，其还原态的还原能力越强。

注意事项：

① 温度不同，公式中的系数也不同；

② 应用时应注意氧化型和还原型的系数，参加反应的氢离子也应计算；

③ 气体的浓度用压力（大气压数），纯固体试剂及水的浓度定为常数 1，其他皆用物质的量的浓度；

④ 对于一种物质来说，可能有几个氧化还原电对，而每个电对的标准电极电位是不同的。

注：在有 H^+、OH^- 等参加半反应的氧化还原电对中，应用此式时，H^+、OH^- 浓度都应为 1mol/L。

（二）氧化还原反应进行的次序

事实证明，电极电势数值的大小反映了氧化还原电对中氧化态和还原态物质的氧化还原能力的相对强弱。

标准电极电势的代数值越小，该电对的还原型的还原能力越强；标准电极电势的代数值越大，该电对的氧化型的氧化能力越强。

一种还原剂与多种氧化剂的反应次序是，按氧化剂的氧化性的强弱，氧化性强的首先反应，然后是氧化性弱的；一种氧化剂与多种还原剂的反应次序是，按还原剂还原性的强弱次序，还原性强的首先反应，然后是还原性弱的反应。

思考题：用 $K_2Cr_2O_7$ 法测铁时，首先是用氯化亚锡将 Fe^{3+} 全部还原成 Fe^{2+}，氯化亚锡的用量一般需过量一点，此时，Sn^{2+} 存在对滴定的准确度是否有影响？

(三) 氧化还原反应进行的程度

若将 $\Delta G^{\ominus}$ 与平衡常数 $K^{\ominus}$ 的关系式 $\Delta G^{\ominus} = -RT \ln K^{\ominus}$ 代入式 $\Delta_r G_m^{\ominus} = -nFE^{\ominus}$，得：

$$E^{\ominus} = \frac{2.303RT}{nF} \lg K^{\ominus} \tag{2-3}$$

若电池反应是在 298K 进行，将 R、T 和 F 代入式 (2-5)，得

$$\lg K^{\ominus} = \frac{nE^{\ominus}}{0.0592} = \frac{n(\varphi_+^{\ominus} - \varphi_-^{\ominus})}{0.0592} \tag{2-4}$$

可见，氧化还原反应平衡常数 $K^{\ominus}$ 值的大小是直接由氧化剂和还原剂两电对的标准电极电势之差决定的，相差越大，$K^{\ominus}$ 值越大，反应也越完全。

三、氧化还原反应速率的影响因素

许多氧化还原反应是分步进行的，反应速度较慢，不宜用于氧化还原滴定，对此，必须讨论影响氧化还原反应速率的因素。影响氧化还原反应的主要因素有：反应物的浓度、反应温度及催化和诱导等。

(一) 反应物浓度对反应速率的影响

一般氧化还原反应速率是随着反应物浓度增加而提高。

如：在酸性溶液中，一定量的 $K_2Cr_2O_7$ 和 KI 反应

$$Cr_2O_7^{2-} + 6I^- + 14H^+ = 2Cr^{3+} + 3I_2 + 7H_2O$$

此反应比较慢，但我们提高 I^- 和 H^+ 浓度时，反应即可加快。实验证明，在 0.4mol/L 酸度下，使用过量 2 倍的 KI 时，只需静置 5min，反应即可完成。

(二) 温度对反应速率的影响

在大多数情况下，温度升高，反应物的活化能分子数目增加，而且增加了反应之间的碰撞概率，提高反应速度。一般地，每增加 10℃，反应速度增加 2~3 倍。如：

$$2MnO_4^- + 5C_2O_4^{2-} + 16H^+ = 2Mn^{2+} + 10CO_2\uparrow + 8H_2O$$

此反应在室温下反应很慢，但是在 75~85℃ 时，反应大大加快。但升高温度还应考虑到其他一些可能引起的不利因素，如超过 90℃ 时，$H_2C_2O_4$ 将部分分解。

(三) 催化和诱导反应对反应速率的影响

1. 催化作用

(1) 催化剂　有些氧化还原反应，由于某些物质的存在而使反应速率加快，这些物质称为催化剂。

(2) 自身催化反应　生成物本身就起催化作用的反应叫做自动催化反应。如：

$$2MnO_4^- + 5C_2O_4^{2-} + 16H^+ = 2Mn^{2+} + 10CO_2\uparrow + 8H_2O$$

最初的反应速度相当缓慢，但是随着 Mn^{2+} 的生成，反应速度大大加快，这是 Mn^{2+} 产生催化作用的结果。在实际操作中，一般不另加 Mn^{2+} 作催化剂，而是利用滴定反应生成的微量 Mn^{2+} 作催化剂。

2. 反催化或阻化作用

在分析化学中，有些物质会降低反应速率，称为反催化或阻化作用。

3. 诱导反应

在分析实践中，一些反应本来很慢，但是可能由于另一反应的进行，促使其提高反应速度，这种现象称为诱导作用。能促使别的反应加速的反应，称为诱导反应；能被加速的反应成为受诱反应。如：

$$2MnO_4^- + 10Cl^- + 16H^+ = 2Mn^{2+} + 5Cl_2\uparrow + 8H_2O \quad (1)$$

$$MnO_4^- + 5Fe^{2+} + 8H^+ =\!=\!= Mn^{2+} + 5Fe^{3+} + 4H_2O \quad (2)$$

在反应（2）的诱导下反应（1）速度加快。

4. 催化反应和诱导反应的区别

催化反应和诱导反应使不同的，催化反应中的催化剂参加反应后又变回原来的组成；而诱导反应的诱导体，参加反应后变为别的物质。

四、氧化还原滴定曲线

在氧化还原滴定的过程中，反应物和生成物的浓度不断改变，使有关电对的电位也发生变化，这种电位改变的情况可以用滴定曲线来表示。滴定过程中各点的电位可用仪器方法进行测量，也可以根据能斯特公式进行计算。尤其是化学计量点的电位以及滴定突跃电位，这是选择指示剂终点的依据。

滴定曲线：以滴定剂加入的百分数为横坐标，电对的电位为纵坐标作图，可得到如图 2-3 滴定曲线。

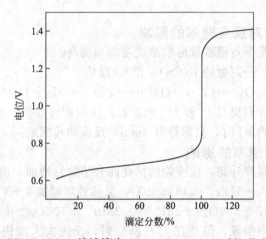

图 2-3　0.1000mol/L Ce(SO$_4$)$_2$ 溶液滴定 20.00mL 0.1000mol/L FeSO$_4$ 溶液滴定曲线

五、氧化还原滴定指示剂

氧化还原滴定中所用的指示剂有以下几类。

1. 氧化还原指示剂

这类指示剂本身是氧化剂或还原剂，它的氧化态和还原态具有不同的颜色。在滴定过程中，指示剂由氧化态转为还原态，或由还原态转为氧化态时，溶液颜色随之发生变化，从而指示滴定终点。例如用 $K_2Cr_2O_7$ 滴定 Fe^{2+} 时，常用二苯胺磺酸钠为指示剂。二苯胺磺酸钠的还原态无色，当滴定至化学计量点时，稍过量的 $K_2Cr_2O_7$ 使二苯胺磺酸钠由还原态转变为氧化态，溶液显紫红色，因而指示滴定终点的到达。表 2-2 列出了部分常用的氧化还原指示剂。

表 2-2　常用的氧化还原指示剂

指示剂	$\varphi_{In}^{\ominus '}/V$ $c(H^+) = 1\text{mol/L}$	颜色变化	
		氧化形	还原形
亚甲基蓝	0.36	蓝	无色
二苯胺	0.76	紫	无色

续表

指 示 剂	$\varphi^{\ominus\prime}_{In}/V$ $c(H^+) = 1mol/L$	颜色变化	
		氧 化 形	还 原 形
二苯胺磺酸钠	0.84	红紫	无色
邻苯氨基苯甲酸	0.89	红紫	无色
邻二氮杂菲-亚铁	1.06	浅蓝	红
硝基邻二氮杂菲-亚铁	1.25	浅蓝	紫红

氧化还原指示剂不仅对某种离子特效，而且对氧化还原反应普遍适用，因而是一种通用指示剂，应用范围比较广泛。选择这类指示剂的原则是，指示剂变色点的电位应当处在滴定体系的电位突跃范围内。例如，在 1mol/L H_2SO_4 溶液中，用 Ce^{4+} 滴定 Fe^{2+}，前面已经计算出滴定到化学计量点后 0.1% 的电位突跃范围是 0.86～1.26V。显然，选择邻苯氨基苯甲酸和邻二氮菲-亚铁是合适的。若选二苯胺磺酸钠，终点会提前，终点误差将会大于允许误差。

应该指出，指示剂本身会消耗滴定剂。例如，0.1mL 0.2%二苯胺磺酸钠会消耗 0.1mL 0.017mol/L 的 $K_2Cr_2O_7$ 溶液，因此如若 $K_2Cr_2O_7$ 溶液的浓度是 0.01mol/L 或更稀，则应作指示剂的空白校正。

2. 以滴定剂本身颜色指示滴定终点（又称自身指示剂）

有些滴定剂本身有很深的颜色，而滴定产物为无色或颜色很浅，在这种情况下，滴定时可不必另加指示剂，例如 $KMnO_4$ 本身显紫红色，用它来滴定 Fe^{2+}、$C_2O_4^{2-}$ 溶液时，反应产物 Mn^{2+}、Fe^{3+} 等颜色很浅或是无色，滴定到化学计量点后，只要 $KMnO_4$ 稍微过量半滴就能使溶液呈现淡红色，指示滴定终点的到达。

3. 显色指示剂（专属指示剂）

这种指示剂本身并不具有氧化还原性，但能与滴定剂或被测定物质发生显色反应，而且显色反应是可逆的，因而可以指示滴定终点。这类指示剂最常用的是淀粉，如可溶性淀粉与碘溶液反应生成深蓝色的化合物，当 I_2 被还原为 I^- 时，蓝色就突然退去。因此，在碘量法中，多用淀粉溶液作指示液。用淀粉指示液可以检出约 10^{-5} mol/L 的碘溶液，但淀粉指示液与 I_2 的显色灵敏度与淀粉的性质和加入时间、温度及反应介质等条件有关（详见碘量法），如温度升高，显色灵敏度下降。

除外，Fe^{3+} 溶液滴定 Sn^{2+} 时，可用 KCNS 为指示剂，当溶液出现红色（Fe^{3+} 与 CNS^- 形成的硫氰配合物的颜色）即为终点。

六、氧化还原滴定前的预处理

在利用氧化还原滴定法分析某些具体试样时，往往需要将欲测组分预先处理成特定的价态。例如，测定铁矿中总铁量时，将 Fe^{3+} 预先还原为 Fe^{2+}，然后用氧化剂 $K_2Cr_2O_7$ 滴定；测定锰和铬时，先将试样溶解，如果它们是以 Mn^{2+} 或 Cr^{3+} 形式存在，就很难找到合适的强氧化剂直接滴定。可先用 $(NH_4)_2S_2O_8$ 将它们氧化成 MnO_4^-、$Cr_2O_7^-$，再选用合适的还原剂（如 $FeSO_4$ 溶液）进行滴定；又如 Sn^{4+} 的测定，要找一个强还原剂来直接滴定它是不可能的，需将 Sn^{4+} 预还原成 Sn^{2+}，然后选用合适的氧化剂（如碘溶液）来滴定。这种测定前的氧化还原步骤，称为氧化还原预处理。

（一）预氧化剂和预还原剂的条件

预处理时所选用的氧化剂或还原剂必须满足如下条件。

(1) 氧化或还原必须将欲测组分定量地氧化（或还原）成一定的价态。

(2) 过剩的氧化剂或还原剂必须易于完全除去。除去的方法有以下几点。

① 加热分解　例如，$(NH_4)_2S_2O_8$、H_2O_2、Cl_2等易分解或易挥发的物质可借加热煮沸分解除去。

② 过滤　如$NaBiO_3$、Zn等难溶于水的物质，可过滤除去。

③ 利用化学反应　如用$HgCl_2$除去过量$SnCl_2$。

$$2HgCl_2 + SnCl_2 \longrightarrow SnCl_4 + Hg_2Cl_2 \downarrow$$

Hg_2Cl_2沉淀一般不被滴定剂氧化，不必过滤除去。

(3) 氧化或还原反应的选择性要好，以避免试样中其他组分干扰。

例如，钛铁矿中铁的测定，若用金属锌（$\varphi^{\ominus}_{Zn^{2+}/Zn} = -0.76V$）为预还原剂，则不仅还原$Fe^{3+}$，而且也还原$Ti^{4+}$（$\varphi^{\ominus}_{Ti^{4+}/Ti^{3+}} = +0.10V$），此时用$K_2CrO_7$滴定测出的则是两者的合量。如若用$SnCl_2$（$\varphi^{\ominus'}_{Sn^{4+}/Sn^{2+}} = +0.14V$）为预还原剂，则仅还原$Fe^{3+}$，因而提高了反应的选择性。

(4) 反应速度要快。

（二）常用的预氧化剂和预还原剂

预处理是氧化还原滴定法中关键性步骤之一，熟练掌握各种氧化剂、还原剂的特点，选择合理的预处理步骤，可以提高方法的选择性。下面介绍几种常用的预氧化和预还原时采用的试剂。

1. 氧化剂

(1) 过硫酸铵$(NH_4)_2S_2O_8$　过硫酸铵在酸性溶液中，并有催化剂银盐存在时，是一种很强的氧化剂。

$$S_2O_8^{2-} + 2e^- \longrightarrow 2SO_4^{2-} \qquad \varphi^{\ominus}_{S_2O_8^{2-}/SO_4^{2-}} = 2.01V$$

$S_2O_8^{2-}$可以定量地将Ce^{3+}氧化成Ce^{4+}，将Cr^{3+}氧化成$Cr(Ⅵ)$，将$V(Ⅳ)$氧化成$V(Ⅴ)$，以及$W(Ⅴ)$氧化成$W(Ⅵ)$。在硝酸-磷酸或硫酸-磷酸介质中，过硫酸铵能将$Mn(Ⅱ)$氧化成$Mn(Ⅶ)$。磷酸的存在，可以防止锰被氧化成MnO_2沉淀析出，并保证全部氧化成MnO_4^-。

如果Mn^{2+}溶液中含有Cl^-，应该先加H_2SO_4蒸发并加热至SO_3白烟，以除尽HCl，然后再加入H_3PO_4，用过硫酸铵进行氧化。$Cr(Ⅲ)$和$Mn(Ⅱ)$共存时，能同时被氧化成$Cr(Ⅵ)$和$Mn(Ⅶ)$。如果在Cr^{3+}氧化完全后，加入盐酸或氯化钠煮沸，则$Mn(Ⅶ)$被还原而$Cr(Ⅵ)$不被还原，可以提高选择性。过量的$(NH_4)_2S_2O_8$可用煮沸的方法除去，其反应为：

$$2S_2O_8^{2-} + 2H_2O \xrightarrow{煮沸} 4HSO_4^- + O_2$$

(2) 过氧化氢H_2O_2　在碱性溶液中，过氧化氢是较强的氧化剂，可以把$Cr(Ⅲ)$氧化成CrO_4^{2-}。在酸性溶液中过氧化氢既可作氧化剂，也可作还原剂。例如在酸性溶液中它可以把Fe^{2+}氧化成Fe^{3+}，其反应式如下：

$$2Fe^{2+} + H_2O_2 + 2H^+ \longrightarrow 2Fe^{3+} + 2H_2O$$

也可将MnO_4^-还原为Mn^{2+}：

$$2MnO_4^- + 5H_2O_2 + 6H^+ \longrightarrow 2Mn^{2+} + 5O_2\uparrow + 8H_2O$$

因此，如果在碱性溶液中用过氧化氢进行预先氧化，过量的过氧化氢应该在碱性溶液中除去，否则在氧化后已经被氧化的产物可能再次被还原。例如，Cr^{3+}在碱性条件下被H_2O_2氧化成CrO_4^{2-}，当溶液被酸化后，CrO_4^{2-}能被剩余的H_2O_2还原成Cr^{3+}。

(3) 高锰酸钾$KMnO_4$　高锰酸钾$KMnO_4$是一种很强的氧化剂，在冷的酸性介质中，

可以在 Cr^{3+} 存在时将 V(Ⅳ) 氧化成 V(Ⅴ)，此时 Cr^{3+} 被氧化的速度很慢，但在加热煮沸的硫酸溶液中，Cr^{3+} 可以定量被氧化成 Cr(Ⅵ)。

$$2MnO_4^- + 2Cr^{3+} + 3H_2O \longrightarrow 2MnO_2\downarrow + Cr_2O_7^{2-} + 6H^+$$

过量的 MnO_4^- 和生成的 MnO_2 可以加入盐酸或氯化钠一起煮沸破坏。当有氟化物或磷酸存在时，$KMnO_4$ 可选择性地将 Ce^{3+} 氧化成 Ce^{4+}，过量的 MnO_4^- 可以用亚硝酸盐将它还原，而多余的亚硝酸盐用尿素使之分解除去。

$$2MnO_4^- + 5NO_2^- + 6H^+ \longrightarrow 2Mn^{2+} + 5NO_3^- + 3H_2O$$
$$2NO_2^- + CO(NH_2)_2 + 2H^+ \longrightarrow 2N_2\uparrow + CO_2\uparrow + 3H_2O$$

（4）高氯酸 $HClO_4$　$HClO_4$ 既是最强的酸，在热而浓度很高时又是很强的氧化剂。其电对半反应如下：

$$ClO_4^- + 8H^+ + 8e^- \longrightarrow Cl^- + 4H_2O \qquad \varphi^{\ominus}_{ClO_4^-/Cl^-} = 1.37V$$

在钢铁分析中，通常用它来分解试样并同时将铬氧化成 CrO_4^{2-}，钒氧化成 VO_3^-，而 Mn^{2+} 不被氧化。当有 H_3PO_4 存在时，$HClO_4$ 可将 Mn^{2+} 定量地氧化成 $Mn(H_2P_2O_7)_3^{3-}$（其中锰为三价状态）。在预氧化结束后，冷却并稀释溶液，$HClO_4$ 就失去氧化能力。

应当注意，热而浓的高氯酸遇到有机物会发生爆炸。因此，在处理含有机物的试样时，必须先用浓 HNO_3 加热破坏试样中的有机物，然后再使用 $HClO_4$ 氧化。

还有其他的预氧化剂见表 2-3。

表 2-3　部分常用的预氧化剂

氧化剂	用途	使用条件	过量氧化剂除去的方法
$NaBiO_3$	$Mn^{2+} \rightarrow MnO_4^-$ $Cr^{3+} \rightarrow Cr_2O_7^{2-}$ $Ce^{3+} \rightarrow Ce^{4+}$	在硝酸溶液中	$NaBiO_3$ 微溶于水，过量时可过滤除去
KIO_4	$Ce^{3+} \rightarrow Ce^{4+}$ $VO^{2+} \rightarrow VO_3^-$ $Cr^{3+} \rightarrow Cr_2O_7^{2-}$	在酸性介质中加热	加入 Hg^{2+} 与过量的 KIO_4 作用生成 $Hg(IO_4)_2$ 沉淀，过滤除去
Cl_2 或 Br_2	$I^- \rightarrow IO_3^-$	酸性或中性	煮沸或通空气流
H_2O_2	$Cr^{3+} \rightarrow CrO_4^{2-}$	碱性介质	碱性溶液中煮沸

2. 还原剂

在氧化还原滴定中由于还原剂的保存比较困难，因而氧化剂标准溶液的使用比较广泛，这就要求待测组分必须处于还原状态，因而预先还原更显重要。常用的预还原剂有如下几种（表 2-4）。

表 2-4　常见的预还原剂

还原剂	用途	使用条件	过量还原剂除去的办法
SO_2	$Fe^{3+} \rightarrow Fe^{2+}$ $AsO_4^{3-} \rightarrow AsO_3^{3-}$ $Sb^{5+} \rightarrow Sb^{3+}$ $V^{5+} \rightarrow V^{4+}$ $Cu^{2+} \rightarrow Cu^+$	H_2SO_4 溶液 SCN^- 催化 SCN^- 存在下	煮沸或通 CO_2 气流
联胺	$As^{5+} \rightarrow As^{3+}$ $Sb^{5+} \rightarrow Sb^{3+}$		浓 H_2SO_4 中煮沸
Al	$Sn^{4+} \rightarrow Sn^{2+}$ $Ti^{4+} \rightarrow Ti^{3+}$	在 HCl 溶液	

续表

还 原 剂	用 途	使用条件	过量还原剂除去的办法
H_2S	$Fe^{3+} \rightarrow Fe^{2+}$ $MnO_4^- \rightarrow Mn^{2+}$ $Ce^{4+} \rightarrow Ce^{3+}$ $Cr_2O_7^{2-} \rightarrow Cr^{3+}$	强酸性溶液	煮沸

（1）二氯化锡（$SnCl_2$）$SnCl_2$是一个中等强度的还原剂，在1mol/L HCl中$\varphi^{\ominus'}_{Sn^{4+}/Sn^{2+}}=0.139V$，$SnCl_2$常用于预先还原$Fe^{3+}$，还原速度随氯离子浓度的增高而加快。在热的盐酸溶液中，$SnCl_2$可以将Fe^{3+}，定量并迅速地还原为Fe^{2+}，过量的$SnCl_2$加入$HgCl_2$除去。$SnCl_2+2HgCl_2 \Longrightarrow SnCl_4+Hg_2Cl_2\downarrow$

但要注意，如果加入$SnCl_2$的量过多，就会进一步将Hg_2Cl_2还原为Hg，而Hg将与氧化剂作用，使分析结果产生误差。所以预先还原Fe^{3+}时$SnCl_2$不能过量太多。

$SnCl_2$也可将$Mo(Ⅵ)$还原为$Mo(Ⅴ)$及$Mo(Ⅳ)$，将$As(Ⅴ)$还原为$As(Ⅲ)$等。

（2）三氯化钛（$TiCl_3$） $TiCl_3$是一种强还原剂，在1mol/L HCl中$\varphi^{\ominus}_{Ti^{4+}/Ti^{3+}}=-0.04V$，在测定铁时，为了避免使用剧毒的$HgCl_2$，可以采用$TiCl_3$还原$Fe^{3+}$。此法的缺点是选择性不如$SnCl_2$好。

（3）金属还原剂 常用的金属还原剂有铁、铝和锌等，它们都是非常强的还原剂，在HCl介质中铝可以将Ti^{4+}还原为Ti^{3+}，Sn^{4+}还原为Sn^{2+}，过量的金属可以过滤除去。为了方便，通常将金属装入柱内使用，一般称作为还原器，例如常用的有锌汞齐还原器（琼斯还原器）、银还原器（瓦尔登还原器）、铅还原器等。溶液以一定的流速通过还原器，流出时待测组分已被还原至一定的价态，还原器可以连续长期使用。表2-4列出了部分常用的预还原剂供选择时参考。

高锰酸钾法

一、高锰酸钾法概述

$KMnO_4$是一种强氧化剂，它的氧化能力和还原产物与溶液的酸度有关。

在强酸性溶液中，$KMnO_4$与还原剂作用被还原为Mn^{2+}：

$$MnO_4^- + 8H^+ + 5e^- \Longrightarrow Mn^{2+} + 4H_2O \quad \varphi^{\ominus}=1.51V$$

由于在强酸性溶液中$KMnO_4$有更强的氧化性，因而高锰酸钾滴定法一般多在0.5～1mol/L H_2SO_4强酸性介质下使用，而不使用盐酸介质，这是由于盐酸具有还原性，能诱发一些副反应干扰滴定。硝酸由于含有氮氧化物容易产生副反应也很少采用。

在弱酸性、中性或碱性溶液中，$KMnO_4$被还原为MnO_2：

$$MnO_4^- + 2H_2O + 3e^- \Longrightarrow MnO_2\downarrow + 4OH^- = 0.593V$$

由于反应产物为棕色的MnO_2沉淀，妨碍终点观察，所以很少使用。

在pH>12的强碱性溶液中用高锰酸钾氧化有机物时，由于在强碱性（大于2mol/L NaOH）条件下的反应速度比在酸性条件下更快，所以常利用$KMnO_4$在强碱性溶液中与有机物的反应来测定有机物。

$$MnO_4^- + e^- \Longrightarrow MnO_4^{2-} \quad \varphi^{\ominus}_{MnO_4^-/MnO_4^{2-}}=0.564V$$

二、$KMnO_4$法的特点

① $KMnO_4$氧化能力强，应用广泛，可直接或间接地测定多种无机物和有机物。如可直

接滴定许多还原性物质 Fe^{2+}、As(Ⅲ)、Sb(Ⅲ)、W(Ⅴ)、U(Ⅳ)、H_2O_2、$C_2O_4^{2-}$、NO_2^- 等；返滴定时可测 MnO_2、PbO_2 等物质；也可以通过 MnO_4^- 与 $C_2O_4^{2-}$ 反应间接测定一些非氧化还原物质如 Ca^{2+}、Th^{4+} 等。

② $KMnO_4$ 溶液呈紫红色，当试液为无色或颜色很浅时，滴定不需要外加指示剂。

③ 由于 $KMnO_4$ 氧化能力强，因此方法的选择性欠佳，而且 $KMnO_4$ 与还原性物质的反应历程比较复杂，易发生副反应。

④ $KMnO_4$ 标准溶液不能直接配制，且标准溶液不够稳定，不能久置，需经常标定。

三、高锰酸钾标准溶液的配制与标定

市售的高锰酸钾为黑褐色晶体，常含有少量杂质如二氧化锰、硫酸盐、氯化物、硝酸盐等。因此不能用直接法配制，而要经过配制净化后再进行标定。

1. $KMnO_4$ 溶液的配制

市售高锰酸钾试剂常含有少量的 MnO_2 及其他杂质，使用的蒸馏水中也含有少量如尘埃、有机物等还原性物质。这些物质都能使 $KMnO_4$ 还原，因此 $KMnO_4$ 标准滴定溶液不能直接配制，必须先配成近似浓度的溶液，放置一周后滤去沉淀（具体配制方法及操作见配套实验教材），然后再用基准物质标定。

要配制较稳定的溶液，要做到以下几点。

① 取样量要稍多于理论量。

② 配制好的溶液应加热煮沸 15min 并放置两周，以除去各种还原性物质。

③ 用 4 号玻璃漏斗过滤溶液，以除去沉淀物。

④ 溶液应盛放在棕色瓶中，并置于暗处，以防分解。

2. $KMnO_4$ 溶液的标定

标定 $KMnO_4$ 溶液的基准物很多，如 $Na_2C_2O_4$、$H_2C_2O_4 \cdot 2H_2O$、$(NH_4)_2Fe(SO_4)_2 \cdot 6H_2O$ 和纯铁丝等。其中常用的是 $Na_2C_2O_4$，这是因为它易提纯且性质稳定，不含结晶水，在 105～110℃烘至恒重，即可使用。

MnO_4^- 与 $C_2O_4^{2-}$ 的标定反应在 H_2SO_4 介质中进行，其反应如下：

$$2MnO_4^- + 5C_2O_4^{2-} + 16H^+ \longrightarrow 2Mn^{2+} + 10CO_2\uparrow + 8H_2O$$

此时，$KMnO_4$ 的基本单元为 $(1/5KMnO_4)$，而 $Na_2C_2O_4$ 的基本单元为 $(1/2Na_2C_2O_4)$。

为了使标定反应能定量地较快进行，标定时应注意以下滴定条件。

(1) 温度　$Na_2C_2O_4$ 溶液加热至 70～85℃再进行滴定。不能使温度超过 90℃，否则 $H_2C_2O_4$ 分解，导致标定结果偏高。

$$H_2C_2O_4 \xrightarrow{\geqslant 90℃} H_2O + CO_2\uparrow + CO\uparrow$$

(2) 酸度　溶液应保持足够大的酸度，一般控制酸度为 0.5～1mol/L。如果酸度不足，易生成 MnO_2 沉淀，酸度过高则又会使 $H_2C_2O_4$ 分解。

(3) 滴定速度　MnO_4^- 与 $C_2O_4^{2-}$ 的反应开始时速度很慢，当有 Mn^{2+} 生成之后，反应速度逐渐加快。因此，开始滴定时，应该等第一滴 $KMnO_4$ 溶液褪色后，再加第二滴。此后，因反应生成的 Mn^{2+} 有自动催化作用而加快了反应速度，随之可加快滴定速度，但不能过快，否则加入的 $KMnO_4$ 溶液会因来不及与 $C_2O_4^{2-}$ 反应，就在热的酸性溶液中分解，导致标定结果偏低。

$$4MnO_4^- + 12H^+ \Longrightarrow 4Mn^{2+} + 6H_2O + 5O_2\uparrow$$

若滴定前加入少量的 $MnSO_4$ 为催化剂，则在滴定的最初阶段就以较快的速度进行。

(4) 滴定终点　用 $KMnO_4$ 溶液滴定至溶液呈淡粉红色 30s 不褪色即为终点。放置时间过长，空气中还原性物质能使 $KMnO_4$ 还原而退色。

标定好的 $KMnO_4$ 溶液在放置一段时间后，若发现有 $MnO(OH)_2$ 沉淀析出，应重新过滤并标定。

(5) 标定结果按下式计算

$$c\left(\frac{1}{5}KMnO_4\right)=\frac{m_{Na_2C_2O_4}}{(V-V_0)\times M\left(\frac{1}{2}Na_2C_2O_4\right)\times 10^{-3}}$$

式中　　$m_{Na_2C_2O_4}$——称取 $Na_2C_2O_4$ 的质量，g；

　　　　V——滴定时消耗 $KMnO_4$ 标准滴定溶液的体积，mL；

　　　　V_0——空白试验时消耗 $KMnO_4$ 标准滴定溶液的体积，mL；

　　　$M\left(\frac{1}{2}Na_2C_2O_4\right)$——以 $\left(\frac{1}{2}Na_2C_2O_4\right)$ 为基本单元的 $Na_2C_2O_4$ 摩尔质量（67.00g/mol）。

四、$KMnO_4$ 法的应用示例

1. 直接滴定法

(1) 直接滴定法测定 H_2O_2

原理：$H_2O_2-2e^-\Longrightarrow 2H^++O_2\uparrow$　　　　$\varphi^{\ominus}_{2H^++O_2/H_2O_2}=0.682V$

$MnO_4^-+8H^++5e^-\Longrightarrow Mn^{2+}+4H_2O$　　　$\varphi^{\ominus}_{MnO_4^-/Mn^{2+}}=1.51V$

在酸性溶液中 H_2O_2 被 MnO_4^- 定量氧化：

$$5H_2O_2+2MnO_4^-+6H^+\Longrightarrow 2Mn^{2+}+5O_2\uparrow+8H_2O$$

此反应在室温下即可顺利进行。滴定开始时反应较慢，随着 Mn^{2+} 生成而加速，也可先加入少量 Mn^{2+} 为催化剂。

若 H_2O_2 中含有机物质，后者会消耗 $KMnO_4$，使测定结果偏高。这时，应改用碘量法或铈量法测定 H_2O_2。

计算：

$$\rho(H_2O_2)=\frac{cV\left(\frac{1}{5}KMnO_4\right)\times\frac{17.01}{1000}}{V_{样}}\times 1000$$

(2) 绿矾含量的测定

原理：在酸性溶液中，高锰酸钾氧化亚铁离子，由消耗的高锰酸钾溶液，计算绿矾的含量。反应如下：

$$5Fe^{2+}+MnO_4^-+8H^+\Longrightarrow 5Fe^{3+}+Mn^{2+}+4H_2O$$

计算：

$$w(FeSO_4\cdot 7H_2O)=\frac{\dfrac{cV\left(\frac{1}{5}KMnO_4\right)}{1000}\cdot M(FeSO_4\cdot 7H_2O)}{m_{样}}\times 100\%$$

注意：

① 测定时用硫酸酸化，其目的是防止亚铁盐水解，保持溶液的酸度，以利于 $KMnO_4$ 与 Fe^{2+} 的反应。

② 此反应不能加 HNO_3，因为 HNO_3 能使 Fe^{2+} 被氧化成 Fe^{3+}。也不能有盐酸的存在，当盐酸存在时，由于 Fe^{2+} 被氧化而产生诱导反应，使 Cl^- 被氧化成 Cl_2，多消耗 $KMnO_4$，使结果偏高。

2. 间接滴定法

测定 Ca^{2+}、Ca^{2+}、Th^{4+} 等在溶液中没有可变价态,通过生成草酸盐沉淀,可用高锰酸钾法间接测定。

原理:以 Ca^{2+} 的测定为例,先沉淀为 CaC_2O_4 再经过滤、洗涤后将沉淀溶于热的稀 H_2SO_4 溶液中,最后用 $KMnO_4$ 标准溶液滴定 $H_2C_2O_4$。根据所消耗的 $KMnO_4$ 的量,间接求得 Ca^{2+} 的含量。

$$Ca^{2+}+C_2O_4^{2-} \Longrightarrow CaC_2O_4$$
$$CaC_2O_4+2H^+ \Longrightarrow Ca^{2+}+H_2C_2O_4$$
$$2MnO_4^-+5C_2O_4^{2-}+16H^+ \longrightarrow 2Mn^{2+}+10CO_2\uparrow+8H_2O$$

为了保证 Ca^{2+} 与 $C_2O_4^{2-}$ 间的 1∶1 的计量关系,以及获得颗粒较大的 CaC_2O_4 沉淀以便于过滤和洗涤,必须采取相应的措施:

① 在酸性试液中先加入过量 $(NH_4)_2C_2O_4$,后用稀氨水慢慢中和试液至甲基橙显黄色,使沉淀缓慢地生成;

② 沉淀完全后须放置陈化一段时间;

③ 用蒸馏水洗去沉淀表面吸附的 $C_2O_4^{2-}$。若在中性或弱碱性溶液中沉淀,会有部分 $Ca(OH)_2$ 或碱式草酸钙生成,使测定结果偏低。为减少沉淀溶解损失,应用尽可能少的冷水洗涤沉淀。

计算:

$$w(Ca)=\frac{5c(KMnO_4)V(KMnO_4)M(Ca)}{2m}\times 100\%$$

3. 返滴定法

(1) 测定软锰矿中 MnO_2 软锰矿中 MnO_2 的测定是利用 MnO_2 与 $C_2O_4^{2-}$ 在酸性溶液中的反应,其反应式如下:$MnO_2+C_2O_4^{2-}+4H^+ \Longrightarrow Mn^{2+}+2CO_2+2H_2O$

加入一定量过量的 $Na_2C_2O_4$ 于磨细的矿样中,加 H_2SO_4 并加热,当样品中无棕黑色颗粒存在时,表示试样分解完全。用 $KMnO_4$ 标准溶液趁热返滴定剩余的草酸。由 $Na_2C_2O_4$ 的加入量和 $KMnO_4$ 溶液消耗量之差求出 MnO_2 的含量。

(2) 水中化学耗氧量 COD_{Mn} 的测定   化学耗氧量 COD(Chemi Oxygen Demand)是 1L 水中还原性物质(无机的或有机的)在一定条件下被氧化时所消耗的氧含量。通常用 $COD_{Mn}(O,mg/L)$ 来表示。它是反映水体被还原性物质污染的主要指标。还原性物质包括有机物、亚硝酸盐、亚铁盐和硫化物等,但多数水受有机物污染极为普遍,因此,化学耗氧量可作为有机物污染程度的指标,目前它已经成为环境监测分析的主要项目之一。

COD_{Mn} 的测定方法是:在酸性条件下,加入过量的 $KMnO_4$ 溶液,将水样中的某些有机物及还原性物质氧化,反应后在剩余的 $KMnO_4$ 中加入过量的 $Na_2C_2O_4$ 还原,再用 $KMnO_4$ 溶液回滴过量的 $Na_2C_2O_4$,从而计算出水样中所含还原性物质所消耗的 $KMnO_4$,再换算为 COD_{Mn}。测定过程所发生的有关反应如下:

$$4KMnO_4+6H_2SO_4+5C \longrightarrow 2K_2SO_4+4MnSO_4+5CO_2+6H_2O$$
$$2MnO_4^-+5C_2O_4^{2-}+16H^+ \longrightarrow 2Mn^{2+}+8H_2O+10CO_2\uparrow$$

$KMnO_4$ 法测定的化学耗氧量 COD_{Mn} 只适用于较为清洁水样测定。

(3) 一些有机物的测定   氧化有机物的反应在碱性溶液中比在酸性溶液中快,采用加入过量 $KMnO_4$ 并加热的方法可进一步加速反应。例如测定甘油时,加入一定量过量的 $KMnO_4$ 标准溶液到含有试样的 2mol/L NaOH 溶液中,放置片刻,溶液中发生如下反应:

$$H_2OHC\text{-}OHCH\text{-}COHH_2+14MnO_4^-+20OH^- \longrightarrow 3CO_3^{2-}+14MnO_4^{2-}+14H_2O$$

待溶液中反应完全后将溶液酸化,MnO_4^{2-} 歧化成 MnO_4^- 和 MnO_2,加入过量的 $Na_2C_2O_4$ 标准溶液

还原所有高价锰为 Mn^{2+}。最后再以 $KMnO_4$ 标准溶液滴定剩余的 $Na_2C_2O_4$。由两次加入的 $KMnO_4$ 量和 $Na_2C_2O_4$ 的量,计算甘油的质量分数。甲醛、甲酸、酒石酸、柠檬酸、苯酚、葡萄糖等都可按此法测定。

任务1 双氧水中过氧化氢含量的测定

学习目标

专业能力:1. 能解释高锰酸钾的标定原理;
2. 能准确配制并标定高锰酸钾标准溶液;
3. 能够正确选择指示剂;
4. 能利用高锰酸钾法测定双氧水中过氧化氢的含量并正确表示测定结果。

方法能力:1. 能独立解决实验过程中遇到的一些问题;
2. 能独立使用各种媒介完成学习任务;
3. 收集并处理信息的能力得到相应的拓展;
4. 形成对工作结果进行评价与反思的习惯。

社会能力:1. 在学习中形成团队合作意识,并提交流、沟通的能力;
2. 能按照"5S"的要求,清理实验室,注意环境卫生,关注健康;
3. 养成求真务实、科学严谨的工作态度。

前期准备

高锰酸钾的配制与标定。

一、试剂与仪器

1. 试剂

基准试剂 $Na_2C_2O_4$,3mol/L H_2SO_4 溶液。

2. 仪器

分析天平,万用电炉,托盘天平,称量瓶,酸式滴定管,500mL 棕色试剂瓶,100mL、1000mL 烧杯,250mL 锥形瓶,50mL 量筒等。

二、实验步骤

1. 0.02mol/L $KMnO_4$ 标准溶液的配制

称取 1.6g $KMnO_4$ 固体,置于 500mL 烧杯中,加蒸馏水 520mL 使之溶解,盖上表面皿,加热至沸,并缓缓煮沸 15min,并随时加水补充至 500mL。冷却后,在暗处放置数天(至少 2~3 天),然后用微孔玻璃漏斗或玻璃棉过滤除去 MnO_2 沉淀。滤液贮存在干燥棕色瓶中,摇匀。若溶液煮沸后在水浴上保持 1h,冷却,经过滤可立即标定其浓度。

2. $KMnO_4$ 标准溶液的标定

准确称取在 130℃烘干的 $Na_2C_2O_4$ 0.15~0.20g,置于 250mL 锥形瓶中,加入蒸馏水 40mL 及 H_2SO_4 10mL,加热至 75~80℃(瓶口开始冒气,不可煮沸),立即用待标定的 $KMnO_4$ 溶液滴定至溶液呈粉红色,并且在 30s 内不褪色,即为终点。标定过程中要注意滴定速度,必须待前一滴溶液退色后再加第二滴,此外还应使溶液保持适当的温度。

根据称取的 $Na_2C_2O_4$ 质量和耗用的 $KMnO_4$ 溶液的体积,计算 $KMnO_4$ 标准溶液的准确浓度。

数据处理见表 2-5。

表 2-5 数据处理

内容 \ 次数		1	2	3
称量瓶＋$Na_2C_2O_2$ 的质量（第一次读数）				
称量瓶＋$Na_2C_2O_2$ 的质量（第二次读数）				
基准 $Na_2C_2O_2$ 的质量 m/g				
标定试验	滴定消耗 $KMnO_4$ 溶液的用量/mL			
	滴定管校正值/mL			
	溶液温度补正值/(mL/L)			
	实际滴定消耗 $KMnO_4$ 溶液的体积 V/mL			
空白试验	滴定消耗 $KMnO_4$ 溶液的体积/mL			
	滴定管校正值/mL			
	溶液温度补正值/(mL/L)			
	实际滴定消耗 $KMnO_4$ 溶液的体积 V_0/mL			
$c\left(\dfrac{1}{5}KMnO_4\right)$ /(mol/L)				
$c\left(\dfrac{1}{5}KMnO_4\right)$ 平均值/(mol/L)				
平行测定结果的极差/(mol/L)				
极差与平均值之比/%				

三、交流与思考

（1）配制 $KMnO_4$ 标准溶液时，为什么要把 $KMnO_4$ 溶液煮沸一定时间和放置数天？为什么还要过滤？是否可用滤纸过滤？

（2）用 $Na_2C_2O_4$ 标定 $KMnO_4$ 溶液浓度时，H_2SO_4 加入量的多少对标定有何影响？可否用盐酸或硝酸来代替？

（3）用 $Na_2C_2O_4$ 标定 $KMnO_4$ 溶液浓度时，为什么要加热？温度是否越高越好，为什么？

（4）本实验的滴定速度应如何掌握为宜，为什么？试解释溶液褪色的速度越来越快的现象。

情境设置

某技校一年级学生张三在一次篮球比赛中摔破膝盖，去到校医室看医生，医生用了双氧水帮他处理伤口，此时，医生看到他的校卡是化验专业学生，便问他知不知道该双氧水的浓度，张三说不出来，大窘，觉得很不好意思。同时本专业学生，你知道医用双氧水的浓度吗？如何测定？

资讯信息

1. 参考书籍：见参考文献。
2. 互联网。
3. 向老师咨询相关的信息。

问题引领

1. 工业双氧水中过氧化氢的含量一般为多少？医用双氧水中过氧化氢的含量一般为多少？
2. 有哪些方法可以用来测定过氧化氢的含量？其中有哪些方法是你所学过的？

3. 若用氧化还原分析法，你将需要何种标准溶液？应如何配制并标定？其原理是什么？
4. 若用氧化还原分析法测定过双氧水中过氧化氢的含量，其原理是什么？结果如何计算？如何表示？
5. 利用高锰酸钾法测定过氧化氢所需的仪器、试剂分别是什么？
6. 利用高锰酸钾法测定过氧化氢具体该如何操作？
7. 在你完成任务的过程将会产生哪些环保方面的问题？你将如何处理？
8. 你认为要完成此任务还需要老师提供哪些帮助？

工作计划

请你与你的团队成员共同制定工作计划（表 2-6）。

表 2-6 工作计划表

序号	工作内容	工具/辅助用具	所需时间	负责人	注意事项

任务实施

1. 工作准备

(1) 仪器

(2) 试剂

2. 方法原理

3. 操作流程

4. 数据处理（表 2-7）

表 2-7 数据处理

内容	次数	1	2	3
工业双氧水体积 $V(H_2O_2)$/mL				
测定试验	滴定消耗 $KMnO_4$ 溶液的用量/mL			
	滴定管校正值/mL			
	溶液温度补正值/(mL/L)			
	实际滴定消耗 $KMnO_4$ 溶液的体积 V/mL			

续表

内容	次数	1	2	3
空白试验	滴定消耗 $KMnO_4$ 的体积/mL			
	滴定管校正值/mL			
	溶液温度补正值/(mL/L)			
	实际滴定消耗 $KMnO_4$ 溶液的体积 V_0/mL			
$\rho(H_2O_2)$/(g/L)				
$\rho(H_2O_2)$ 平均值/(g/L)				
平行测定结果的极差/(g/L)				
极差与平均值之比/%				

交流与思考

1. 反应较慢，能否通过加热溶液来加快反应速度？为什么？
2. 用 $KMnO_4$ 法直接测定 H_2O_2 时，能否用硝酸或盐酸控制酸度？为什么？
3. H_2O_2 是强氧化剂，为什么能用 $KMnO_4$ 强氧化剂标准溶液直接滴定？
4. 完成任务过程中还有哪些需要注意的问题？

重铬酸钾法

一、方法概述

$K_2Cr_2O_7$ 是一种常用的氧化剂之一，它具有较强的氧化性，在酸性介质中 $Cr_2O_7^{2-}$ 被还原为 Cr^{3+}，其电极反应如下：

$$Cr_2O_7^{2-} + 14H^+ + 6e^- \longrightarrow 2Cr^{3+} + 7H_2O \qquad \varphi^{\ominus}_{Cr_2O_7^{2-}/Cr^{3+}} = 1.33V$$

$K_2Cr_2O_7$ 的基本单元为 $\frac{1}{6}K_2Cr_2O_7$。

重铬酸钾的氧化能力不如高锰酸钾强，因此重铬酸钾可以测定的物质不如高锰酸钾广泛，但与高锰酸钾法相比，它有自己的优点。

① $K_2Cr_2O_7$ 易提纯，可以制成基准物质，在 140~150℃ 干燥 2h 后，可直接称量，配制标准溶液。$K_2Cr_2O_7$ 标准溶液相当稳定，保存在密闭容器中，浓度可长期保持不变。

② 室温下，当 HCl 溶液浓度低于 3mol/L 时，$Cr_2O_7^{2-}$ 不会诱导氧化 Cl^-，因此 $K_2Cr_2O_7$ 法可在盐酸介质中进行滴定。$Cr_2O_7^{2-}$ 的滴定还原产物是 Cr^{3+}，呈绿色，滴定时须用指示剂指示滴定终点。常用的指示剂为二苯胺磺酸钠。

二、$K_2Cr_2O_7$ 标准滴定溶液的制备

1. 直接配制法

$K_2Cr_2O_7$ 标准滴定溶液可用直接法配制，但在配制前应将 $K_2Cr_2O_7$ 基准试剂在 105~110℃ 温度下烘至恒重。

2. 间接配制法

若使用分析纯 $K_2Cr_2O_7$ 试剂配制标准溶液,则需进行标定,其标定原理是:移取一定体积的 $K_2Cr_2O_7$ 溶液,加入过量的 KI 和 H_2SO_4,用已知浓度的 $Na_2S_2O_3$ 标准滴定溶液进行滴定,以淀粉指示液指示滴定终点,其反应式为:

$$Cr_2O_7^{2-} + 6I^- + 14H^+ \longrightarrow 2Cr^{3+} + 3I_2 + 7H_2O$$

$$I_2 + 2S_2O_3^{2-} \longrightarrow S_4O_6^{2-} + 2I^-$$

$K_2Cr_2O_7$ 标准溶液的浓度按下式计算:

$$c\left(\frac{1}{6}K_2Cr_2O_7\right) = \frac{(V_1 - V_2)c(Na_2S_2O_3)}{V}$$

式中 $c\left(\frac{1}{6}K_2Cr_2O_7\right)$ ——重铬酸钾标准溶液的浓度,mol/L;

$c(Na_2S_2O_3)$ ——硫代硫酸钠标准滴定溶液的浓度,mol/L;

V_1 ——滴定时消耗硫代硫酸钠标准滴定溶液的体积,mL;

V_2 ——空白试验消耗硫代硫酸钠标准滴定溶液的体积,mL;

V ——重铬酸钾标准溶液的体积,mL。

三、重铬酸钾法的应用实例

1. 铁矿石中全铁量的测定

重铬酸钾法是测定矿石中全铁量的标准方法。根据预氧化还原方法的不同分为 $SnCl_2$-$HgCl_2$ 法和 $SnCl_2$-$TiCl_3$ 法(无汞测定法)。

(1) $SnCl_2$-$HgCl_2$ 法

① 原理 用 $K_2Cr_2O_7$ 试样用热浓 HCl 溶解,用 $SnCl_2$ 趁热将 Fe^{3+} 还原为 Fe^{2+}。冷却后,过量的 $SnCl_2$ 用 $HgCl_2$ 氧化,再用水稀释,并加入 H_2SO_4-H_3PO_4 混合酸和二苯胺磺酸钠指示剂,立即用 $K_2Cr_2O_7$ 标准溶液滴定至溶液由浅绿(Cr^{3+} 色)变为紫红色。

$$6Fe^{2+} + Cr_2O_7^{2-} + 14H^+ \Longleftrightarrow 6Fe^{3+} + 2Cr^{3+} + 7H_2O$$

铁矿石的处理($Fe_2O_3 \cdot nH_2O$):

$$Fe_2O_3 + 6HCl \xrightarrow{\triangle} 2FeCl_3 + 3H_2O$$

$$FeCl_3 + Cl^- \Longleftrightarrow [FeCl_4]^- \quad (黄色)$$

$$FeCl_3 + 3Cl^- \Longleftrightarrow [FeCl_6]^{3-}$$

用 $SnCl_2$ 把 Fe^{3+} 还原成 Fe^{2+}:

$$2Fe^{3+} + Sn^{2+} \Longleftrightarrow 2Fe^{2+} + Sn^{4+}$$

剩余的 $SnCl_2$ 用 $HgCl_2$ 处理:

$$SnCl_2 + 2HgCl_2 \Longleftrightarrow SnCl_4 + Hg_2Cl_2 \downarrow$$

② 计算

$$w(Fe) = \frac{cV\left(\frac{1}{6}K_2Cr_2O_7\right) \times \frac{M(Fe)}{1000}}{m_{样}} \times 100\%$$

$$w(Fe_2O_3) = \frac{cV\left(\frac{1}{6}K_2Cr_2O_7\right) \times \frac{M(Fe_2O_3)}{1000}}{m_{样}} \times 100\%$$

测定中加入 H_3PO_4 的目的有两个:一是降低 Fe^{3+}/Fe^{2+} 电对的电极电位,使滴定突跃范围增大,让二苯胺磺酸钠变色点的电位落在滴定突跃范围之内;二是使滴定反应的产物生

成无色的 $Fe(HPO_4)_2^-$，消除 Fe^{3+} 黄色的干扰，有利于滴定终点的观察。

（2）无汞测定法　样品用酸溶解后，以 $SnCl_2$ 趁热将大部分 Fe^{3+} 还原为 Fe^{2+}，再以钨酸钠为指示剂，用 $TiCl_3$ 还原剩余的 Fe^{3+}，反应为：

$$2Fe^{3+} + Sn^{2+} \longrightarrow 2Fe^{2+} + Sn^{4+}$$
$$Fe^{3+} + Ti^{3+} \longrightarrow Fe^{2+} + Ti^{4+}$$

当 Fe^{3+} 定量还原为 Fe^{2+} 之后，稍过量的 $TiCl_3$ 即可使溶液中作为指示剂的六价钨还原为蓝色的五价钨合物（俗称"钨蓝"），此时溶液呈现蓝色。然后滴入重铬酸钾溶液，使钨蓝刚好退色，或者以 Cu^{2+} 为催化剂使稍过量的 Ti^{3+} 被水中溶解的氧所氧化，从而消除少量的还原剂的影响。最后以二苯胺磺酸钠为指示剂，用重铬酸钾标准滴定溶液滴定溶液中的 Fe^{2+}，即可求出全铁含量。

2. 利用 $Cr_2O_7^{2-}$-Fe^{2+} 反应测定其他物质

$Cr_2O_7^{2-}$ 与 Fe^{2+} 的反应可逆性强，速率快，计量关系好，无副反应发生，指示剂变色明显。此反应不仅用于测铁，还可利用它间接地测定多种物质。

（1）测定氧化剂　NO_3^-（或 ClO_3^-）等氧化剂被还原的反应速率较慢，测定时可加入过量的 Fe^{2+} 标准溶液与其反应 $3Fe^{2+} + NO_3^- + 4H^+ \longrightarrow 3Fe^{3+} + NO + 2H_2O$。待反应完全后用 $K_2Cr_2O_7$ 标准溶液返滴定剩余的 Fe^{2+}，即可求得 NO_3^- 含量。

（2）测定还原剂　一些强还原剂如 Ti^{3+} 等极不稳定，易被空气中氧所氧化。为使测定准确，可将 Ti^{4+} 流经还原柱后，用盛有 Fe^{3+} 溶液的锥形瓶接收，此时发生如下反应：

$$Ti^{3+} + Fe^{3+} \longrightarrow Ti^{4+} + Fe^{2+}$$

置换出的 Fe^{2+}，再用 $K_2Cr_2O_7$ 标准溶液滴定。

（3）测定污水的化学耗氧量（COD_{Cr}）　$KMnO_4$ 法测定的化学耗氧量（COD_{Mn}）只适用于较为清洁水样测定。若需要测定污染严重的生活污水和工业废水则需要用 $K_2Cr_2O_7$ 法。用 $K_2Cr_2O_7$ 法测定的化学耗氧量用 $COD_{Cr}(O,mg/L)$ 表示。COD_{Cr} 是衡量污水被污染程度的重要指标。其测定原理是：

水样中加入一定量的重铬酸钾标准溶液，在强酸性（H_2SO_4）条件下，以 Ag_2SO_4 为催化剂，加热回流 2h，使重铬酸钾与有机物和还原性物质充分作用。过量的重铬酸钾以试亚铁灵为指示剂，用硫酸亚铁铵标准滴定溶液返滴定，其滴定反应为：

$$Cr_2O_7^{2-} + 6Fe^{2+} + 14H^+ \rightleftharpoons 2Cr^{3+} + 6Fe^{3+} + 7H_2O$$

由所消耗的硫酸亚铁铵标准滴定溶液的量及加入水样中的重铬酸钾标准溶液的量，便可以计算出水样中还原性物质消耗氧的量。

$$COD_{Cr} = \frac{(V_0 - V_1)c(Fe^{2+}) \times 8.000 \times 1000}{V}$$

式中　V_0——滴定空白时消耗硫酸亚铁铵标准溶液体积，mL；

V_1——滴定水样时消耗硫酸亚铁铵标准溶液体积，mL；

V——水样体积，mL；

$c(Fe^{2+})$——硫酸亚铁铵标准溶液浓度，mol/L；

8.000——氧（$\frac{1}{2}O$）摩尔质量，g/mol。

（4）测定非氧化、还原性物质

测定 Pb^{2+}（或 Ba^{2+}）等物质时，一般先将其沉淀为 $PbCrO_4$，然后过滤沉淀，沉淀经洗涤后溶解于酸中，再以 Fe^{2+} 标准滴定溶液滴定 $Cr_2O_7^{2-}$，从而间接求出 Pb^{2+} 的含量。

碘量法

一、方法概述

碘量法是利用 I_2 的氧化性和 I^- 的还原性来进行滴定的方法，其基本反应是：

$$I_2 + 2e^- \longrightarrow 2I^-$$

固体 I_2 在水中溶解度很小（298K 时为 1.18×10^{-3} mol/L）且易于挥发，通常将 I_2 溶解于 KI 溶液中，此时它以 I_3^- 配离子形式存在，其半反应为：

$$I_3^- + 2e^- \longrightarrow 3I^- \quad \varphi_{I_3^-/I^-}^{\ominus} = 0.545V$$

从 $\varphi^{\ominus}$ 值可以看出，I_2 是较弱的氧化剂，能与较强的还原剂作用；I^- 是中等强度的还原剂，能与许多氧化剂作用，因此碘量法可以用直接或间接的两种方式进行。

碘量法既可测定氧化剂，又可测定还原剂。I_3^-/I^- 电对反应的可逆性好，副反应少，又有很灵敏的淀粉指示剂指示终点，因此碘量法的应用范围很广。

1. 直接碘量法

用 I_2 配成的标准滴定溶液可以直接测定电位值比 $\varphi_{I_3^-/I^-}^{\ominus}$ 小的还原性物质，如 S^{2-}、SO_3^{2-}、Sn^{2+}、$S_2O_3^{2-}$、$As(III)$、维生素 C 等，这种碘量法称为直接碘量法，又叫碘滴定法。直接碘量法不能在碱性溶液中进行滴定，因为碘与碱发生歧化反应。

$$I_2 + 2OH^- \longrightarrow IO^- + I^- + H_2O$$
$$3IO^- \longrightarrow IO_3^- + 2I^-$$

2. 间接碘量法

电位值比 $\varphi_{I_3^-/I^-}^{\ominus}$ 高的氧化性物质，可在一定的条件下，用 I^- 还原，然后用 $Na_2S_2O_3$ 标准溶液滴定释放出的 I_2，这种方法称为间接碘量法，又称滴定碘法。间接碘量法的基本反应为：

$$2I^- - 2e^- \longrightarrow I_2$$
$$I_2 + 2S_2O_3^{2-} \longrightarrow S_4O_6^{2-} + 2I^-$$

利用这一方法可以测定很多氧化性物质，如 Cu^{2+}、$Cr_2O_7^{2-}$、IO_3^-、BrO_3^-、AsO_4^{3-}、ClO^-、NO_2^-、H_2O_2、MnO_4^- 和 Fe^{3+} 等。

间接碘量法多在中性或弱酸性溶液中进行，因为在碱性溶液中 I_2 与 $S_2O_3^{2-}$ 将发生如下反应：

$$S_2O_3^{2-} + 4I_2 + 10OH^- \longrightarrow 2SO_4^{2-} + 8I^- + 5H_2O$$

同时，I_2 在碱性溶液中还会发生歧化反应：

$$3I_2 + 6OH^- \longrightarrow IO_3^- + 5I^- + 3H_2O$$

在强酸性溶液中，$Na_2S_2O_3$ 溶液会发生分解反应：

$$S_2O_3^{2-} + 2H^+ \longrightarrow SO_2 + S\downarrow + H_2O$$

同时，I^- 在酸性溶液中易被空气中的 O_2 氧化。

$$4I^- + 4H^+ + O_2 \longrightarrow 2I_2 + 2H_2O$$

3. 碘量法的终点指示-淀粉指示剂法

I_2 与淀粉呈现蓝色，其显色灵敏度除与 I_2 的浓度有关以外，还与淀粉的性质、加入的时间、温度及反应介质等条件有关。因此在使用淀粉指示液指示终点时要注意以下几点。

① 所用的淀粉必须是可溶性淀粉。

② I_3^- 与淀粉的蓝色在热溶液中会消失，因此，不能在热溶液中进行滴定。

③ 要注意反应介质的条件，淀粉在弱酸性溶液中灵敏度很高，显蓝色；当 pH<2 时，

淀粉会水解成糊精，与 I_2 作用显红色；若 pH＞9 时，I_2 转变为 IO^- 与淀粉不显色。

④ 直接碘量法用淀粉指示液指示终点时，应在滴定开始时加入。终点时，溶液由无色突变为蓝色。间接碘量法用淀粉指示液指示终点时，应等滴至 I_2 的黄色很浅时再加入淀粉指示液（若过早加入淀粉，它与 I_2 形成的蓝色配合物会吸留部分 I_2，往往易使终点提前且不明显）。终点时，溶液由蓝色转无色。

⑤ 淀粉指示液的用量一般为 2～5mL（5g/L 淀粉指示液）。

4. 碘量法的误差来源和防止措施

碘量法的误差来源于两个方面：一是 I_2 易挥发；二是在酸性溶液中 I^- 易被空气中的 O_2 氧化。为了防止 I_2 挥发和空气中氧氧化 I^-，测定时要加入过量的 KI，使 I_2 生成 I_3^-，并使用碘瓶，滴定时不要剧烈摇动，以减少 I_2 的挥发。由于 I^- 被空气氧化的反应，随光照及酸度增高而加快，因此在反应时，应将碘瓶置于暗处；滴定前调节好酸度，析出 I_2 后立即进行滴定。此外，Cu^{2+}、NO_3^- 等离子催化空气对 I^- 的氧化，应设法消除干扰。

二、碘量法标准滴定溶液的制备

碘量法中需要配制和标定 I_2 和 $Na_2S_2O_3$ 两种标准滴定溶液。

1. $Na_2S_2O_3$ 标准滴定溶液的制备

市售硫代硫酸钠（$Na_2S_2O_3 \cdot 5H_2O$）一般都含有少量杂质，因此配制 $Na_2S_2O_3$ 标准滴定溶液不能用直接法，只能用间接法。

配制好的 $Na_2S_2O_3$ 溶液在空气中不稳定，容易分解，这是由于在水中的微生物、CO_2、空气中 O_2 作用下，发生下列反应：

$$Na_2S_2O_3 \xrightarrow{微生物} Na_2SO_3 + S \downarrow$$

$$Na_2S_2O_3 + CO_2 + H_2O \longrightarrow NaHSO_4 + NaHCO_3 + S \downarrow$$

$$Na_2S_2O_3 + O_2 \longrightarrow Na_2SO_4 + S \downarrow$$

此外，水中微量的 Cu^{2+} 或 Fe^{3+} 等也能促进 $Na_2S_2O_3$ 溶液分解，因此配制 $Na_2S_2O_3$ 溶液时，应当用新煮沸并冷却的蒸馏水，并加入少量 Na_2CO_3，使溶液呈弱碱性，以抑制细菌生长。配制好的 $Na_2S_2O_3$ 溶液应贮于棕色瓶中，于暗处放置 2 周后，过滤去沉淀，然后再标定；标定后的 $Na_2S_2O_3$ 溶液在贮存过程中如发现溶液变混浊，应重新标定或弃去重配。

标定 $Na_2S_2O_3$ 溶液的基准物质有 $K_2Cr_2O_7$、KIO_3、$KBrO_3$ 及升华 I_2 等。除 I_2 外，其他物质都需在酸性溶液中与 KI 作用析出 I_2 后，再用配制的 $Na_2S_2O_3$ 溶液滴定。若以 $K_2Cr_2O_7$ 作基准物为例，则 $K_2Cr_2O_7$ 在酸性溶液中与 I^- 发生如下反应：

$$Cr_2O_7^{2-} + 6I^- + 14H^+ \longrightarrow 2Cr^{3+} + 3I_2 + 7H_2O$$

反应析出的 I_2 以淀粉为指示剂用待标定的 $Na_2S_2O_3$ 溶液滴定。

$$I_2 + 2S_2O_3^{2-} \longrightarrow 2I^- + S_4O_6^{2-}$$

用 $K_2Cr_2O_7$ 标定 $Na_2S_2O_3$ 溶液时应注意：$Cr_2O_7^{2-}$ 与 I^- 反应较慢，为加速反应，须加入过量的 KI 并提高酸度，不过酸度过高会加速空气氧化 I^-。因此，一般应控制酸度为 0.2～0.4mol/L。并在暗处放置 10min，以保证反应顺利完成。

根据称取 $K_2Cr_2O_7$ 的质量和滴定时消耗 $Na_2S_2O_3$ 标准溶液的体积，可计算出 $Na_2S_2O_3$ 标准溶液的浓度。计算公式如下：

$$c(Na_2S_2O_3) = \frac{m_{K_2Cr_2O_7} \times 1000}{(V - V_0) \times M(1/6 K_2Cr_2O_7)}$$

式中　　$m_{K_2Cr_2O_7}$ ——$K_2Cr_2O_7$ 的质量，g；
V——滴定时消耗 $Na_2S_2O_3$ 标准溶液的体积，mL；

V_0——空白试验消耗 $Na_2S_2O_3$ 标准溶液的体积，mL；

$M(\frac{1}{6}K_2Cr_2O_7)$——以 $(\frac{1}{6}K_2Cr_2O_7)$ 为基本单元的 $K_2Cr_2O_7$ 摩尔质量，49.03g/mol。

2. I_2 标准滴定溶液的制备

（1）I_2 标准滴定溶液配制　用升华法制得的纯碘，可直接配制成标准溶液。但通常是用市售的碘先配成近似浓度的碘溶液，然后用基准试剂或已知准确浓度的 $Na_2S_2O_3$ 标准溶液来标定碘溶液的准确浓度。由于 I_2 难溶于水，易溶于 KI 溶液，故配制时应将 I_2、KI 与少量水一起研磨后再用水稀释，并保存在棕色试剂瓶中待标定。

（2）I_2 标准滴定溶液的标定　I_2 溶液可用 As_2O_3 基准物标定。As_2O_3 难溶于水，多用 NaOH 溶解，使之生成亚砷酸钠，再用 I_2 溶液滴定 AsO_3^{3-}。

$$As_2O_3 + 6NaOH \longrightarrow 2Na_3AsO_3 + 3H_2O$$

$$AsO_3^{3-} + I_2 + H_2O \longrightarrow AsO_4^{3-} + 2I^- + 2H^+$$

此反应为可逆反应，为使反应快速定量地向右进行，可加 $NaHCO_3$，以保持溶液 pH≈8。

根据称取的 As_2O_3 质量和滴定时消耗 I_2 溶液的体积，可计算出 I_2 标准溶液的浓度。计算公式如下：

$$c(\frac{1}{2}I_2) = \frac{m_{As_2O_3} \times 1000}{(V-V_0) \times M(\frac{1}{4}As_2O_3)}$$

式中　　$m_{As_2O_3}$——称取 As_2O_3 的质量，g；

V——滴定时消耗 I_2 溶液的体积，mL；

V_0——空白试验消耗 I_2 溶液的体积，mL；

$M(\frac{1}{4}As_2O_3)$——以 $(\frac{1}{4}As_2O_3)$ 为基本单元的 As_2O_3 摩尔质量，g/mol。

由于 As_2O_3 为剧毒物，一般常用已知浓度的 $Na_2S_2O_3$ 标准滴定溶液标定 I_2 溶液。

三、碘量法应用实例

1. 水中溶解氧的测定

溶解于水中的氧称为溶解氧，常以 DO 表示。水中溶解氧的含量与大气压力、水的温度有密切关系，大气压力减小，溶解氧含量也减小。温度升高，溶解氧含量将显著下降。溶解氧的含量用 1L 水中溶解的氧气量（O_2，mg/L）表示。

（1）测定水体溶解氧的意义　水体中溶解氧含量的多少，反应出水体受到污染的程度。清洁的地面水在正常情况下，所含溶解氧接近饱和状态。如果水中含有藻类，由于光合作用而放出氧，就可能使水中含过饱和的溶解氧。但当水体受到污染时，由于氧化污染物质需要消耗氧，水中所含的溶解氧就会减少。因此，溶解氧的测定是衡量水污染的一个重要指标。

（2）水中溶解氧的测定方法　清洁的水样一般采用碘量法测定。若水样有色或含有氧化性或还原性物质、藻类、悬浮物时将干扰测定，则须采用叠氮化钠修正的碘量法或膜电极法等其他方法测定。

碘量法测定溶解氧的原理是：往水样中加入硫酸锰和碱性碘化钾溶液，使生成氢氧化亚锰沉淀。氢氧化亚锰性质极不稳定，迅速与水中溶解氧化合生成棕色锰酸锰沉淀。

$$MnSO_4 + 2NaOH \longrightarrow Mn(OH)_2 \downarrow + Na_2SO_4$$
$$\text{白色沉淀}$$

$$Mn(OH)_2 + O_2 \longrightarrow 2H_2MnO_3 \downarrow$$
$$\text{棕色沉淀}$$

$$Mn(OH)_2 + H_2MnO_3 \longrightarrow MnMnO_3 \downarrow + 2H_2O$$
棕色沉淀

加入硫酸酸化，使已经化合的溶解氧与溶液中所加入的 I^- 起氧化还原反应，析出与溶解氧相当量的 I_2。溶解氧越多，析出的碘也越多，溶液的颜色也就越深：

$$MnMnO_3 + 3H_2SO_4 + 2KI \longrightarrow 2MnSO_4 + K_2SO_4 + I_2 + 3H_2O$$

最后取出一定量反应完毕的水样，以淀粉为指示剂，用 $Na_2S_2O_3$ 标准溶液滴定至终点。滴定反应为：

$$Na_2S_2O_3 + I_2 \longrightarrow Na_2S_4O_6 + 2NaI$$

测定结果按下式计算：

$$DO = \frac{(V_0 - V_1)c(Na_2S_2O_3) \times 8.000 \times 1000}{V_水}$$

式中　　DO——水中溶解氧，mg/L；

V_1——滴定水样时消耗硫代硫酸钠标准溶液体积，mL；

$V_水$——水样体积，mL；

$c(Na_2S_2O_3)$——硫代硫酸钠标准溶液浓度，mol/L；

8.000——氧 ($\frac{1}{2}$O) 摩尔质量，g/mol。

2. 维生素 C (Vc) 的测定

维生素 C 又称抗坏血酸（$C_6H_8O_6$，摩尔质量为 171.62g/mol）。由于维生素 C 分子中的烯二醇基具有还原性，所以它能被 I_2 定量地氧化成二酮基，其反应为：

[结构式反应图]

维生素 C 的半反应式为：

$$C_6H_6O_6 + 2H^+ + 2e^- \longrightarrow C_6H_8O_6 \quad \varphi^{\ominus}_{C_6H_6O_6/C_6H_8O_6} = +0.18V$$

由于维生素 C 的还原性很强，在空气中极易被氧化，尤其在碱性介质中更甚，测定时应加入 HAc 使溶液呈现弱酸性，以减少维生素 C 的副反应。

维生素 C 含量的测定方法是：准确称取含维生素 C 试样，溶解在新煮沸且冷却的蒸馏水中，以 HAc 酸化，加入淀粉指示剂，迅速用 I_2 标准溶液滴定至终点（呈现稳定的蓝色）。

维生素 C 在空气中易被氧化，所以在 HAc 酸化后应立即滴定。由于蒸馏水中溶解有氧，因此蒸馏水必须事先煮沸，否则会使测定结果偏低。如果试液中有能被 I_2 直接氧化的物质存在，则对测定有干扰。

3. 铜合金中 Cu 含量的测定——间接碘量法

将铜合金（黄铜或青铜）试样溶于 $HCl + H_2O_2$ 溶液中，加热分解除去 H_2O_2。在弱酸性溶液中，Cu^{2+} 与过量 KI 作用，定量释出 I_2。释出的 I_2 再用 $Na_2S_2O_3$ 标准滴定溶液滴定之。反应如下：

$$Cu + 2HCl + H_2O_2 \longrightarrow CuCl_2 + 2H_2O$$
$$2Cu^{2+} + 4I^- \longrightarrow 2CuI \downarrow + I_2$$
$$I_2 + 2S_2O_3^{2-} \longrightarrow 2I^- + S_4O_6^{2-}$$

加入过量 KI，Cu^{2+} 的还原可趋于完全。由于 CuI 沉淀强烈地吸附 I_2，使测定结果偏低。故在滴定近终点时，应加入适量 KSCN，使 $CuI(K_{sp} = 1.1 \times 10^{-12})$ 转化为溶解度更小的 $CuSCN(K_{sp} = 4.8 \times 10^{-15})$，转化过程中释放出 I_2。

$$CuI + SCN^- \longrightarrow CuSCN \downarrow + I^-$$

测定过程中要注意以下几点。

① SCN^- 只能在近终点时加入，否则会直接还原 Cu^{2+}，使结果偏低。

② 溶液的 pH 应控制在 3.3~4.0 范围。若 pH<4，则 Cu^{2+} 离子水解使反应不完全，结果偏低；酸度过高，则 I^- 离子被空气氧化为 I_2（Cu^{2+} 离子催化此反应），使结果偏高。

③ 合金中的杂质 As、Sb 在溶样时氧化为 As(V)、Sb(V)，当酸度过大时，As(V)、Sb(V) 能与 I^- 作用析出 I_2，干扰测定。控制适宜的酸度可消除其干扰。

④ Fe^{3+} 离子能氧化 I^- 而析出 I_2，可用 NH_4HF_2 掩蔽（生成 FeF_6^{3-}）。这里 NH_4HF_2 又是缓冲剂，可使溶液的 pH 保持在 3.3~4.0。

⑤ 淀粉指示液应在近终点时加入，过早加入会影响终点观察。

4. 直接碘量法测定海波（$Na_2S_2O_3$）的含量

$Na_2S_2O_3$ 俗称大苏打或海波，是无色透明的单斜晶体，易溶于水，水溶液呈弱碱性反应，有还原作用，可用作定影剂、去氯剂和分析试剂。

$Na_2S_2O_3$ 的含量可在 pH=5 的 HAc-NaAc 缓冲溶液存在下，用 I_2 标准滴定溶液直接滴定测得。样品中可能存在的杂质（亚硫酸钠）的干扰，可借加入甲醛来消除。分析结果按下式计算：

$$w_{(Na_2S_2O_3 \cdot 5H_2O)} = \frac{c(1/2 I_2) V_{I_2} M(Na_2S_2O_3 \cdot 5H_2O)}{m_s \times 1000} \times 100$$

式中　　$c(1/2 I_2)$ ——以 $(1/2 I_2)$ 为基本单元时 I_2 标准滴定溶液的浓度，mol/L；

V_{I_2} ——滴定时消耗 I_2 标准滴定溶液的体积，mL；

$M(Na_2S_2O_3 \cdot 5H_2O)$ ——以 $(Na_2S_2O_3 \cdot 5H_2O)$ 为基本单元时 $Na_2S_2O_3 \cdot 5H_2O$ 的摩尔质量，g/mol；

m_s ——样品的质量，g。

任务 2　胆矾（$CuSO_4 \cdot 5H_2O$）含量的测定

学习目标

专业能力：1. 能准确配制并标定硫代硫酸钠标准溶液；
2. 能正确选择指示剂；
3. 能利用间接碘量法测定胆矾中硫酸铜的含量。

方法能力：1. 能独立解决实验过程中遇到的一些问题；
2. 能独立使用各种媒介完成学习任务；
3. 收集并处理信息的能力得到相应的拓展；
4. 形成对工作结果进行评价与反思的习惯。

社会能力：1. 树立责任意识及质量意识；
2. 在学习中形成团队合作意识，并提交流、沟通的能力；
3. 能按照 "5S" 的要求，清理实验室，注意环境卫生，关注健康。

任务描述

硫酸铜的分子式为：$CuSO_4 \cdot 5H_2O$，相对分子质量：249.68，俗称胆矾、蓝矾，是蓝色三斜晶系结晶。晶体作板状或短柱状，通常为致密块状、钟乳状、被膜状、肾状、有时具纤维状。颜色为天蓝、蓝色，有时微带浅绿。条痕无色或带浅蓝。光泽玻璃状。半透明至透明。相对密度 2.286，易溶于水（1∶31），水溶液呈微酸性。微溶于乙醇（1∶500），不溶于无水乙醇，可溶于甘油（1∶3）。用作纺织品印染的媒染剂，农业和渔业的杀虫剂、杀菌剂、饲料添加剂及镀铜和选矿药剂等。

根据国家标准 GB 437—2009，农用硫酸铜应符合表 2-8 所列指标。

表 2-8　农用硫酸铜指标

项　目		指　标		
		农　业　用		非农业用
		优等品	合格品	合格品
硫酸铜（$CuSO_4 \cdot 5H_2O$）含量	⩾	98.0	96.0	94.0
酸度（以 H_2SO_4 计）	⩽	0.1	0.2	0.2
水不溶物	⩽	0.2	0.2	0.4

前期准备

硫代硫酸钠标准溶液的配制和标定

一、标定原理

固体 $Na_2S_2O_3 \cdot 5H_2O$ 试剂一般都含有少量杂质，如亚硫酸钠、碳酸钠等，并且放置过程容易风化、潮解，易受空气和微生物的作用而分解，因此不能直接配制成准确浓度的溶液。但其在微碱性的溶液中较稳定。当标准溶液配制后亦要妥善保存。

标定 $Na_2S_2O_3$ 溶液通常是选用 KIO_3、$KBrO_3$ 或 $K_2Cr_2O_7$ 等氧化剂作为基准物，定量地将 I^- 氧化为 I_2，再用 $Na_2S_2O_3$ 溶液滴定，本次实验选用 $K_2Cr_2O_7$ 作为基准物其反应如下：

$$Cr_2O_7^{2-} + 6I^- + 14H^+ = 2Cr^{3+} + 3I_2 + 7H_2O$$

$$2S_2O_3^{2-} + I_2 = 2I^- + S_4O_6^{2-}$$

二、仪器和试剂

1. 仪器

电子分析天平、250mL 容量瓶、移液管、50mL 棕色酸式滴定管、500mL 棕色试剂瓶、表面皿、300mL 烧杯等。

2. 试剂

(1) 基准试剂 $K_2Cr_2O_7$（已在 140～150℃烘干到至恒重）；

(2) KI 固体试试（AR 级，即分析纯）；

(3) 2mol/L H_2SO_4 溶液（用浓 H_2SO_4 配制，配 90mL；利用 $c_1V_1=c_2V_2$ 计算出浓 H_2SO_4 的体积）；

(4) 5g/L 淀粉溶液：0.1g 可溶性淀粉放入小烧杯中，加水 20mL，一边搅匀，一边加热至沸并保持微沸约 2min，冷却后转移至试剂瓶中，待用。

三、操作步骤

1. 0.1mol/L $Na_2S_2O_3$ 标准溶液的配制（配制 250mL）

称取 7g $Na_2S_2O_3 \cdot 5H_2O$ 置于 300mL 烧杯中，加入 260mL 蒸馏水，加热煮沸并保持微沸约 10min，加入 0.05g 无水 Na_2CO_3，待完全溶解后，冷却至室温，保存于棕色瓶中，在暗处放置 7~14 天后标定。

2. $Na_2S_2O_3$ 标准溶液的标定

准确称取基准试剂 $K_2Cr_2O_7$ 0.13~0.15g（称准至 0.0001g）置于 250mL 碘量瓶中，加入 25mL 新煮沸并冷却的蒸馏水溶解后，加入 2g 固体 KI 及 20mL 2mol/L H_2SO_4 溶液，立即盖上碘量瓶塞，摇匀，瓶口加少许蒸馏水密封，以防止 I_2 的挥发。在暗处静置 10min，打开瓶塞，用蒸馏水冲洗磨口塞和瓶颈内壁，加入 100mL 新煮沸并冷却的蒸馏水稀释，用待标定的标准滴定溶液滴定，至溶液出现淡黄绿色时，加 3mL 5g/L 的淀粉溶液，继续滴定至溶液由蓝色变为亮绿色即为终点。记录消耗标准滴定溶液的体积。平行测定 3 次。

四、结果计算（分析见表 2-9）

$$c(Na_2S_2O_3) = \frac{1000m(K_2Cr_2O_7)}{V(Na_2S_2O_3) \cdot M\left(\frac{1}{6}K_2Cr_2O_7\right)}$$

表 2-9 数据处理

内容		次数 1	2	3
称量瓶+$K_2Cr_2O_7$ 的质量（第一次读数）/g				
称量瓶+$K_2Cr_2O_7$ 的质量（第二次读数）/g				
基准 $K_2Cr_2O_7$ 的质量 m/g				
标定试验	滴定消耗 $Na_2S_2O_3$ 溶液的用量/mL			
	滴定管校正值/mL			
	溶液温度补正值/(mL/L)			
	实际滴定消耗 $Na_2S_2O_3$ 溶液的体积 V/mL			
空白试验	滴定消耗 $Na_2S_2O_3$ 溶液的体积/mL			
	滴定管校正值/mL			
	溶液温度补正值/(mL/L)			
	实际滴定消耗 $Na_2S_2O_3$ 溶液的体积 V_0/mL			
$c(Na_2S_2O_3)$/(mol/L)				
$c(Na_2S_2O_3)$ 平均值/(mol/L)				
平行测定结果的极差/(mol/L)				
极差与平均值之比/%				

五、注意事项

① 配制 $Na_2S_2O_3$ 溶液时，需要用新煮沸（除去 CO_2 和杀死细菌）并冷却了的蒸馏水，或将 $Na_2S_2O_3$ 试剂溶于蒸馏水中，煮沸 10min 后冷却，加入少量 Na_2CO_3 使溶液呈碱性，以抑制细菌生长。

② 配好的 $Na_2S_2O_3$ 溶液贮存于棕色试剂瓶中，放置两周后进行标定。硫代硫酸钠标准溶液不宜长期贮存，使用一段时间后要重新标定，如果发现溶液变浑浊或析出硫，应过滤后重新标定，或弃去再重新配制溶液。

③ 用 $Na_2S_2O_3$ 滴定生成 I_2 时应保持溶液呈中性或弱酸性。所以常在滴定前用蒸馏水稀释，降低酸度。用基准物 $K_2Cr_2O_7$ 标定时，通过稀释，还可以减少 Cr^{3+} 绿色对终点的影响。

④ 滴定至终点后，经过 5~10min，溶液又会出现蓝色，这是由于空气氧化 I^- 所引起

的，属正常现象。若滴定到终点后，很快又转变为 I_2-淀粉的蓝色，则可能是由于酸度不足或放置时间不够使 $K_2Cr_2O_7$ 与 KI 的反应未完全，此时应弃去重做。

⑤ 注意防止防止 I_2 的挥发和 I^- 的氧化。由于防止 I_2 的挥发和 I^- 的氧化是造成间接碘量法误差的主要原因，操作时应注意：加 2~3 倍于理论量的 KCl，使 I_2 变成 I_3^-；反应在低于 25℃下进行；滴定在碘量瓶中进行、轻摇；酸度不宜过高，否则，I_2 被空气中 O_2 氧化；生成 I_2 后宜快滴定。

情境设置

假如你是某农业研究所检测中心的一员，请你对单位新采购的一批农用硫酸铜进行品质检验，测定其含量并出具检验报告。

资讯信息

1. 参考书籍：见参考文献。
2. GB 437—2009。
3. 向老师咨询相关的信息。

问题引领

1. 农用硫酸铜的含量一般为多少？根据何标准？
2. 有哪些方法胆矾中硫酸铜含量？
3. 若用碘量法测定硫酸铜含量，你将需要何种标准溶液？应如何配制并标定？
4. 若用碘量法测定硫酸铜含量，其原理是什么？结果如何计算？如何表示？
5. 利用碘量法测定硫酸铜含量所需的仪器、试剂分别是什么？
6. 利用碘量法测定硫酸铜含量具体该如何操作？
7. 在你完成任务的过程将会产生哪些环保方面的问题？你将如何处理？
8. 你认为要完成此任务还需要老师提供哪些帮助？

工作计划

请你与你的团队成员共同制定工作计划（表 2-10）。

表 2-10 工作计划

序号	工作内容	工具/辅助用具	所需时间	负责人	注意事项

任务实施

1. 工作准备
(1) 仪器

(2) 试剂

2. 方法原理

3. 操作流程

4. 数据处理（表 2-11）

$$w(\mathrm{CuSO_4 \cdot 5H_2O}) = \frac{c(\mathrm{Na_2S_2O_3}) \dfrac{V(\mathrm{Na_2S_2O_3})}{1000} M(\mathrm{CuSO_4 \cdot 5H_2O})}{m_{样}} \times 100\%$$

表 2-11　数据处理

内容		次数	1	2	3
称量瓶＋胆矾试样的质量（第一次读数）/g					
称量瓶＋胆矾试样的质量（第二次读数）/g					
胆矾试样的质量 m/g					
测定试验	滴定消耗 $\mathrm{Na_2S_2O_3}$ 溶液的用量/mL				
	滴定管校正值/mL				
	溶液温度补正值/(mL/L)				
	实际滴定消耗 $\mathrm{Na_2S_2O_3}$ 溶液的体积 V/mL				
空白试验	滴定消耗 $\mathrm{Na_2S_2O_3}$ 溶液的体积/mL				
	滴定管校正值/mL				
	溶液温度补正值/(mL/L)				
	实际滴定消耗 $\mathrm{Na_2S_2O_3}$ 溶液的体积 V_0/mL				
$w(\mathrm{CuSO_4 \cdot 5H_2O})/\%$					
$w(\mathrm{CuSO_4 \cdot 5H_2O})$ 平均值/%					
平行测定结果的极差/%					
极差与平均值之比/%					

💡 **交流与思考**

1. 硫代硫酸钠能否做基准物质？如何配制 $\mathrm{Na_2S_2O_3}$ 溶液？能否先将硫代硫酸钠溶于水再煮沸之？为什么？

2. 用 $\mathrm{K_2Cr_2O_7}$ 标定 $\mathrm{Na_2S_2O_3}$ 时为什么加入碘化钾？为什么在暗处放 5min？滴定时为何要稀释？

3. 碘量法测铜时为何 pH 必须维持在 3～4 之间，过低或过高有什么影响？

任务 3　维生素 C 含量的测定

💡 **学习目标**

专业能力：1. 能准确配制并标定碘标准溶液；

2. 能正确选择指示剂；
3. 能利用直接碘量法测定维生素 C 片的含量。

方法能力：1. 能独立解决实验过程中遇到的一些问题；
2. 能独立使用各种媒介完成学习任务；
3. 收集并处理信息的能力得到相应的拓展；
4. 形成对工作结果进行评价与反思的习惯。

社会能力：1. 树立责任意识及质量意识；
2. 在学习中形成团队合作意识，并提交流、沟通的能力；
3. 能按照 "5S" 的要求，清理实验室，注意环境卫生，关注健康。

任务背景

维生素 C 又叫 L-抗坏血酸，是一种水溶性维生素。水果和蔬菜中含量丰富。在氧化还原代谢反应中起调节作用，缺乏它可引起坏血病。维生素 C 性质非常不稳定，很容易因为氧化而被破坏掉。维生素 C 在人体内不能自我合成，因此必须额外从食物摄入。维生素 C 常用于食品添加剂及护肤、美容等产品。

根据国家标准 GB 14754—2010 规定，维生素 C 需符合表 2-12 所列理化指标。

表 2-12 维生素 C 理化指标

项　　目		指　　标
维生素 $C(C_6H_8O_6)/\%$	$\geqslant$	99.0
比旋光度 $\alpha_m(20℃，D)/[(°)\cdot dm^2/kg]$		$+20.5\sim+21.5$
灼烧残渣，$\omega/\%$	$\leqslant$	0.1
砷（As）/(mg/kg)	$\leqslant$	3
重金属（以 Pb 计）/(mg/kg)	$\leqslant$	10
铅（Pb）/(mg/kg)	$\leqslant$	2
铁（Fe）/(mg/kg)	$\leqslant$	2
铜（Cu）/(mg/kg)	$\leqslant$	5

资讯信息

1. 参考书籍：见参考文献。
2. 互联网。
3. 向老师、同学咨询相关的信息。

问题引领

1. 你如何获取国家标准 GB 14754—2010？GB 14754—2010 中用哪种方法测定维生素 C 的含量？
2. 用碘量法测定维生素 C 含量的方法原理如何？
3. 若用碘量法测定维生素 C，你将需要何种标准溶液？应如何配制并标定？其原理是什么？
4. 若用碘量法测定维生素 C 的含量，其原理是什么？结果如何计算？如何表示？
5. 用碘量法测定维生素 C 所需的仪器、试剂分别是什么？
6. 利用用碘量法测定维生素 C 具体该如何操作？请作出团队工作方案。

7. 在你完成任务的过程将会产生哪些环保方面的问题？你将如何处理？
8. 你认为要完成此任务还需要老师提供哪些帮助？

工作计划

请你与你的团队成员共同制定工作计划（表 2-13）。

表 2-13　工作计划

序号	工作内容	工具/辅助用具	所需时间	负责人	注意事项

任务实施

1. 工作准备

（1）仪器

（2）试剂

2. 方法原理

3. 操作流程

4. 数据处理（表 2-14）

$$w(\text{Vc}) = \frac{c\left(\frac{1}{2}\text{I}_2\right) V M_{\frac{1}{2}\text{Vc}}}{m_{样}} \times 100\%$$

表 2-14　数据处理

内容		次数	1	2	3
称量瓶＋维生素 C 样的质量（第一次读数）/g					
称量瓶＋维生素 C 样的质量（第二次读数）/g					
维生素 C 样的质量 m/g					
标定试验	滴定消耗 I_2 标准溶液的用量/mL				
	滴定管校正值/mL				
	溶液温度补正值/(mL/L)				
	实际滴定消耗 I_2 标准溶液的体积 V/mL				

内容	次数	1	2	3
空白试验	滴定消耗 I_2 标准溶液的体积/mL			
	滴定管校正值/mL			
	溶液温度补正值/(mL/L)			
	实际滴定消耗 I_2 标准溶液的体积 V_0/mL			
$w(Vc)/\%$				
$w(Vc)$ 平均值/%				
平行测定结果的极差/(mol/L)				
极差与平均值之比/%				

其他氧化还原滴定法

一、铈量法

1. 概述

铈量法：以硫酸铈为标准溶液测定物质含量的方法。硫酸铈为强氧化剂，半反应为：
$Ce^{4+} + e^- \longrightarrow Ce^{3+}$　$\varphi^{\ominus}_{Ce^{4+}/Ce^{3+}} = 1.61V$

Ce^{4+}/Ce^{3+} 电对在不同介质中其条件电极电位不同。硫酸铈溶液呈黄色乃至橙色，而三价铈盐为无色。

2. 标准溶液

(1) 配制　40g 硫酸铈+30mL 水、28mL 硫酸+300mL 水，加热溶解后+水 650mL。

(2) 标定

① 称取 0.2g 草酸钠+75mL 水+4mL 硫酸（20%）+10mL 盐酸，加热 70~75℃。用硫酸铈溶液滴至浅黄色，加入几滴亚铁-邻菲啰啉指示剂，继续滴至由橘红色变为浅蓝色。

$$2Ce^{4+} + C_2O_4^{2-} \longrightarrow 2Ce^{3+} + 2CO_2 \uparrow$$

$$Ce^{4+} + 亚铁\text{-}邻菲啰啉（橘红）\longrightarrow Ce\text{-}邻菲啰啉（浅蓝）+ Fe^{2+}$$

浓度计算：$c[Ce(SO_4)_2] = \dfrac{m(草酸钠) \times 1000}{(V - V_{空白}) \times M\left(\dfrac{1}{2} Na_2C_2O_4\right)}$ mol/L

② 比较法标定　一般在要求不高时，可用已知浓度的 $Na_2C_2O_4$ 标准溶液进行标定，反应为：

$$I_2 + 2S_2O_3^{2-} \longrightarrow 2I^- + S_4O_6^{2-} \qquad 2Ce^{4+} + 2I^- \longrightarrow 2Ce^{3+} + I_2$$

3. 铈量法的特点

① 只有一个电子转移，反应快，没有诱导反应。
② 高价铈溶液稳定。
③ 铈盐容易提纯。
④ 酸度低于 1mol/L 时，磷酸有干扰（生成沉淀）；不能在碱性溶液中进行，否则水解生成 $Ce(OH)^{3+}$；铈盐价格贵。

二、溴酸盐法

1. 原理

利用溴酸钾为氧化剂的滴定方法。其半反应如下：

$$BrO_3^- + 6H^+ + 6e^- \longrightarrow Br^- + 3H_2O \quad \varphi_{BrO_3^-/Br^-}^{\ominus} = 1.44V$$

终点可以用溴的黄色来判断，但灵敏度较差；也可以利用溴能够破坏甲基橙或甲基红的显色结构，使其退色来判断终点。

$$甲基橙 \xrightarrow{H^+} 红色 + Br_2 \text{ 无色}$$

2. 溶液的配制与标定

（1）配制　用基准 $KBrO_3$ 直接配制成 $0.1000 mol/L$ ($\frac{1}{6} KBrO_3$) 溶液：2.7833g 加水等于 1000mL。$0.1 mol/L$ ($\frac{1}{6} KBrO_3$-KBr) 标准溶液（即溴标液）：3g 溴酸钾 25g 溴化钾溶于 1000mL 水中。

（2）标定　取溴标液 30.00～35.00mL 于碘量瓶中，加 2g 碘化钾、5mL 20% 盐酸，于暗处放置 5min，加 15mL 水。用 $0.1000 mol/L$ 硫代硫酸钠标液滴至近终点，加 3mL 0.5% 淀粉指示剂，滴至蓝色消失并做空白。反应如下：

$$BrO_3^- + 5Br^- + 6H^+ \longrightarrow 3Br_2 + 3H_2O$$
$$Br_2 + 2I^- \longrightarrow 2Br^- + I_2$$
$$I_2 + 2S_2O_3^{2-} \longrightarrow 2I^- + S_4O_6^{2-}$$

（3）计算　$c\left(\frac{1}{6}KBrO_3\right) = \dfrac{(V - V_{空白})c(Na_2S_2O_3)}{V_{溴标液}} mol/L$

3. 应用——苯酚含量的测定

（1）原理　$BrO_3^- + 5Br^- + 6H^+ \longrightarrow 3Br_2 + 3H_2O$

$$3Br_2 + C_6H_5OH \longrightarrow Br_3C_6H_2OH \downarrow + 3H^+ + 3Br^-$$

余量 Br_2 的与 KI 作用，析出定量的 I_2

$$Br_2 + 2I^- \longrightarrow 2Br^- + I_2$$

析出的 I_2 用硫代硫酸钠标准溶液滴定

$$I_2 + 2S_2O_3^{2-} \longrightarrow 2I^- + S_4O_6^{2-}$$

（2）计算　$w(C_6H_5OH) = \dfrac{(V - V_{空白}) \times c(Na_2S_2O_3) \times \dfrac{M\left[\frac{1}{6}(C_6H_5OH)\right]}{1000}}{m_{样}} \times 100\%$

考核项目　绿矾含量的测定（高锰酸钾法）

由学生自行选择合适的实验原理、仪器和试剂并自行规划实验步骤和设计数据处理表格等。

习题

2-1　条件电位和标准电位有什么不同？影响电位的外界因素有哪些？
2-2　影响氧化还原反应速率的主要因素有哪些？
2-3　常用氧化还原滴定法有哪几类？这些方法的基本反应是什么？
2-4　氧化还原滴定中的指示剂分为几类？各自如何指示滴定终点？
2-5　碘量法的主要误差来源有哪些？为什么碘量法不适宜在高酸度或高碱度介质中进行？

2-6 在 Cl^-、Br^- 和 I^- 三种离子的混合物溶液中,欲将 I^- 氧化为 I_2,而又不使 Br^- 和 Cl^- 氧化在常用的氧化剂 $Fe_2(SO_4)_3$ 和 $KMnO_4$ 中应选择哪一种?

2-7 在酸性溶液中用高锰酸钾测定铁。$KMnO_4$ 溶液的浓度是 0.02484mol/L,求此溶液对(1)Fe;(2)Fe_2O_3;(3)$FeSO_4 \cdot 7H_2O$ 的滴定度。

2-8 以 $K_2Cr_2O_7$ 标准溶液滴定 0.4000g 褐铁矿,若用 $K_2Cr_2O_7$ 溶液的体积(以 mL 为单位)与试样中 Fe_2O_3 的质量分数相等,求 $K_2Cr_2O_7$ 溶液对铁的滴定度。

2-9 称取软锰矿试样 0.4012g,以 0.4488g $Na_2C_2O_4$ 处理,滴定剩余的 $Na_2C_2O_4$ 需消耗 0.01012mol/L 的 $KMnO_4$ 标准溶液 30.20mL,计算试样中 MnO_2 的质量分数。

2-10 仅含有惰性杂质的铅丹(Pb_3O_4)试样重 3.500g,加一移液管 Fe^{2+} 标准溶液和足量的稀 H_2SO_4 于此试样中。溶解作用停止以后,过量的 Fe^{2+} 需 3.05mL 0.04000mol/L $KMnO_4$ 溶液滴定。同样一移液管的上述 Fe^{2+} 标准溶液,在酸性介质中用 0.04000mol/L $KMnO_4$ 标准溶液滴定时,需用去 48.05mL。计算铅丹中 Pb_3O_4 的质量分数。

2-11 将 1.000g 钢样中的铬氧化为 $Cr_2O_7^{2-}$,加入 25.00mL 0.1000mol/L $FeSO_4$ 标准溶液,然后用 0.01800mol/L 的 $KMnO_4$ 标准溶液 7.00mL 回滴过量的 $FeSO_4$,计算钢中铬的质量分数。

2-12 准确称取铁矿石试样 0.5000g,用酸溶解后加入 $SnCl_2$,使 Fe^{3+} 还原为 Fe^{2+},然后用 24.50mL $KMnO_4$ 标准溶液滴定。已知 1mL $KMnO_4$ 相当于 0.01260g $H_2C_2O_4 \cdot 2H_2O$。试问:(1)矿样中 Fe 及 Fe_2O_3 的质量分数各为多少?(2)取市售双氧水 3.00mL 稀释定容至 250.0mL,从中取出 20.00mL 试液,需用上述溶液 $KMnO_4$ 21.18mL 滴定至终点。计算每 100.0mL 市售双氧水所含 H_2O_2 的质量。

模块 3 配位滴定法

 背景知识

配位化合物简称配合物，是一类组成复杂的化合物。配位化合物不仅在生物体中具有重要的意义，而且在化学、水的软化、医学、染料、电镀等方面都有着重要的应用。有关配合物的研究已发展成独立的分支学科——配位化学，并且与其他学科领域相互渗透，形成一些边缘学科，如金属有机化学、生物无机化学等。建立在配位反应基础上的滴定分析方法称为配位滴定法。

一、配位化合物的组成与命名

凡含有配离子的化合物称为配位化合物，简称配合物。

螯合物是多齿配体通过两个或两个以上的配位原子与同一中心离子形成的具有环状结构的配合物。

1. 配合物的组成

配合物由内界和外界两部分组成。在配合物内，提供电子对的分子或离子成为称为配位体；接受电子对的离子或电子称为配位中心离子；中心离子与配位体结合构成内界；配合物中的其他离子，构成配合物的外界。

2. 配合物的命名

（1）配离子为阳离子的配合物　命名次序为：外界阴离子——配位体——中心离子。外界阴离子和配位体之间用"化"字连接，在配位体和中心离子之间加一"合"字，配位体的数目用一、二、三、四等数字表示，中心离子的氧化数用罗马数字写在中心离子的后面，并加括弧。如：

$[Ag(NH_3)_2]Cl$　　　　　　　　氯化二氨合银（Ⅰ）
$[Cu(NH_3)_4]SO_4$　　　　　　　硫酸四氨合铜（Ⅱ）
$[Co(NH_3)_6](NO_3)_3$　　　　　　硝酸六氨合钴（Ⅲ）

（2）配离子为阴离子的配合物　命名次序为：配位体——中心离子——外界阳离子。在中心离子和外界阳离子之间加一"酸"字。如：

$K_2[PtCl_6]$　　　　　　　　　　六氯合铂（Ⅳ）酸钾
$K_4[Fe(CN)_6]$　　　　　　　　　六氰合铁（Ⅱ）酸钾

（3）有多种配位体的配合物　如果含有多种配体，不同的配体之间要用"·"隔开。其命名顺序为：阴离子——中性分子。

配位体若都是阴离子时，则按简单——复杂——有机酸根离子的顺序。

配位体若都是中性分子时，则按配位原子元素符号的拉丁字母顺序排列。

$[CoCl_2(NH_3)_4]Cl$　　　　　　　氯化二氯·四氨合钴（Ⅲ）

[PtCl$_3$(NH$_3$)]$^-$　　　　　　　　三氯·一氨合铂（Ⅱ）离子

(4) 没有外界的配合物　命名方法与前面的相同。如：

[Ni(CO)$_4$]　　　　　　　　　　　四羰基合镍

[CoCl$_3$(NH$_3$)$_3$]　　　　　　　　三氯·三氨合钴（Ⅲ）

二、配位平衡常数

1. 稳定常数

各种配离子在溶液中具有一同的稳定性，它们在溶液中能发生不同程度的离解，如 [Cu(NH$_3$)$_4$]$^{2+}$ 配离子在水溶液中，可在一定程度上离解为 Cu^{2+} 和 NH$_3$，同时，Cu^{2+} 和 NH$_3$ 又会配合生成 [Cu(NH$_3$)$_4$]$^{2+}$。在一定温度下，体系会达到动态平衡，即：

$$Cu^{2+} + 4NH_3 \rightleftharpoons [Cu(NH_3)_4]^{2+}$$

这种平衡称为配位平衡，其平衡常数可简写为：

$$K_f^{\ominus} = \frac{c([Cu(NH_3)_4]^{2+})}{c(Cu^{2+}) \cdot c^4(NH_3)}$$

式中，$K_f^{\ominus}$ 称为配离子的稳定常数，其大小反映了配位反应完成的程度。$K_f^{\ominus}$ 值越大，说明配位反应进行得越完全，配离子离解的趋势越小，即配离子越稳定。不同的配离子具有不同的稳定常数，对于同类型的配离子，可利用 $K_f^{\ominus}$ 值直接比较它们的稳定性，$K_f^{\ominus}$ 值越大，说明该配离子越稳定。不同类型的配离子则不能仅用 $K_f^{\ominus}$ 值进行比较。

2. 不稳定常数

除了可用 $K_f^{\ominus}$ 表示配离子的稳定性外，也可以从配离子的离解程度来表示其稳定性。如 [Cu(NH$_3$)$_4$]$^{2+}$ 在水中的离解平衡为：[Cu(NH$_3$)$_4$]$^{2+}$ $\rightleftharpoons$ Cu^{2+} + 4NH$_3$ 其平衡常数表示式为：

$$K_d^{\ominus} = \frac{c(Cu^{2+}) \cdot c^4(NH_3)}{c([Cu(NH_3)_4]^{2+})}$$

式中，$K_d^{\ominus}$ 为配合物的不稳定常数或离解常数。$K_d^{\ominus}$ 越大表示配离子越容易离解，即越不稳定，显然 $K_f^{\ominus} = \dfrac{1}{K_d^{\ominus}}$。

3. 逐级稳定常数

配离子的生成或离解一般是逐级进行的，因此在溶液中存在一系列的配位平衡，各级均有其对应的稳定常数。以 [Cu(NH$_3$)$_4$]$^{2+}$ 的形成为例，其逐级配位反应如下：

$$Cu^{2+} + NH_3 \rightleftharpoons [Cu(NH_3)]^{2+} \quad K_1^{\ominus} = \frac{c([Cu(NH_3)]^{2+})}{c(Cu^{2+})c(NH_3)} = 1.35 \times 10^4$$

$$[Cu(NH_3)]^{2+} + NH_3 \rightleftharpoons [Cu(NH_3)_2]^{2+} \quad K_2^{\ominus} = \frac{c([Cu(NH_3)_2]^{2+})}{c([Cu(NH_3)]^{2+})c(NH_3)} = 3.02 \times 10^3$$

$$[Cu(NH_3)_2]^{2+} + NH_3 \rightleftharpoons [Cu(NH_3)_3]^{2+} \quad K_3^{\ominus} = \frac{c([Cu(NH_3)_3]^{2+})}{c([Cu(NH_3)_2]^{2+})c(NH_3)} = 7.41 \times 10^2$$

$$[Cu(NH_3)_3]^{2+} + NH_3 \rightleftharpoons [Cu(NH_3)_4]^{2+} \quad K_4^{\ominus} = \frac{c([Cu(NH_3)_4]^{2+})}{c([Cu(NH_3)_3]^{2+})c(NH_3)} = 1.29 \times 10^2$$

式中，$K_1^{\ominus}$、$K_2^{\ominus}$、$K_3^{\ominus}$、$K_4^{\ominus}$ 称为配离子的逐级稳定常数，配离子总的稳定常数等于逐级稳定常数之积，即有：$K_f^{\ominus} = K_1^{\ominus} K_2^{\ominus} K_3^{\ominus} K_4^{\ominus}$。

在有关计算中，除特殊情况外，一般都用总的稳定常数 $K_f^{\ominus}$ 进行计算。

4. 累积稳定常数

将逐级稳定常数依次相乘，可得到各级累积稳定常数 $\beta_n^{\ominus}$，最后一级累积常数就是配合

三、EDTA 的性质

① 乙二胺四乙酸（ethylene diamine tetraacetic acid，简称 EDTA）是一种四元酸。习惯上用 H_4Y 表示。由于它在水中的溶解度很小（在 22℃ 时，每 100mL 水中仅能溶解 0.02g），故常用它的二钠盐 $Na_2H_2Y \cdot 2H_2O$，一般也简称 EDTA。后者的溶解度大（在 22℃ 时，每 100mL 水中能溶解 11.1g），其饱和水溶液的浓度约为 0.3mol/L。在水溶液中，乙二胺四乙酸具有双偶极离子结构：

$$\text{HOOCCH}_2 \diagdown \overset{+}{\underset{H}{N}} - CH_2 - CH_2 - \overset{+}{\underset{H}{N}} \diagup \text{CH}_2\text{COO}^-$$
$$^-\text{OOCCH}_2 \diagup \qquad\qquad\qquad\qquad \diagdown \text{CH}_2\text{COOH}$$

② 在酸性溶液中，EDTA 存在六级离解平衡，

$$H_6Y^{2+} \rightleftharpoons H^+ + H_5Y^+ \qquad K_{a_1}^{\ominus} = \frac{c(H^+)c(H_5Y^+)}{c(H_6Y^{2+})} = 10^{-0.9}$$

$$H_5Y^+ \rightleftharpoons H^+ + H_4Y \qquad K_{a_2}^{\ominus} = \frac{c(H^+)c(H_4Y)}{c(H_5Y^+)} = 10^{-1.6}$$

$$H_4Y \rightleftharpoons H^+ + H_3Y^- \qquad K_{a_3}^{\ominus} = \frac{c(H^+)c(H_3Y^-)}{c(H_4Y)} = 10^{-2.0}$$

$$H_3Y^- \rightleftharpoons H^+ + H_2Y^{2-} \qquad K_{a_4}^{\ominus} = \frac{c(H^+)c(H_2Y^{2-})}{c(H_3Y^-)} = 10^{-2.67}$$

$$H_2Y^{2-} \rightleftharpoons H^+ + HY^{3-} \qquad K_{a_5}^{\ominus} = \frac{c(H^+)c(H_2Y^{3-})}{c(H_2Y^{2-})} = 10^{-6.16}$$

$$HY^{3-} \rightleftharpoons H^+ + Y^{4-} \qquad K_{a_6}^{\ominus} = \frac{c(H^+)c(Y^{4-})}{c(HY^{3-})} = 10^{-10.26}$$

在一定的 pH 下 EDTA 存在的型体可能不止一种，但总有一种型体是占主要的（表 3-1）。

表 3-1

pH	<1	1~1.6	1.6~2	2~2.7	2.7~6.2	6.2~10.3	>10.3
主要存在型体	H_6Y^{2+}	H_5Y^+	H_4Y	H_3Y^-	H_2Y^{2-}	HY^{3-}	Y^{4-}

四、EDTA 配合物的特点

EDTA 分子中具有 6 个配位原子，EDTA：中心离子 = 1 : 1

$$M + Y \Longleftrightarrow MY \qquad K_f^{\ominus} = \frac{c(MY)}{c(M)c(Y)}$$

EDTA 中有 6 个配位原子，2 个 N，4 个 O，配位能力强，与金属离子形成螯合物具有以下特点。

① 广普性：EDTA 几乎能与所有的金属离子发生配位反应，生成稳定的螯合物。

② 螯合比恒定：EDTA 与金属离子形成 1 : 1 的螯合物。

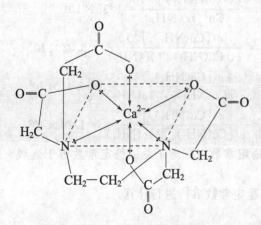

图 3-1 EDTA-Ca 螯合物的立体结构

③ 稳定性高：EDTA 与金属离子形成的配合物一般具有五元环结构，稳定常数大。

④ 可溶性：EDTA 与金属离子形成的配合物一般都可溶于水，且与无色金属离子形成无色的配合物；而与有色金属离子形成颜色更深的配合物。

⑤ EDTA 与无色与无色金属离子形成无色配合物，与有色金属离子形成颜色更深的配有合物。

⑥ 溶液的酸度或碱度较高时，H^+ 或 OH^- 也参与配位，形成酸式或碱式配合物。

五、金属离子与 EDTA 的配位平衡

EDTA 与金属离子形成 1∶1 配位化合物在溶液中的平衡如下：

$$M + Y \rightleftharpoons MY$$

其稳定常数 $K_稳$ 为：$K_稳 = \dfrac{[MY]}{[M][Y]}$ （3-1）

配合物的稳定性，主要决定于金属离子和配位剂的性质。另外还与溶液的酸度、副反应、金属离子的水解等因素有关。同一配位剂与不同离子形成的配位化合物，根据其稳定常数的大小，可以比较其稳定性，$K_稳$ 越大，配位化合物越稳定。

稳定常数有两种基本用法：一是判断形成配合物的次序；二是判断配位置换反应是否能够进行。

例如：

① 两种同类型化合物，稳定性不同，决定了形成配位化合物时的先后次序。例如，在 Fe^{3+} 和 Ca^{2+} 中滴加 EDTA 时，则因 $\lg K_{FeY}=25.1$，$\lg K_{CaY^{2-}}=10.69$ 加入的 EDTA 首先与 Fe^{3+} 配位化合，后才与 Ca^{2+} 配位化合。实际分析中，如有 Fe^{3+} 存在下，测定 Ca^{2+} 时，将产生干扰。

② 当某一金属离子与两种不同的配位剂形成配位化合物时，稳定性强的配位剂可以将稳定性弱的配位化合物中的配位剂置换出来，以生成更为稳定的配位化合物。例如：用 EDTA 对 Zn^{2+} 的测定，在用铬黑 T 作指示剂时，需加入氨—氯化铵缓冲溶液，此时，有 $[Zn(NH_3)_4]^{2+}$（$\lg K_稳 = 8.7$）的配位化合物生成。当滴定时，由于 EDTA 对 Zn 的配位化合物更为稳定（$\lg K_{稳ZnY} = 16.50$），故 EDTA 可以从 $[Zn(NH_3)_4]^{2+}$ 中把 NH_3 置换出来。

六、影响金属 EDTA 配合物稳定性的因素

1. EDTA 与金属离子的主反应及配合物的稳定常数

EDTA 与金属离子大多形成 1∶1 型的配合物，反应通式如下：$M^{n+} + Y^{4-} \Longrightarrow MY^{4-n}$

书写时省略离子的电荷数，简写为：$M + Y \Longrightarrow MY$

此反应为配位滴定的主反应。平衡时配合物的稳定常数为：

$$K_{MY} = \dfrac{[MY]}{[M][Y]}$$

表 3-2　EDTA 与一些常见金属离子的配合物的稳定常数
（溶液离子强度 $I = 0.1$ mol/L，温度 20℃）

阳离子	$\lg K_{MY}$	阳离子	$\lg K_{MY}$	阳离子	$\lg K_{MY}$
Na^+	1.66	Ce^{3+}	15.98	Cu^{2+}	18.80
Li^+	2.79	Al^{3+}	16.3	Hg^{2+}	21.8

续表

阳离子	$\lg K_{MY}$	阳离子	$\lg K_{MY}$	阳离子	$\lg K_{MY}$
Ba^{2+}	7.86	Co^{2+}	16.31	Th^{4+}	23.2
Sr^{2+}	8.73	Cd^{2+}	16.46	Cr^{3+}	23.4
Mg^{2+}	8.69	Zn^{2+}	16.50	Fe^{3+}	25.1
Ca^{2+}	10.69	Pb^{2+}	18.04	U^{4+}	25.80
Mn^{2+}	13.87	Y^{3+}	18.09	Bi^{3+}	27.94
Fe^{2+}	14.32	Ni^{2+}	18.62		

从表 3-2 中可以看出，金属离子与 EDTA 配合物的稳定性随金属离子的不同而差别较大。碱金属离子的配合物最不稳定，$\lg K_{MY}$ 在 2~3；碱土金属离子的配合物，$\lg K_{MY}$ 在 8~11；二价及过渡金属离子、稀土元素及 Al^{3+} 的配合物，$\lg K_{MY}$ 在 15~19；三价、四价金属离子和 Hg^{2+} 的配合物，$\lg K_{MY}>20$。这些配合物的稳定性的差别，主要决定于金属离子本身的离子电荷数、离子半径和电子层结构。离子电荷数越高，离子半径越大，电子层结构越复杂，配合物的稳定常数就越大。这些是金属离子方面影响配合物稳定性大小的本质因素。此外，溶液的酸度、温度和其他配位体的存在等外界条件的变化也影响配合物的稳定性。

2. 副反应及副反应系数

在配位滴定中，除了存在 EDTA 与金属离子的主反应外，还存在许多副反应。所有存在于配位滴定中的化学反应，可用图 3-2 表示。

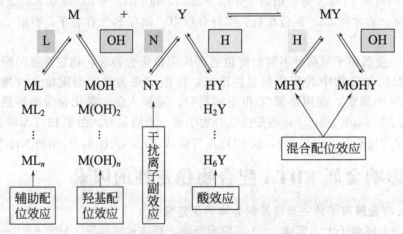

图 3-2 所有存在于配位滴定中的化学反应

由上式可知，在 EDTA 的配位滴定中，存在三个方面的副反应：一是金属离子的水解效应及与 EDTA 以外的配位剂的配位效应；二是 EDTA 配位剂的酸效应及与待测金属离子以外的金属离子的配位效应；三是生成酸式配合物 MHY 及碱式配合物 MOHY 的副反应。在这三类副反应中，前两类对滴定不利，第三类虽对滴定是有利的，但因反应程度很小，一般都忽略不计。

在副反应存在的条件下，用稳定常数衡量配位反应进行的程度就会产生较大的误差，对此常用条件稳定常数来描述。如果用 $K^{\ominus}(MY')$ 表示条件稳定常数，则额有：

$$K^{\ominus}(MY') = \frac{c(MY')}{c(M')c(Y')} \approx \frac{c(MY)}{c(M')c(Y')} \tag{3-2}$$

式中，$c(M')$ 和 $c(Y')$ 分别表示没有参加主反应的金属离子及 EDTA 配位剂的总浓度；$c(MY')$ 代表形成的配合物的总浓度。

当忽略了生成物的副反应时，$c(MY') = c(MY)$。

由此可见，要计算 $K^{\ominus}(MY')$ 就必须知道以上各项的浓度，这种计算变得十分繁杂，甚至难以计算。为使 $K^{\ominus}(MY')$ 的计算简单可行，定量地了解副反应对滴定反应的影响程度，引入了副反应系数的概念。

3. EDTA 的酸效应及酸效应系数

EDTA 在水溶液中以 7 种形式存在。在不同的酸度下，各种存在形式的浓度也不相同。酸度越高，$[Y^{4-}]$ 越小，酸度越低，$[Y^{4-}]$ 越大。只有 Y^{4-} 能与金属离子直接配合。因此 EDTA 在碱性溶液中的配位能力强。

由于氢离子与 Y 之间发生副反应，使 EDTA 参加主反应的能力下降，这种现象称为酸效应。酸效应的大小用酸效应系数 $\alpha_{Y(H)}$ 来衡量。酸效应系数表示在一定 pH 值下未参加配位反应的 EDTA 的各种存在形式的总浓度 $[Y']$ 与能参加配位反应的 Y^{4-} 的平衡浓度 $[Y]$ 之比，即：

$$\alpha_{Y(H)} = \frac{[Y']}{[Y]} = \frac{[Y] + [HY] + [H_2Y] + [H_3Y] + [H_4Y] + [H_5Y] + [H_6Y]}{[Y]}$$

$$= 1 + \frac{[H^+]}{K_{a_6}} + \frac{[H^+]^2}{K_{a_6}K_{a_5}} + \frac{[H^+]^3}{K_{a_6}K_{a_5}K_{a_4}} + \frac{[H^+]^4}{K_{a_6}K_{a_5}K_{a_4}K_{a_3}} + \frac{[H^+]^5}{K_{a_6}K_{a_5}K_{a_4}K_{a_3}K_{a_2}} + \cdots$$

$$= 1 + \beta_1[H^+] + \beta_2[H^+]^2 + \beta_3[H^+]^3 + \beta_4[H^+]^4 + \beta_5[H^+]^5 + \beta_6[H^+]^6 \quad (3\text{-}3)$$

式中，β_n 为 Y 的累积质子化常数，对反应：$Y + nH^+ \longrightarrow HnY$

$$\beta_n^H = \frac{c(HnY)}{c(Y)c^n(H^+)}$$

显然，$\alpha_{Y(H)}$ 随溶液的 $[H^+]$ 增加而增大；$\alpha_{Y(H)}$ 越大，表示酸效应引起的副反应越严重。若 $[H^+]$ 很小，或当 EDTA 全部以 Y^{4-} 形式存在时，$\alpha_{Y(H)} = 1$。所以，仅考虑酸效应时，低酸度对滴定是有利的。

表 3-3　EDTA 在不同的 pH 时的酸效应系数

pH	$\lg\alpha_{Y(H)}$	pH	$\lg\alpha_{Y(H)}$	pH	$\lg\alpha_{Y(H)}$
0.0	23.64	3.4	9.70	6.8	3.55
0.4	21.32	3.8	8.85	7.0	3.32
0.8	19.08	4.0	8.44	7.5	2.78
1.0	18.01	4.4	7.64	8.0	2.27
1.4	16.02	4.8	6.84	8.5	1.77
1.8	14.27	5.0	6.45	9.0	1.28
2.0	13.51	5.4	5.69	9.5	0.83
2.4	12.19	5.8	4.98	10.0	0.45
2.8	11.09	6.0	4.65	11.0	0.07
3.0	10.60	6.4	4.06	12.0	0.01

从表 3-3 中可以看出，多数情况下 $\alpha_{Y(H)}$ 不等于 1，$[Y']$ 总是大于 $[Y]$，只有在 $pH > 12$ 时，$\alpha_{Y(H)}$ 才等于 1，EDTA 几乎完全解离为 Y，此时 EDTA 的配位能力最强。

4. 金属离子的配位效应及配位效应系数

如果滴定体系中存在 EDTA 以外的其他配位剂（L），则由于共存配位剂 L 与金属离子的配位反应而使主反应能力降低，这种现象叫配位效应。配位效应的大小，常用配位效应系数 $\alpha[M(L)]$ 衡量。

有些金属离子在水中能生成各种羟基配离子，例如 Fe^{3+} 能生成 $Fe(OH)^+$、$Fe(OH)_2^+$ 等羟基配离子。在 pH 值较大的溶液中甚至可水解析出沉淀，往往需要加入辅助配位剂防止金属离子在滴定时生成沉淀。

如：在 $pH=10$ 时滴定 Zn^{2+}，加入 NH_3-NH_4Cl 缓冲溶液，一方面用于控制滴定所需要的 pH 值，另一方面 Zn^{2+} 可与 NH_3 形成配离子 $[Zn(NH_3)_4]^{2+}$，从而防止 $Zn(OH)_2\downarrow$ 析出。

如果不考虑金属离子的水解效应，则：

$$\alpha_{M(L)} = \frac{[M]+[ML]+[ML_2]+\cdots+[ML_n]}{[M]} \qquad (3-4)$$
$$= 1+\beta_1[L]+\beta_2[L]^2+\beta_3[L]^3+\cdots+\beta_n[L]^n$$

$\alpha_{M(L)}$ 为由辅助配位剂 L 与金属离子 M 所引起副反应的反应系数。

如果只考虑金属离子的水解副反应，则：

$$\alpha_{M(OH)} = \frac{[M]+[MOH]+[M(OH)_2]+\cdots+[M(OH)_n]}{[M]}$$
$$= 1+\beta_1[OH^-]+\beta_2[OH^-]^2+\cdots+\beta_n[OH^-]^n$$

由—OH 与金属离子形成羟基配合物所引起副反应的副反应系数用 $\alpha_{M(OH)}$ 表示。

如果既考虑辅助配位的配位效应又考虑金属离子的水解副反应，则：

$$\alpha_M = \frac{[M]+[ML]+[ML_2]+\cdots+[ML_n]+[MOH]+[M(OH)_2]+\cdots+[M(OH)_n]}{[M]}$$
$$= \alpha_{M(L)}+\alpha_{M(OH)}-1$$

5. EDTA 配合物的条件稳定常数

在没有任何副反应存在时，配合物 MY 的稳定常数用 K_{MY} 表示，它不受溶液浓度、酸度等外界条件影响，所以又称绝对稳定常数。当 M 和 Y 的配合反应在一定的酸度条件下进行，并有 EDTA 以外的其他配位体存在时，将会引起副反应，从而影响主反应的进行。此时，稳定常数 K_{MY} 已不能客观地反映主反应进行的程度，稳定常数的表达式中，Y 应以 Y' 替换，M 应以 M' 替换，这时配合物的稳定常数应表示为：

$$K^{\ominus\prime}(MY) = \frac{c(MY')}{c(M')c(Y')} \qquad (3-5)$$

这种考虑副反应影响而得出的实际稳定常数称为条件稳定常数。K'_{MY} 是条件稳定常数的笼统表示，有时为明确表示哪个组分发生了副反应，可将"'"写在发生副反应的该组分符号的右上方。

配位滴定法中，一般情况下，对主反应影响较大的副反应是 EDTA 的酸效应和金属离子的配位效应，其中尤以酸效应影响更大。

由式（3-3）式（3-4）可知式（3-5）为：

$$K^{\ominus\prime}(MY) = \frac{c(MY')}{c(M')c(Y')} \approx \frac{c(MY)}{c(M')c(Y')} = \frac{c(MY)}{c(M)\alpha(M)c(Y)\alpha(Y)} = K^{\ominus}(MY)\frac{1}{\alpha(M)c\alpha(Y)}$$

$$(3-6)$$

将上式两边取对数，得：
$$\lg K^{\ominus\prime}(MY) = \lg K^{\ominus}(MY) - \lg\alpha(M) - \lg\alpha(Y) \tag{3-7}$$
如果配位滴定体系中仅考虑酸效应与配位效应，则：
$$\lg K^{\ominus\prime}(MY) = \lg K^{\ominus}(MY) - \lg\alpha[M(L)] - \lg\alpha[Y(H)] \tag{3-8}$$
如果配位滴定体系中仅考虑配效应，则：
$$\lg K^{\ominus\prime}(MY) = \lg K^{\ominus}(MY) - \lg\alpha[Y(H)] \tag{3-9}$$

由此可见，应用条件稳定常数比应用稳定常数能更准确地判断金属离子和 EDTA 的配位情况，在选择配位滴定的最佳范围时，$\lg K^{\ominus}(MY'')$ 有着重要的意义。

七、配位滴定的基本原理（单一金属离子的滴定）

1. 配位滴定曲线

在配位滴定过程中，随着配位滴定剂的加入，被测离子不断被配合，其浓度不断减小，当达到等量点时，溶液中金属离子浓度发生突跃，由滴定剂的加入量与 pM 值的变化所作的曲线称为配位滴定曲线，如图 3-3 所示。

结论：pH 值越大，滴定突跃越大；pH 值越小，滴定突跃越小。

2. 影响滴定突跃的因素

由 Ca-EDTA 滴定曲线的绘制过程可知，影响滴定突跃的是 $c(M)$ 和 $K^{\ominus}(MY')$ 两个因素。

① 金属离子浓度的影响　金属离子浓度影响的是滴定突跃的下限，在 $K^{\ominus}(MY')$ 一定时，金属离子的浓度对滴定曲线的影响如图 3-4 所示：

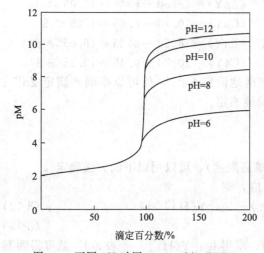
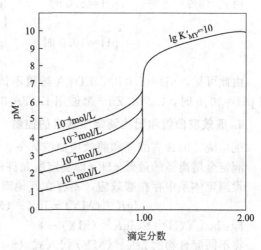

图 3-3　不同 pH 时用 0.01mol/L EDTA 滴定 0.01mol/L Ca^{2+} 的滴定曲线

图 3-4　不同浓度 EDTA 与 M 的滴定曲线

金属离子浓度越大，其负对数就越小，滴定曲线的起点就越低，滴定突跃范围就越大；反之，金属离子浓度越小，其负对数就越大，滴定曲线的起点就越高，滴定突跃范围就越小。

② 配合物的条件稳定常数 $K^{\ominus}(MY')$ 的影响　当金属离子浓度 $c(M)$ 一定时，配合物的条件稳定常数 $K^{\ominus}(MY')$ 影响的是滴定突跃范围的上限。由此可看出，$K^{\ominus}(MY')$ 越大，则 $c(M')$ 越小，其负对数就越大，滴定突跃范围的上限也就越高，突跃范围也越大。

反之亦然。

结论：pH 值越大，滴定突跃越长；pH 越小，滴定突跃越短；条件一定时，MY 配合物的表现稳定常数越大，滴定曲线上的突跃部分也越长；金属离子起始浓度越小，滴定曲线的起点越高，其突跃部分也越短。

3. 准确滴定的条件

通过分析影响滴定突跃的因素可知，决定配位滴定准确度的重要依据是滴定突跃的大小，而滴定突跃的大小又受 $\lg K^{\ominus\prime}(MY)$ 及 $c(M)$ 的影响。那么 $\lg K^{\ominus\prime}(MY)$ 及 $c(M)$ 的大小与配位滴定的准确度之间是否存在着一定的计量关系？

设被测金属离子的浓度为 $c(M)$，已知滴定分析允许的终点误差为 $\pm 0.1\%$，则在滴定终点时：$c(MY) \geqslant 0.999c(M)$，$c(M') \leqslant 0.001c(M)$，$c(Y') \leqslant 0.001c(M)$，代入式 (3-2) 得：

$$K^{\ominus\prime}(MY) = \frac{c(MY)}{c(M')c(Y')} \geqslant \frac{0.999c(M)}{[0.001c(M)]^2} = \frac{10^6}{c(M)}$$

$$c(M)K^{\ominus\prime}(MY) \geqslant 10^6 \tag{3-10}$$

即当 $c(M) = 0.01\text{mol/L}$ 时，$K^{\ominus\prime}(MY) \geqslant 10^8$ 或 $\lg K^{\ominus\prime}(MY) \geqslant 8$ (3-11)

式 (3-10) 或式 (3-11) 就是 EDTA 准确直接滴定单一金属离子的条件。

【例 3-1】 通过计算说明，用 EDTA 溶液滴定 Ca^{2+} 为什么必须在 pH=10.0 而不能在 pH=5.0 的条件下进行，但滴定 Zn^{2+} 时，则可以在 pH=5.0 时进行？

解：查表 3-2 和表 3-3 可知

$\lg K^{\ominus}(ZnY) = 16.50$　　　$\lg K^{\ominus}(CaY) = 10.70$

pH=5.0 时　$\lg\alpha[Y(H)] = 6.45$　　pH=10.0 时　$\lg\alpha[Y(H)] = 0.45$

由式 (3-9) 可得：　pH=5.0 时　　$\lg K^{\ominus\prime}(ZnY) = 16.50 - 6.45 = 10.05 \geqslant 8$

$\lg K^{\ominus\prime}(CaY) = 10.70 - 6.45 = 4.25 < 8$

pH=10.0 时　　$\lg K^{\ominus\prime}(ZnY) = 16.50 - 0.45 = 16.05 \geqslant 8$

$\lg K^{\ominus\prime}(CaY) = 10.70 - 0.45 = 10.25 \geqslant 8$

由此可见，pH=5.0 时，EDTA 溶液不能准确地滴定 Ca^{2+}，但可以准确地滴定 Zn^{2+}；但 pH=10.0 时，Ca^{2+}、Zn^{2+} 都能用 EDTA 准确地滴定。

4. 酸效应曲线和配位滴定中酸度的控制

配位滴定的最高酸度和酸效应曲线如下。

滴定金属离子的最低 pH（即滴定所允许的最高酸度），可以用以下的方法确定。

设滴定体系中存在酸效应，不存在其他副反应，则：

$$\lg K^{\ominus\prime}(MY) = \lg K^{\ominus}(MY) - \lg\alpha[Y(H)] \geqslant 8 \tag{3-12}$$

即：$\lg\alpha[Y(H)] \leqslant \lg K^{\ominus}(MY) - 8$ (3-13)

将不同配合物的 $\lg K^{\ominus}(MY)$ 代入式 (3-13)，求得 $\lg\alpha[Y(H)]$，查表 3-3，就可得到准确滴定金属离子的最低 pH。以金属离子的 $\lg K^{\ominus}(MY)$ 为横坐标、pH 为纵坐标，所得到的曲线即为 EDTA 的酸效应曲线。该曲线通常又称为林邦曲线。如图 3-5 所示。

① 可以找出单独滴定某一金属离子所需的最低 pH 值。

② 可以看出在一定 pH 值时，哪些离子被滴定，哪些离子有干扰，从而可以利用控制酸度，达到分别滴定或连续滴定的目的。

③ 可兼作 pH-$\lg\alpha_{Y(H)}$ 表。

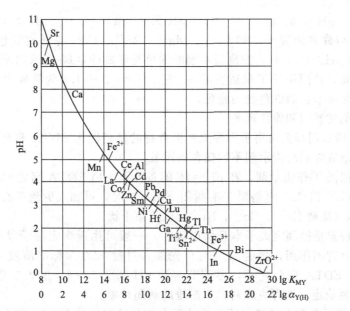

图 3-5　EDTA 的酸效应曲线（金属离子浓度为 0.01mol/L）

八、金属离子指示剂

1. 金属指示剂的变色原理

一种有机配位剂，它能与金属离子配合生成比较稳定的化合物，指示剂的游离态颜色和化合态颜色不同。其作用原理如下。

滴定前：M + In(游离态) $\rightleftharpoons$ MIn(化合态)

终点时：H_2Y^{2-} + MIn(化合态) $\rightleftharpoons$ MY^{2-} + HIn(游离态) + H^+

等量点前，由于指示剂的加入，溶液呈 MIn 颜色，达等量点时，EDTA 置换出指示剂而使其呈现游离态 In^- 的颜色，因而发生了颜色的改变。

定义：能与金属离子生成有色化合物，并能通过颜色改变而指示溶液中金属离子浓度变化的有机配位剂称为金属指示剂。

2. 金属指示剂应具备的条件

(1) 金属指示剂应具备的条件

① 在滴定条件下，游离态指示剂颜色和它与金属离子的配合物颜色应显著不同，使滴定终点变色明显。

② 指示剂与金属的显色反应灵敏、迅速，有良好的变色可逆性。

③ 指示剂与金属离子形成的配合物应有适当的稳定性，一方面金属离子和指示剂形成配位化合物的稳定性必须小于金属离子和 EDTA 所形成的配位化合物的稳定性；另一方面金属离子和指示剂形成的配位化合物应足够稳定。一般要求：$\lg K_{MIn}' \geqslant 2$、$\lg K_{MY}' - \lg K_{MIn}' \geqslant 2$。

④ 金属离子指示剂应比较稳定，便于储藏和使用。

⑤ 指示剂与金属离子形成的配合物应易溶于水，如果生成胶体溶液或沉淀，会使变色不明显。

⑥ 金属指示剂要在一定的酸度范围内使用。

许多金属指示剂不仅是有机配位剂，而且本身是多元有机弱酸或弱碱，在不同的溶液中呈现不同的颜色。以铬黑 T 为例，在溶液中存在下列平衡：

$pK_{a_2} = 6.3$　　　　$pK_{a_3} = 11.6$

H_2In^-（紫红）$\xrightleftharpoons{H^+}$ HIn^{2-}（蓝）$\rightleftharpoons$ In^{3-}（橙）

| pH<6.3 | pH 为 8~11 | pH>11.6 |

铬黑 T 能与许多阳离子，如 Ca^{2+}、Mg^{2+}、Zn^{2+}、Cd^{2+} 等形成红色的配合物。显然，在 pH<6.3 和 pH>11.6 时，游离指示剂的颜色与形成的金属-指示剂配合物的颜色没有显著的差别。因此，使用铬黑 T 最适宜的酸度应 pH=6.3~11.3 为溶液中，用 EDTA 滴定金属离子，终点时溶液由酒红色变为蓝色。

(2) 指示剂的封闭和僵化现象

① 封闭 指示剂和金属离子所形成的配合物的稳定性比 EDTA 和金属离子所形成配和物的稳定性，造成终点时指示剂不能变色的现象。

例如：用铬黑 T 作指示剂，在 pH=10 的条件下，用 EDTA 滴定 Ca^{2+}、Mg^{2+}，Al^{3+}、Fe^{3+}、Ni^{2+}、Co^{2+} 和 Cu^{2+} 对铬黑 T 有封闭作用。这时，可加入少量三乙醇胺（掩蔽 Al^{3+} 和 Fe^{3+}）和 KCN（掩蔽 Cu^{2+}、Co^{2+}、Ni^{2+}）以消除干扰。

如果封闭现象是被滴定离子本身所引起的，一般可用返滴定法予以消除。如 Al^{3+} 对指示剂二甲酚橙有封闭作用，测定 Al^{3+} 时可先加入过量 EDTA 标准溶液，于 pH=3.5 时煮沸，使 Al^{3+} 与 EDTA 完全配合，再调节溶液 pH 值为 5~6，加入二甲酚橙，用 Zn^{2+} 或 Pb^{2+} 标准溶液返滴定，即可克服对二甲酚橙的封闭现象。

② 僵化 指示剂和金属离子所形成的配合物的稳定性与 EDTA 和金属离子所形成的配合物的稳定性相近，或 EDTA 与 MIn 之间的置放反应缓慢或 MIn 化合物的溶解度小，造成终点时指示剂变化不明显的现象。这时，可以通过放慢滴定速度，加入适量的有机溶剂或加热，以增大其溶解度。

③ 指示剂的氧化变质现象 金属指示剂大多为含有双键的有色化合物，易被日光、氧化剂、空气所分解，分解速度与实际纯度有关。有些指示剂在水溶液中不稳定，如铬黑 T、钙指示剂的水溶液均易氧化变质，所以常配成固体混合物，或加还原性物质（抗坏血酸、羟胺）。例如以下几点。

a. 铬黑 T 在固态时比较稳定，水溶液易发生氧化和聚合反应而失效，加入抗坏血酸和盐酸羟胺可防止其氧化，加入三乙醇胺可以减慢其聚合速度，固体铬黑 T 常与干燥的 NaCl 按 1∶100 比例混合磨细后备用。

b. 钙指示剂为紫黑色粉末，其水溶液和乙醇溶液都不稳定，通常按 1∶100 比例与 KCl 干燥的混合后备用。

3. 常用金属指示剂简介（表 3-4）

表 3-4 常用金属指示剂

项　目	铬黑 T	钙指示剂（NN）	二甲酚橙（XO）	PAN
物理性质	褐色粉末、金属光泽、溶于水	紫黑色粉末、二元弱酸、在水、酒精中不稳定	紫色结晶、溶于水	橙红色针状晶体难溶于水、溶于有机溶剂
游离态颜色	蓝	蓝	黄	黄
化合态颜色	红	红	红紫	红
应用 pH 值范围	9~10.5	8~13	<6	2~12
终点颜色变化	红色→蓝色	红色→蓝色	红紫→亮黄	红色→黄色
配制方法	1+100 粉剂（氯化钠）	1+100 或 1+200 粉剂（氯化钠或硫酸钾）	0.5%水溶液	0.1%酒精溶液
测定物质	镁、锌、钙、铅、汞	钙、镁	Zr^{4+}、Bi^{3+}、Th^{4+}、Sc^{3+}、Pb^{2+}、Zn^{2+}、Cd^{2+}、Hg^{2+}、Ti^{3+}、Fe^{3+}、Al^{3+}、Ni^{2+}	Cu^{2+}、Bi^{3+}、Cd^{2+}、Hg^{2+}、Pb^{2+}、Zn^{2+}、Sn^{2+}、In^{3+}、Fe^{2+}、Mn^{2+}、Ni^{2+}、Re^{3+}

九、提高配位滴定选择性的方法

EDTA 配位滴定的选择性主要由被测离子和共存离子与 EDTA 所形成的配合物的稳定性差异决定，溶液的副反应也影响滴定的选择性。提高配位滴定选择性的方法是设法降低干扰离子的浓度、消除或减少其他副反应对滴定的影响。如调节溶液酸度、掩蔽干扰离子等。

1. 控制溶液的酸度

改变酸度可以改变 EDTA 配合物的稳定性，使配合物的稳定性差异增大，从而提高滴定选择性。

在 N 存在下测定 M，而 N 不干扰测定（误差小于 0.1%），则必须满足：

$$\lg C_M K'_{MY} - \lg C_N K'_{NY} \geqslant 5 \text{ 和 } \lg K'_{MY} = \lg K_{MY} - \lg \alpha_{Y(H)} \geqslant P[M_0] + 2PT$$

当 $C_M = C_N = 0.01 \text{mol/L}$、且没有水解效应、混合配位效应时，可用下式判别：

$$\lg K_{MY} - \lg K_{NY} \geqslant 5 \text{ 和 } \lg K'_{MY} = \lg K_{MY} - \lg \alpha_{Y(H)} \geqslant 8$$

利用 $\lg K_{MY} - \lg \alpha_Y = 8$ 即 $\lg \alpha_Y = \lg K_{MY} - 8$ 可以确定测定溶液的 pH 值下项；利用一定浓度的金属离子形成氢氧化物沉淀时的 pH 可粗略估计溶液的 pH 值上项。或利用 $\lg K_{NY} + 5 - \lg \alpha_Y = 8$ 即 $\lg \alpha_Y = \lg K_{NY} + 5 - 8 = \lg K_{NY} - 3$ 可以确定溶液的 pH 值上项。

【例 3-2】 混合试样中，被测 Fe^{3+} 浓度为 0.01mol/L，若试样中有相同浓度的 Al^{3+}，试问，Al^{3+} 是否干扰 Fe^{3+} 的测定？滴定 Fe^{3+} 的酸度范围是多少？

解：（1）没有水解效应、混合配位效应时

由 $\lg K_{MY} - \lg K_{NY} \geqslant 5$ 知：

$$\lg K_{MY} - \lg K_{NY} = 25.1 - 16.3 = 8.8 \geqslant 5$$

所以，可以通过控制酸度滴定 Fe^{3+} 而 Al^{3+} 不干扰。

（2）由 $\lg K_{MY} - \lg \alpha_Y = 8$ 得：$\lg \alpha_Y = 25.1 - 8 = 17.1$ pH=1.2

由 $Fe(OH)_3$ 的 K_{sp} 可求得 pOH=12.2，即 pH=1.8。

或由 $\lg K_{NY} + 5 - \lg \alpha_Y = 8$ 得：$\lg \alpha_Y = 16.3 + 5 - 8 = 13.3$ pH=2.2

因此，通过控制酸度 Al^{3+} 不干扰，测铁的酸度范围为 pH=1.2～1.8 (1.2～2.2)。

2. 掩蔽和解蔽方法

（1）**掩蔽的方法** 为了提高配位滴定的选择性，或避免干扰离子对金属指示剂的封闭作用，可以在试样中预先加入掩蔽剂，来降低干扰离子的浓度，使其不与 EDTA 或指示剂配合，常用的掩蔽方法有配位掩蔽法、沉淀掩蔽法和氧化还原掩蔽法。

① 配位掩蔽法 在试样中加入配位剂使其与干扰离子形成稳定配合物，而不影响被测离子的滴定。配位掩蔽法的要求：干扰离子与掩蔽剂形成的配合物远比干扰离子与 EDTA 形成的配合物稳定；干扰离子与掩蔽剂形成的配合物无色或浅色；掩蔽剂不与被测离子配合；干扰离子与掩蔽剂形成稳定配合物的酸度范围与滴定酸度相同。

② 沉淀掩蔽法 利用沉淀反应使干扰离子形成沉淀以消除干扰，而不用分离就可直接滴定被测离子，这种方法称为沉淀滴定掩蔽法。

必须注意：沉淀反应要进行完全，沉淀溶解度要小，否则掩蔽效果不好；生成的沉淀应是无色可浅色致密的，最好是晶形沉淀，否则由于颜色深、体积大，吸附被测离子或指示剂而影响终点观察。

③ 氧化还原掩蔽法 利用氧化还原反应改变干扰离子的价态，以消除其干扰的方法称为氧化还原掩蔽法。

（2）**解蔽的方法** 利用解蔽剂将已被配合的金属离子释放出来的方法，称为解蔽。

（3）**掩蔽法的作用** 掩蔽干扰离子；解蔽被测离子；解除指示剂的封闭现象；改变金属

离子价态，从而改变配合物的稳定性。

（4）使用掩蔽剂时的注意事项　掩蔽剂的性质；掩蔽剂的用量。

3. 预先分离

如果用控制溶液酸度和使用掩蔽剂等方法都不能消除共存离子的干扰而选择滴定被测离子，就只有预先将干扰离子分离出来，再滴定被测离子。分离的方法可根据干扰离子和被测离子的性质进行选择。

4. 其他配位剂

除 EDTA 外，其他许多配位剂（如氨三乙酸、三乙四胺六乙酸等）也能与金属离子形成稳定性不同的配合物，因而选用不同的配位剂进行滴定，有可能提高滴定某些离子的选择性。

十、配位滴定的方式和应用

1. 滴定方式

（1）直接滴定法　采用直接滴定法时，必须符合以下几个条件：

① 被测组分与 EDTA 的配位滴定速度应该很快，且 $\lg K'_{MY}$ 应大于 8；

② 必须有颜色敏锐的指示剂，且不受共存离子的影响而发生的"封闭"作用；

③ 被测组分不发生水解和沉淀反应。

（2）间接滴定　间接滴定法主要用于某些阴离子或某些与 EDTA 络合能力很差的阳离子的测定，过程简述如下。

被测定离子用含 N 离子的试剂定量地沉淀为组成固定的沉淀，将沉淀过滤、洗涤后溶解，然后用 EDTA 滴定 N。由于被测定离子与 N 有一确定的计量关系，从而间接测得被测离子含量。例如：欲测的 PO_4^{3-} 含量，将 PO_4^{3-} 定量地沉淀为 $MgNH_4PO_4 \cdot 6H_2O$，经过滤洗涤后溶于酸，通过滴定 Mg^{2+} 得到 PO_4^{3-} 含量。又如 Na^+ 和 K^+ 的测定，将 K^+ 沉淀为 $K_2NaCo(NO_2)_6 \cdot 6H_2O$ 用 EDTA 滴定 Co^{2+}，间接得 K^+ 含量；将 Na^+ 沉淀为 $NaZn(ClO_2)_3 \cdot Ac_9 \cdot 9H_2O$ 后滴定 Zn^{2+}，得 Na^+ 含量。

（3）返滴定　当金属离子与 EDTA 反应缓慢，或在适宜的酸度下水解副反应严重，或无适当指示剂时，不宜用直接滴定法，可采用返滴定法。例如：Al^{3+} 的测定采用返滴定法，其步骤如下：试液中先加入一定量的 EDTA 标准溶液，在 pH≈3.5 时煮沸 2～3min，使络合完毕。冷却室温，调 pH=5～6，在 HAc—NH_4Ac 缓冲溶液中，以二甲酚橙作指示剂，用 Zn^{2+} 标准溶液返滴定。

原因如下：

① Al^{3+} 与 EDTA 络合速度缓慢，需在 EDTA 过量存在下，煮沸才能络合完全；

② Al^{3+} 易水解，在最高允许酸度（pH=4.1）时，其水解副反应已相当明显，并可能形成多羟基络合物如 $[Al_2(H_2O)_6(OH)_3]^{3+}$、$[Al(H_2O)_6(OH)_6]^{3+}$ 等；

③ 在酸性介质中，Al^{3+} 对最常用的指示剂二甲酚橙有封闭作用。

（4）置换滴定

① 置换金属离子

② 置换 EDTA　用一种配位剂置换待测金属离子与 EDTA 配合物的 EDTA，然后用其他金属离子标准溶液滴定释放出的 EDTA。

2. 配位滴定法应用实例

（1）水的总硬度及 Ca^{2+}、Mg^{2+} 含量的测定　硬度：指水中除碱金属外的全部金属离子浓度的总和（主要是钙、镁离子）。

水的总硬度包括暂时硬度和永久硬度。在水中以碳酸盐及酸式碳酸盐形式存在的钙、镁盐，加热能被分解、析出沉淀而除去，这类盐所形成的硬度称为暂时硬度。而钙、镁的硫酸盐或氯化物等所形成的硬度称为永久硬度。

工业用水常形成锅垢，这是水中钙、镁的碳酸盐、酸式碳酸盐、硫酸盐、氯化物等所致。水中钙、镁盐等的含量用"硬度"表示，其中 Ca^{2+}、Mg^{2+} 含量是计算硬度的主要指标。

水的硬度分为总硬度、钙硬和镁硬。

钙硬：钙硬指水中钙盐的含量。

镁硬：镁硬指水中镁盐的含量。

总硬度：钙硬和镁硬之和，单位为 mg/L。

根据采用的单位不同，水的硬度有以下两种表示方法。

a. 将水中 Ca^{2+}、Mg^{2+} 含量均折合为通常以含 $CaCO_3$ 后，以每升水中所含的 $CaCO_3$ 质量浓度 ρ 表示硬度，单位取 mg/L。

b. 德国度 将水中的 Ca^{2+}、Mg^{2+} 含量均折合为通常以含 CaO 后，以每升水中含 10mg CaO，或十万份水中含一份 CaO，称为一个德国度，用"°d"表示。水的硬度按德国度来划分时，$<4°d$ 的水为很软水；$4\sim8°d$ 的水为软水；$8\sim16°d$ 的水为中硬水；$16\sim32°d$ 的水为硬水；$>32°d$ 的水为很硬水。

① 总硬度的测定

a. 原理 在 pH=10 条件下，以铬黑 T 为指示剂，水中钙、镁离子和指示剂形成酒红色配合物，用 EDTA 标准溶液直接滴定，终点呈纯蓝色。

铬黑 T 和 Y^{4-} 分别都能和 Ca^{2+}、Mg^{2+} 生成配合物。它们的稳定性顺序为：
$$CaY^{2-} > MgY^{2-} > MgIn^- > CaIn^-$$

被测试液中先加入少量铬黑 T，它首先与 Mg^{2+} 结合生成酒红色的 $MgIn^-$ 配合物。滴入 EDTA 时，先与游离 Ca^{2+} 配位，其次与游离 Mg^{2+} 配位，最后夺取 $MgIn^-$ 中的 Mg^{2+} 而游离出 EBT，溶液由红经紫到蓝色，指示终点的到达。记录体积 V_1。

滴定前：$Mg^{2+} + HIn^{2-} \rightleftharpoons MgIn^- + H^+$

滴定反应：$Ca^{2+} + H_2Y^{2-} \rightleftharpoons CaY^{2-} + 2H^+$

$Mg^{2+} + H_2Y^{2-} \rightleftharpoons MgY^{2-} + 2H^+$

终点时：$MgIn^- + H_2Y^{2-} \rightleftharpoons MgY^{2-} + HIn^{2-} + H^+$

b. 计算

$$总硬度(mg/L) = \frac{(cV_1)(EDTA)M(CaO)}{V_{水样}} \times 10^3$$

② 钙硬的测定 取同样体积的水样，用 NaOH 溶液调节到 pH=12，此时 Mg^{2+} 以 $Mg(OH)_2$ 沉淀析出，不干扰 Ca^{2+} 的测定。再加入钙指示剂，此时溶液呈红色。再滴入 EDTA，它先与游离 Ca^{2+} 配位，在化学计量点时夺取与指示剂配位的 Ca^{2+}，游离出指示剂，溶液转变为蓝色，指示终点的到达。记录体积 V_2。

a. 原理 在 pH=12 时，使 Mg^{2+} 成为 $Mg(OH)_2$ 沉淀而掩蔽，在钙指示剂存在下，用 EDTA 标准溶液直接滴定水中 Ca^{2+}。

滴定前：$Ca^{2+} + H_2In^{2-}(蓝色) \rightleftharpoons CaIn^{2-}(红色) + 2H^+$

滴定反应：$Ca^{2+} + H_2Y^{2-} \rightleftharpoons CaY^{2-} + 2H^+$

终点时：$CaIn^{2-}(红色) + H_2Y^{2-} \rightleftharpoons CaY^{2-} + H_2In^{2-}(蓝色)$

b. 计算

$$钙硬(mg/L) = \frac{(cV_2)(EDTA) \times M(Ca)}{V_{水样}} \times 10^6$$

$$镁硬(mg/L) = 总硬 - 钙硬$$

(2) 硫酸盐的测定 SO_4^{2-} 是非金属离子，不能和 EDTA 直接配位，不便鞋于配位滴定。但是可采用加入过量的已知准确无误浓度的 $BaCl_2$ 沉淀剂，使 SO_4^{2-} 与 Ba^{2+} 生成 $BaSO_4$ 沉淀。再加入 EDTA 滴定剩余的，以返滴定方式间接地测的含量。即：

$$w(SO_4^{2-}) = \frac{[c(BaCl_2)V(BaCl_2) - c(EDTA)Vc(EDTA)]M(SO_4^{2-})}{m(样品)}$$

式中，V 的单位为 L；m 的单位为 g。

(3) 铝盐中铝含量的测定

a. 测定原理　在铝盐溶液中，当 pH=3~4 时，加入过量的 EDTA 标准溶液，煮沸使之完全配合，剩余的 EDTA 用锌标准溶液滴定（不计体积），然后，加入过量的 NH_4F，加热煮沸，使 AlY^- 与 F^- 反应，置换出和 Al^{3+} 等量的 EDTA，用二甲酚橙为指示剂，用锌标准溶液滴定至溶液由黄色变为紫红色为终点。

$$Al^{3+} + H_2Y^{2-} \Longrightarrow AlY^- + 2H^+$$
$$AlY^- + 6F^- + 2H^+ \Longrightarrow AlF_6^{3-} + H_2Y^{2-}$$
$$H_2Y^{2-} + Zn^{2+} \Longrightarrow ZnY^{2-} + 2H^+$$

b. 计算　　　　$$w(Al) = \frac{C(Zn) \times V \times \frac{M(Al)}{1000}}{m_{样}} \times 100\%$$

(4) 氢氧化铝凝胶含量的测定　用 EDTA 返滴定法，以测定氢氧化铝中铝的含量。即将一定量的氢氧化铝凝胶溶解，加 $HOAc-NH_4OAc$ 缓冲溶液，控制酸度 pH=4.5，加入过量的 EDTA 标准溶液，以二苯硫脲作指示剂，以锌标准溶液滴定到溶液由绿黄色变为红色，即为终点。

(5) 硅酸盐物料中三氧化二铁、氧化铝、氧化钙和氧化镁的测定　硅酸盐在地壳中占 75% 以上，天然的硅酸盐矿物有石英、云母、滑石、长石、白云石等。水泥、玻璃、陶瓷制品、砖、瓦等则为人造硅酸盐。黄土、黏土、砂土等土壤主要成分也是硅酸盐。硅酸盐的组成除 SiO_2 外主要有 Fe_2O_3、Al_2O_3、CaO 和 MgO 等，这些组分通常都可采用 EDTA 配位滴定法来测定。试样经预处理制成试液后，在 pH=2~2.5，以磺基水杨酸作指示剂，用 EDTA 标准溶液直接滴定 Fe^{3+}。在滴定 Fe^{3+} 后的溶液中，加过量的 EDTA 并调整 pH 在 4~5，以 PAN 作指示剂，在热溶液中用 $CuSO_4$ 标准溶液回滴过量的 EDTA 以测定 Al^{3+} 含量。另取一份试液，加三乙醇胺，在 pH=10，以 KB 作指示剂，用 EDTA 标准溶液滴定 CaO+MgO 总量。再取等量试液加三乙醇胺，以 KOH 溶液调 pH>12.5，使 Mg 形成 $Mg(OH)_2$ 沉淀，仍用 KB 指示剂，EDTA 标准溶液直接滴定得 CaO 量，并用差减法计算 MgO 的含量，本方法现在仍广泛使用。测定中使用的 KB 指示剂是由酸性铬蓝 K 和萘酚绿 B 混合配制的。

任务1　EDTA 标准溶液的配制和标定

学习目标

专业能力：1. 能准确配制并标定 EDTA 标准溶液；
　　　　　2. 能解释 EDTA 标准溶液的标定原理；
　　　　　3. 能选择合适的条件如酸度环境、指示剂等进行标定。
方法能力：1. 能独立解决实验过程中遇到的一些问题；
　　　　　2. 能独立使用各种媒介完成学习任务；
　　　　　3. 收集并处理信息的能力得到相应的拓展；
　　　　　4. 通过对各种条件的比较提高判断性解决问题的能力。
社会能力：1. 在学习中形成团队合作意识，并提交流、沟通的能力；

2. 能按照"5S"的要求，清理实验室，注意环境卫生，关注健康；
3. 养成求真务实、科学严谨的工作态度。

任务背景

配位滴定法中，应用最广、最重要的一个氨羧配位剂是乙二胺四乙酸，该酸中的羧基和氨基均有孤对电子，可以与金属原子同时配位，形成具有环状结构的螯合物，因此配位滴定法又称 EDTA 滴定法。

EDTA 难溶于水，通常采用其二钠盐（$Na_2H_2Y·2H_2O$），配制标准滴定溶液。乙二胺四乙酸二钠盐是白色微晶粉末，易溶于水，经提纯后可作为基准物质，直接配制成标准溶液。但提纯方法较为复杂，故在工厂和实验室中该标准溶液常用间接方法配制。即先把 EDTA 配成接近所需浓度的溶液，然后用基准物质标定。标定 EDTA 标准滴加溶液的基准试剂很多，如 ZnO、$CaCO_3$ 等，使用前应作预处理，如重结晶、烘干或灼烧等。

标定原理

在 pH=10 时，铬黑 T 以 HIn^{2-}（表示分子式形式存呈蓝色）与 Zn^{2+} 的配合物是 $ZnIn^-$ 呈现酒红色，其反应为：

$$Zn^{2+} + HIn^{2-} \rightleftharpoons ZnIn^- + H^+$$
（蓝色）　　　（酒红色）

用 EDTA 溶液滴定 Zn^{2+} 锌标准溶液时，溶液中游离的 Zn^{2+} 首先与 EDTA 阴离子配合，此时溶液仍为酒红色：

$$Zn^{2+} + H_2Y^{2-} \rightleftharpoons ZnY^{2-} + 2H^+$$
（酒红色）

滴定时达到化学计量点附近时，EDTA 开始与 $ZnIn^-$ 中的 Zn^{2+} 配合而使铬黑 T 指示剂游离出来，当溶液由酒红色变为蓝色，即为终点：

$$ZnIn^- + H_2Y^{2-} \rightleftharpoons ZnY^{2-} + HIn^{2-} + H^+$$
（酒红色）　　　　　　　（蓝色）

仪器和试剂

1. 仪器

50mL 酸式滴定管、25 mL 酸式滴定管、100 mL 和 250 mL 容量瓶、250mL 锥形瓶、25mL 和 10mL 移液管、称量瓶、电子天平等。

2. 试剂

① 乙二胺四乙酸二钠盐（EDTA）。
② 氨水－氯化铵缓冲液（pH=10）：称取 5.4g 氯化铵，加适量水溶解后，加入 35mL 氨水，再加水稀释至 100mL。
③ 0.5%铬黑 T 指示液。
④ 10%氨水溶液：量取 10mL 氨水，加水稀释至 100mL。
⑤ ZnO（基准试剂）。
⑥ 浓盐酸。

操作步骤

1. 0.02mol/L EDTA 溶液的配制

称取乙二胺四乙酸二钠盐（$Na_2H_2Y·2H_2O$）4g，加入 1000mL 水，加热使之溶解，冷却后摇匀，如混浊应过滤后使用。置于玻璃瓶中，避免与橡皮塞、橡皮管接触。如果溶液长期保存，应贮藏在硬质玻璃瓶或聚乙烯塑料瓶中。贴上标签。

2. EDTA 溶液浓度的标定

（1）ZnO 标准溶液的配制（0.02mol/L）　准确称取于 800℃灼烧至恒重的基准氧化锌 0.4g（准确至 0.0002g），放入小烧杯中，加入浓盐酸 2mL、水 25mL 使之溶解，必要时可微微加热促其溶解。然后定量移入 250 mL 容量瓶中，以水稀释至刻度，摇匀。

（2）EDTA 溶液浓度的标定　用移液管移取 25mL Zn^{2+} 标准溶液，置于 250mL 锥形瓶中，加水 50mL，滴加 10% 氨水到溶液开始析出 $Zn(OH)_2$ 沉淀（pH≈8），再加入 10mL 氨-氯化铵缓冲溶液及铬黑 T 指示液 4～5 滴，用待标的 EDTA 标准溶液滴定至溶液由酒红色变为纯蓝色即为终点，记录 EDTA 消耗的体积。平行标定 3 次，并做空白实验。

结果计算

见表 3-5。

$$c_{EDTA} = \frac{m_{ZnO} \times 1000 \times \frac{25.00}{250}}{M_{ZnO} \times V_{EDTA}}$$

表 3-5　数据分析

内容		次数	1	2	3
称量瓶＋氧化锌的质量（第一次读数）					
称量瓶＋氧化锌的质量（第二次读数）					
基准氧化锌的质量 m/g					
标定试验	滴定消耗 EDTA 溶液的用量/mL				
	滴定管校正值/mL				
	溶液温度补正值/(mL/L)				
	实际滴定消耗 EDTA 溶液的体积 V/mL				
空白试验	滴定消耗 EDTA 溶液的体积/mL				
	滴定管校正值/mL				
	溶液温度补正值/(mL/L)				
	实际滴定消耗 EDTA 溶液的体积 V_0/mL				
c（EDTA）/（mol/L）					
c（EDTA）平均值/（mol/L）					
平行测定结果的极差/（mol/L）					
极差与平均值之比/%					

交流与思考

1. 铬黑 T 指示剂的使用条件是什么？
2. 标定 EDTA 溶液浓度时，如何用铬黑 T 指示剂判断滴定终点？

任务2　工业结晶氯化铝含量的测定

学习目标

专业能力：1. 能根据相关标准制定工业结晶氯化铝含量的测定方案；

2. 能选择合适的条件如酸度环境、指示剂等进行准确测定。
方法能力：1. 能独立解决实验过程中遇到的一些问题；
2. 能独立使用各种媒介完成学习任务；
3. 收集并处理信息的能力得到相应的拓展；
4. 通过对各种条件的比较提高判断性解决问题的能力。
社会能力：1. 在学习中形成团队合作意识，并提交流、沟通的能力；
2. 能按照"5S"的要求，清理实验室，注意环境卫生，关注健康；
3. 养成求真务实、科学严谨的工作态度。

任务背景

本产品外观为淡黄色或黄色结晶（也可以提纯做成白色晶体），易潮解，在湿空气中水解生成氯化氢白色烟雾。不燃烧，无毒，易溶于水、无水乙醇、乙醚和甘油中，其水溶液呈酸性。加热到100℃分解释放出氯化氢。应用范围：主要用于生活饮用水、含高氟水、工业水的处理，含油污水净化。特别是对低温、低浊、偏碱性水的处理效果更佳。是生产聚合氯化铝的中间产品（代替盐酸，减少污染）。在印染、医药、皮革、油田、造纸、精密铸造等方面有广泛的用途。此外，结晶氯化铝在精密铸造中可以代替氯化铵用于熔模铸造型壳硬化剂，具有质量稳定、型壳强度高、使用调整方便和改善工人操作条件、综合经济效益好等优点。

根据中华人民共和国化工行业标准 HG/T 3251—2010，工业结晶氯化铝需符合表3-6要求。

表3-6 工业结晶氯化铝要求

项目		指标		
		优等品	一等品	合格品
结晶氯化铝（$AlCl_3 \cdot 6H_2O$）/%	≥	97.5	95.5	93.0
氧化铝（Al_2O_3）/%	≥	20.5	20.0	19.6
铁（Fe）/%	≤	0.002	0.010	0.050
水不溶物/%	≤	0.025	0.10	0.10

情境设置

通知：公司今天早上刚采购一批工业结晶氯化铝，预计明天早上需投入到生产线，请检测中心于今天下午下班前对其进行品质检验，测定其中氯化铝含量，并出具检验报告。

由于时间比较紧张，假如你是检测中心某组的负责人，接到此任务你将如何和你的团队成员共同完成此任务。

资讯信息

1. 参考书籍：见参考文献。
2. HG/T 3251—2010、GB/T 3959—2008。
3. 互联网。
4. 向老师咨询相关的信息。

问题引领

1. 工业结晶氯化铝含量一般为多少？从何处可以得知此信息？
2. 有哪些方法可以用来测定工业结晶氯化铝含量？其中有哪些是你所学过的？
3. 若用配位滴定法，你将需要何标准溶液？应如何配制并标定？其原理是什么？
4. 若用配位滴定法测定工业结晶氯化铝含量，其原理是什么？结果如何计算？如何表示？

5. 利用配位滴定法测定工业结晶氯化铝含量所需的仪器、试剂分别是什么?
6. 利用配位滴定法测定工业结晶氯化铝含量具体该如何操作?
7. 在你完成任务的过程将会产生哪些环保方面的问题? 你将如何处理?
8. 你认为要完成此任务还需要老师提供哪些帮助?

工作计划

请你与你的团队成员共同制定工作计划（表 3-7）。

表 3-7 工作计划

序号	工作内容	工具/辅助用具	所需时间	负责人	注意事项

任务实施

1. 工作准备

（1）仪器

（2）试剂

2. 方法原理

3. 操作流程

4. 数据处理（表 3-8）

表 3-8 数据处理

内容 \ 次数	1	2	3
工业结晶氯化铝样品的质量 m/g			
EDTA 标准溶液的浓度 c（EDTA）/（mol/L）			
加入 EDTA 标准溶液的体积/mL			
锌标准溶液的浓度 c（EDTA）/（mol/L）			
测定试验 滴定消耗锌标准溶液的体积/mL			
测定试验 滴定管校正值/mL			
测定试验 溶液温度补正值/（mL/L）			
测定试验 实际滴定消耗锌标准溶液的体积 V/mL			

续表

内容	次数	1	2	3
空白试验	滴定消耗锌标准溶液的体积/mL			
	滴定管校正值/mL			
	溶液温度补正值/(mL/L)			
	实际滴定消耗锌标准溶液的体积 V_0/mL			
w（$AlCl_3$）/%				
w（$AlCl_3$）平均值/%				
平行测定结果的极差/%				
极差与平均值之比/%				

 考核评价

见表3-9。

表3-9 考核评价

项目	评分点 评分标准	配分	扣分	得分	项目	评分点 评分标准	配分	扣分	得分
天平称量准备	称量工具选取	1			滴定管的准备	润洗	2		
	检查水平、状态完好情况	1				装液操作、排气泡	2		
	天平内外清洁	1				调零	1		
	检查和调零点	1				加指示剂操作不当	1		
称量操作	操作轻、慢、稳	2			滴定操作	滴定姿势	2		
	加减试样操作正确	2				滴定速度控制	2		
	倾出试样符合要求	2				摇瓶操作、锥形瓶内壁淋洗	2		
	读数及记录正确	2				半滴加入控制	1		
称量后的处理	样品放回干燥器、工具放回原位	2				终点判断正确	2		
	清洁天平门外	1				读数姿势正确、读数正确	2		
	关天平门	2				过失操作	2		
	检查零点	2			5S管理	仪器清洗、归整	1		
						桌面整理	1		
容量瓶的使用	洗涤	1			数据记录	记录及时、漏项	2		
	试样溶解	1				记录数值精度不符合要求	1		
	定量转移正确	1				记录涂改现象二处以上	1		
	2/3处平摇	1				数据记错	1		
	定容、摇匀	2				有意涂改数据	1		
移液管的使用	洗涤、润洗	3			分析结果	平行误差	15		
						平行结果与参照值误差	20		
	放出溶液姿势	2			计算		5		
	停留10~15s	1			考核时间	考核时间为120分，每超5分钟扣2分			
	滴定管试漏、洗涤	2							

考核项目　　工业碳酸钙含量的测定

由学生自行选择合适的实验原理、仪器和试剂并自行规划实验步骤和设计数据处理表格等。

习题

3-1　EDTA 与金属离子的配合物有哪些特点？

3-2　配合物的稳定常数与条件稳定常数有何不同？为什么要引用条件稳定常数？

3-3　配位滴定中控制适当的酸度有什么重要意义？实际应用时应如何全面考虑选择滴定时的 pH？

3-4　金属指示剂的作用原理如何？它应该具备那些条件？

3-5　为什么使用金属指示剂时要限定适宜的 pH 为什么同一种指示剂用于不同金属离子滴定时，适宜的 pH 条件不一定相同？

3-6　什么是金属指示剂的封闭和僵化？如何避免？

3-7　两种金属离子 M 和 N 共存时，什么条件下才可用控制酸度的方法进行分别滴定？

3-8　掩蔽的方法有哪些？各运用于什么场合？为防止干扰，是否在任何情况下都能使用掩蔽方法？

3-9　用返滴定法测定 Al^{3+} 含量时，首先在 pH＝3.0 左右加入过量 EDTA 并加热，使 Al^{3+} 配位。试说明选择此 pH 的理由。

3-10　分析铜、锌、镁合金时，称取试样 0.5000g，溶解后稀释至 250.00mL。取 25.00mL 调至 pH＝6，用 PAN 作指示剂，用 0.03080mol/L EDTA 溶液滴定，用去 30.30mL。另取 25.00mL 试液，调至 pH＝10，加入 KCN 掩蔽铜、锌，用同浓度 EDTA 滴定，用去 3.40mL，然后滴加甲醛解蔽剂，再用该 EDTA 溶液滴定，用去 8.85mL。计算试样中铜、锌、镁的质量分数。

模块 4 沉淀滴定法

 背景知识

一、溶度积和溶解度

1. 溶度积常数

$$A_mB_n(s) \rightleftharpoons mA^{n+}(aq) + nB^{m-}(aq)$$

$$K_{sp}^{\ominus} = [A^{n+}]^m[B^{m-}]^n$$

在一定温度下，难溶电解质的饱和溶液中，各离子浓度的幂次方乘积为一常数。与其他平衡常数一样，$K_{sp}^{\ominus}$ 与温度和物质本性有关而与离子浓度无关。在实际应用中常采用 25℃ 时溶度积的数值。

2. 溶度积与溶解度的关系

溶解度：在 100g 溶剂中，达到饱和时所加入的溶质的质量（g）。

溶解度表示物质的溶解能力，它是随其他离子存在的情况不同而改变；溶度积反映了难溶电解质的固体和溶解离子间的浓度关系，即在一定条件下，是一常数。溶度积与溶解度的区别与联系见表 4-1 所示。

表 4-1 溶度积与溶解度的区别与联系

项目	s	$K_{sp}^{\ominus}$
相同点	表示难溶电解质溶解能力的大小	
不同点	浓度的一种形式	平衡常数的一种形式
单位	g/L	无

注：$K_{sp}^{\ominus}$ 和溶解度 s 之间的换算关系

1. AB 型难溶电解质：
$$s = \sqrt{K_{sp}^{\ominus}}$$

2. $A_2B(AB_2)$ 型难溶电解质
$$s = \sqrt[3]{K_{sp}^{\ominus}/4}$$

3. $A_3B(AB_3)$ 型难溶电解质
$$s = \sqrt[4]{\frac{K_{sp}^{\ominus}}{27}}$$

3. 溶度积规则（图 4-1）

难溶电解质 A_mD_n 溶液中。离子积 $Q_B = c'^m(A^{n+}) \cdot c'^n(D^{m-})$

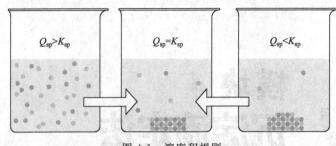

图 4-1 溶度积规则

溶度积规则 $\begin{cases}(1)\ Q_B < K_{sp}^{\ominus}\text{ 时,不饱和溶液,无沉淀生成;若体系中有沉淀存在,} \\ \quad\text{沉淀将会溶解,直至饱和。} \\ (2)\ Q_B = K_{sp}^{\ominus}\text{ 时,饱和溶液,处于沉淀溶解平衡状态。} \\ (3)\ Q_B > K_{sp}^{\ominus}\text{ 时,过饱和溶液,有沉淀析出,直至饱和。}\end{cases}$

以上关系称为溶度积规则,据此可以判断沉淀溶解平衡移动的方向,也可以通过控制有关离子的浓度,使使沉淀产生或溶解。

二、沉淀滴定法概述

1. 沉淀滴定法

以沉淀反应为基础的滴定分析方法称为沉淀滴定法。虽然可定量进行的沉淀反应很多,但由于缺乏合适的指示剂,而应用于沉淀滴定的反应并不多,目前比较有实际意义的是银量法。即利用 Ag^+ 与卤素离子的反应来测定 Cl^-、Br^-、I^-、SCN^- 和 Ag^+。银量法共分三种,分别以创立者的姓名来命名即莫尔法、佛尔哈德法和法扬司法。

2. 对沉淀滴定反应的要求

① 沉淀滴定反应必须按一定的反应式定量进行。
② 生成的沉淀必须纯净。
③ 反应速度快。
④ 能够选择适当的指示剂或其他方法指示等量点。

三、莫尔法

1. 莫尔法原理

(1) 莫尔法 以硝酸银为滴定剂铬酸钾作指示剂的沉淀滴定法。

(2) 原理 以硝酸银为标准溶液直接滴定 Cl^- 为例的原理如下。

当 Cl^- 和 CrO_4^{2-} 同时存在时,AgCl 的溶解度比 Ag_2CrO_4 的小,在测定过程中,AgCl 首先沉淀,当滴定到等量点附近时,稍过量的 $AgNO_3$ 溶液便与 CrO_4^{2-} 生成砖红色的铬酸银沉淀,指示终点到达,其反应如下:

滴定反应:$Ag^+ + Cl^- \rightleftharpoons AgCl\downarrow$(白色)

终点指示反应:$2Ag^+ + CrO_4^{2-} \rightleftharpoons Ag_2CrO_4\downarrow$(砖红色)

此法可以直接滴定 Cl^-、Br^-、I^- 等卤化物。

2. 莫尔法的滴定条件

主要控制指示剂的用量和溶液的酸度。

(1) 指示剂用量 等量点时溶液为 $AgNO_3$ 的饱和溶液,这时:

$$[Ag^+] = [Cl^-] = \sqrt{K_{spAgCl}} = \sqrt{1.8\times10^{-10}} = 1.34\times10^{-5}(\text{mol/L})$$

若此时生成 Ag_2CrO_4 沉淀，则 CrO_4^{2-} 的浓度应满足：
$[Ag^+]^2[CrO_4^{2-}] > K_{spAg_2CrO_4}$ 即：

$$[CrO_4^{2-}] > \frac{K_{spAg_2CrO_4}}{[Ag^+]^2} = \frac{1.12 \times 10^{-12}}{1.77 \times 10^{-10}} = 0.0063(mol/L)$$

但 CrO_4^{2-} 为黄色浓度太高影响终点观察，一般浓度控制在 5×10^{-3} mol/L 左右（实际用量为 1mL 5% 的 K_2CrO_4 溶液），这时若生成 Ag_2CrO_4 沉淀，则银离子的浓度应满足：

$$[Ag^+]^2[CrO_4^{2-}] > K_{spAg_2CrO_4}$$
$$[Ag^{2+}] > 4.0 \times 10^{-5} mol/L$$

相当于过量 0.02mL，即一滴 $AgNO_3$ 溶液的量。

(2) 溶液的酸度

在酸性溶液中：$Ag_2CrO_4 + H^+ \rightleftharpoons 2Ag^+ + HCrO_4^-$

在碱性溶液中：$2Ag^+ + 2OH^- \rightleftharpoons 2AgOH\downarrow \longrightarrow Ag_2O\downarrow + H_2O$

在氨性溶液中：$NH_4^+ + OH^- \longrightarrow NH_3 + H_2O$

$$Ag^+ + NH_3 \longrightarrow Ag(NH_3)^+ \xrightarrow{NH_3} Ag(NH_3)_2^+$$

可见，本法只能在中性或弱碱性溶液中进行，即在 pH=6.5~10.5 的溶液中进行；在氨性溶液中酸度应控制在 pH=6.5~7.2 中进行。

3. 莫尔法应注意的问题

(1) 应用范围　适应测定氯化物和溴化物不宜测定 I^-、CNS^-。

(2) 干扰离子　能和 Ag^+ 生成微溶物的阴离子：PO_4^{3-}、AsO_4^{3-}、SO_3^{2-}、S^{2-}、CO_3^{2-}、$C_2O_4^{2-}$、NH_3；能和 CrO_4^{2-} 生成微溶物的阳离子：Ba^{2+}、Pb^{2+}；在弱酸性溶液中发生水解的离子：Al^{3+}、Fe^{3+}、Bi^{3+}、Sn^{4+}；有色离子：Cu^{2+}、Ni^{2+}、Co^{2+}。

(3) 滴定速度　滴定速度不宜过快且要充分摇动。因为滴定过快造成局部过量，使 Cl^- 被吸附，同时造成 Ag_2CrO_4 砖红色提前出现；充分振摇是为使 Cl^- 解吸出来参加反应，以减少误差。

四、佛尔哈德法

1. 佛尔哈德法的原理

(1) 佛尔哈德法　以 NH_4SCN 作标准溶液，以 $[NH_4Fe(SO_4)_2]\cdot 6H_2O$ 作指示剂的沉淀滴定法。

(2) 原理　用 NH_4CNS 作标准溶液滴定 Ag^+，析出 AgCNS 白色沉淀，在有 Fe^{3+} 存在时，等量点过后，稍过量（一般 0.02mL 以内，即 1 滴）的 NH_4CNS 标准溶液就和 Fe^{3+} 形成血红色配位化合物而确定终点，反应如下：

滴定反应：$Ag^+ + CNS^- \rightleftharpoons AgCNS\downarrow$（白色）

终点指示反应：$Fe^{3+} + CNS^- \rightleftharpoons [Fe(CNS)]^{2+}$

可以直接测定银也可以间接测定卤素。

2. 测定条件的选择

(1) 溶液的酸度（0.1~1.0mol/L）

在碱性溶液中：$Fe^{3+} + 3H_2O \rightleftharpoons Fe(OH)_3\downarrow + 3H^+$

在中性和弱碱性溶液中：$Fe^{3+} + 6H_2O \rightleftharpoons [Fe(H_2O)_5OH]^{2+} + H^+$

$$Fe^{3+} + 6H_2O \rightleftharpoons [Fe(OH)_2(H_2O)_4]^+ + 2H^+$$

这些棕色离子影响终点的观察。

(2) 指示剂的用量　指示剂的用量和过量 CNS^- 的浓度有关，一般地，当指示剂的浓度在 6.0×10^{-3} mol/L 以上时便可观察到明显的终点颜色。

3. 测定时注意事项

(1) 测定方法　本法可以直接滴定 Ag^+，也可以用返滴定法测定 Cl^-、Br^-、I^- 和 CNS^- 等离子。返滴定法的原理如下。

滴定前反应：$Ag^+ + Cl^- \rightleftharpoons AgCl\downarrow$

滴定反应：$Ag^+ + CNS^- \rightleftharpoons AgCNS\downarrow$

等量点：$Fe^{3+} + CNS^- \rightleftharpoons [Fe(CNS)]^{2+}$（红色）

(2) 滴定操作要求　在滴定前由于 AgCNS 沉淀对 Ag^+ 有较强的吸附作用，要充分摇动。接近终点时，摇动不能太剧烈，以免发生沉淀转化。

(3) 干扰离子　强氧化剂、氮的低价氧化物、铜盐、汞盐等都能与 CNS^- 反应；大量的有色离子存在影响终点的观察。在酸性溶液进行滴定 PO_4^{3-}、AsO_4^{3-}、CrO_4^{2-} 不与 Ag^+ 生成沉淀。

五、法扬司法

1. 法扬司法的原理

(1) 法扬司法　以硝酸银作标准溶液，用吸附指示剂确定终点的沉淀滴定法（如图 4-2 所示）。

(2) 原理

滴定反应：$Ag^+ + Cl^- \longrightarrow AgCl\downarrow$

等量点前：$AgCl\downarrow \xrightarrow{\text{吸附 } Cl^-} (AgCl)Cl^- | K^+ + In^-$

等量点后：$AgCl\downarrow \xrightarrow{\text{吸附 } Ag^+} (AgCl)Ag^+ | In^-$（淡红色）$+ K^+$

胶粒吸附示意如图 4-3 所示。

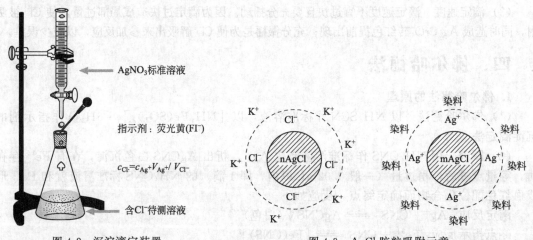

图 4-2　沉淀滴定装置　　　　图 4-3　AgCl 胶粒吸附示意

2. 测定条件的选择

酸度决定于指示剂，只有选择适合指示剂变色的 pH 值范围，测定结果才准确。常用的吸附指示剂如表 4-2。

表 4-2　常用的吸附指示剂

序号	名称	被滴定离子	滴定剂	起点颜色	终点颜色	浓度
1	荧光黄	Cl^-，Br^-，SCN^-，I^-	Ag^+	黄绿	玫瑰橙	0.1% 乙醇溶液

续表

序号	名称	被滴定离子	滴定剂	起点颜色	终点颜色	浓度
2	二氯(P)荧光黄	Cl^-, Br^-	Ag^+	红紫	蓝紫	0.1%乙醇(60%~70%)溶液
		SCN^-		玫瑰	红紫	
		I^-		黄绿	橙	
3	曙红	Br^-, I^-, SCN^-	Ag^+	橙	深红	0.5%水溶液
		Pb^{2+}	MoO_4^{2-}	红紫	橙	
4	溴酚蓝	Cl^-, Br^-, SCN^-	Ag^+	黄	蓝	0.1%钠盐水溶液
		I^-		黄绿	蓝绿	
		TeO_3^{2-}		紫红	蓝	
5	溴甲酚绿	Cl^-	Ag^+	紫	浅蓝绿	0.1%乙醇溶液(酸性)
6	二甲酚橙	Cl^-	Ag^+	玫瑰	灰蓝	0.2%水溶液
		Br^-, I^-			灰绿	
7	罗丹明6G	Cl^-, Br^-	Ag^+	红紫	橙	0.1%水溶液
		Ag^+	Br^-	橙	红紫	
8	品红	Cl^-	Ag^+	红紫		0.1%乙醇溶液
		Br^-, I^-		橙	玫瑰	
		SCN^-		浅蓝		
9	刚果红	Cl^-, Br^-, I^-	Ag^+	红	蓝	0.1%水溶液
10	茜素红S	SO_4^{2-}	Ba^{2+}	黄	玫瑰红	0.4%水溶液
		$[Fe(CN)_6]^{4-}$	Pb^{2+}			
11	偶氮氯膦Ⅲ	SO_4^{2-}	Ba^{2+}	红	蓝绿	—
12	甲基红	F^-	Ce^{3+}	黄	玫瑰红	—
			$Y(NO_3)_3$			
13	二苯胺	Zn^{2+}	$[Fe(CN)_6]^{4-}$	蓝	黄绿	1%的硫酸(96%)溶液
14	邻二甲氧基联苯胺	Zn^{2+}, Pb^{2+}	$[Fe(CN)_6]^{4-}$	紫	无色	1%的硫酸溶液
15	酸性玫瑰红	Ag^+	MoO_4^{2-}	无色	紫红	0.1%水溶液

3. 测定时应注意的问题

① 要有适当的浓度,要加入淀粉作保护剂,避免加入大量电解质。
② 滴定时应充分摇动。
③ 避免太阳直射,以免硝酸银分解。
④ 胶体微粒对指示剂的吸附能力要比对待测离子的吸附能力略小。

任务　食盐中氯含量的测定

学习目标

专业能力:1. 学会用不同的方法对硝酸银标准溶液进行准确标定;

2. 能根据相关标准制定测定食盐中氯含量的方案；
3. 能用银量法准确测定食盐中氯的含量。
方法能力：1. 根据工作需要查阅资料并主动获取信息；
2. 对工作结果进行评价及反思。
社会能力：1. 在学习中形成团队合作意识，并提交流、沟通的能力；
2. 能按照"5S"的要求，清理实验室，注意环境卫生，关注健康；
3. 养成求真务实、科学严谨的工作态度。

任务背景

食盐的化学式为 NaCl，其相对分子质量为 58.44。食盐在日常生活中可用于食品调味和腌制鱼、肉等；在工业上用于制造氯气、氢气、盐酸、氢氧化钠、氯酸盐、次氯酸盐、漂白粉、金属钠以及盐析肥皂和鞣制皮革等；在农业上可以用氢化钠溶液来选取优良种子；在医疗上，可用来制造生理盐水，并广泛用于临床治疗等。自然界中存在大量的氯化钠，如海水和盐湖中，因此食盐可由海水结晶而制得，也可从天然的盐湖或盐井水中制取。

根据国家标准 GB 5464—2000，食盐必须符合表 4-3 要求。

表 4-3 食盐的标准

指 标			精制盐			粉碎洗涤盐		日晒盐	
			优级	一级	二级	一级	二级	一级	二级
物理指标	白度/度	≥	80	75	67	55	55	45	80
	粒度/%		0.15～0.85mm			0.5～2.5mm		0.5～2.5mm	1.0～3.5mm
		≥	85	80	75	80		85	70
化学指标（湿基）/%	氯化钠	≥	99.10	98.50	97.00	97.00	95.50	93.20	91.00
	水分	≤	0.30	0.50	0.80	2.10	3.20	5.10	6.40
	水不溶物	≤	0.05	0.10	0.20	0.10	0.20	0.10	0.20
	水不溶性杂质	≤	—	—	2.00	0.80	1.10	1.60	2.40
卫生指标 /(mg/kg)	铅（以 Pb 计）	≤	1.0						
	砷（以 As 计）	≤	0.5						
	氟（以 F 计）	≤	5.0						
	钡（以 Ba 计）	≤	15.0						
碘酸钾 /(mg/kg)	碘（以 I 计）		35±15 (20～50)						
抗结剂 /(mg/kg)	亚铁氰化钾（以 $[Fe(CN)_6]^{4-}$ 计）≤		10.0						

注：1. 此项测定只限于以天然含钡卤水为原料制得的食用盐。
2. 对高碘地区居民和不宜食用碘盐群专供的未加碘食用盐，其碘含量应小于 5mg/kg，包装应有相应的标注，其他技术指标不变。

前期准备

硝酸银标准溶液的配制与标定
一、试剂与仪器
1. 仪器：电子分析天平、250mL 锥形瓶、称量瓶、50mL 酸式滴定管、500mL 棕色试剂瓶等。

2. 试剂：硝酸银、基准氯化钠试剂、5%的K_2CrO_4溶液。

二、标定原理

硝酸银比较容易提纯，制得基准试剂，可以用硝酸银基准试剂直接配制标准溶液。但是，市售的硝酸银试剂常含有杂质，因此配成溶液后，需用基准的氯化钠试剂进行标定，本实验采用莫尔法进行标定，即用铬酸钾作为指示剂。其原理如下。

滴定反应：$Ag^+ + Cl^- \rightleftharpoons AgCl\downarrow$（白色）

终点指示反应：$2Ag^+ + CrO_4^{2-} \rightleftharpoons Ag_2CrO_4\downarrow$（砖红色）

三、操作步骤

1. 0.01mol/L $AgNO_3$硝酸银溶液的配制

称取0.9g硝酸银溶于500mL水中，摇匀，贮存于500mL棕色试剂瓶中。

2. $AgNO_3$硝酸银溶液的标定

准确称取0.12～0.15g在500～600℃烘干到恒重的基准NaCl试剂于100mL小烧杯中，加适量水溶解，定量转移至250mL容量瓶中，稀释、定容，备用。准确移取25.00mL上述试液于250mL锥形瓶中，加50mL水溶解，并加入1mL 5%的K_2CrO_4溶液，在不断摇动下，用$AgNO_3$标准溶液滴定至（慢滴，剧烈摇，因Ag_2CrO_4不能迅速转为AgCl）呈现砖红色即为终点，平行3次。根据NaCl的质量和$AgNO_3$的体积，计算$AgNO_3$的浓度。

结果分析（表4-4）

$$c(AgNO_3) = \frac{m_{NaCl} \times \frac{25.00}{250.0} \times 1000}{V_{AgNO_3} M_{NaCl}}$$

表4-4 数据分析

内容		次数	1	2	3
称量瓶+NaCl的质量（第一次读数）					
称量瓶+NaCl的质量（第二次读数）					
基准NaCl的质量m/g					
标定试验	滴定消耗$AgNO_3$标准溶液的用量/mL				
	滴定管校正值/mL				
	溶液温度补正值/(mL/L)				
	实际滴定消耗$AgNO_3$标准溶液的体积V/mL				
空白试验	滴定消耗$AgNO_3$标准溶液的体积/mL				
	滴定管校正值/mL				
	溶液温度补正值/(mL/L)				
	实际滴定消耗$AgNO_3$标准溶液的体积V_0/mL				
$c(AgNO_3)$/(mol/L)					
$c(AgNO_3)$平均值/(mol/L)					
平行测定结果的极差/(mol/L)					
极差与平均值之比/%					

四、交流与思考

1. 铬酸钾指示剂的加入量对测定结果有无影响？为什么？
2. 硝酸银溶液应如何保存？使用时应注意什么？
3. 莫尔法标定时，为什么溶液的 pH 值须控制在 6.5~10.5？
4. 能否用莫尔法以 NaCl 标准溶液直接滴定 Ag^+？为什么？

情境设置

产品检验是企业指导生产的关键。×××有限责任公司的优质碘盐有计划地销往全国各地，公司检验中心肩负着所有产品的检测重任。作为检测中心的一员，请你按照相关标准对公司新生产的这一批食盐进行品质检验，测定其中氯化钠的含量，并出具检验报告。

资讯信息

1. 参考书籍：见参考文献。
2. GB 5461—2000、GB/T 13025—2012。
3. 向老师咨询相关的信息。

问题引领

1. 一般食盐中氯化钠的含量为多少？从何处可以得知？
2. 有哪些方法可以用来测定食盐中氯化钠的含量？有哪些方法是你所学过的？
3. 若用氧银量法，你将需要何种标准溶液？应如何配制并标定？其原理是什么？
4. 若用莫尔法测定食盐中氯化钠的含量，其原理是什么？结果如何计算？
5. 利用莫尔法测定食盐中氯化钠的含量所需的仪器、试剂分别是什么？
6. 利用莫尔法测定食盐中氯化钠的含量具体该如何操作？
7. 在你完成任务的过程将会产生哪些环保方面的问题？你将如何处理？
8. 你认为要完成此任务还需要老师提供哪些帮助？

工作计划

请你与你的团队成员共同制定工作计划（表 4-5）。

表 4-5　工作计划

序号	工作内容	工具/辅助用具	所需时间	负责人	注意事项

任务实施

1. 工作准备

（1）仪器

（2）试剂

2. 方法原理

3. 操作流程

4. 数据处理（表 4-6）

$$w_{NaCl}(\%) = \frac{c_{AgNO_3} \times \dfrac{V}{1000} \times M_{NaCl}}{m_{样} \times \dfrac{25.00}{250.0}} \times 100\%$$

表 4-6　数据处理

内容		次数 1	2	3
移取水样体积 $m_{样}$/g				
标定试验	滴定消耗 $AgNO_3$ 标准溶液的用量/mL			
	滴定管校正值/mL			
	溶液温度补正值/mL/L			
	实际滴定消耗 $AgNO_3$ 标准溶液的体积 V/mL			
空白试验	滴定消耗 $AgNO_3$ 标准溶液的体积/mL			
	滴定管校正值/mL			
	溶液温度补正值/mL/L			
	实际滴定消耗 $AgNO_3$ 标准溶液的体积 V_0/mL			
w_{NaCl}/%				
w_{NaCl} 平均值/%				
平行测定结果的极差/%				
极差与平均值之比/%				

考核项目　自来水氯含量的测定

由学生自行选择合适的实验原理、仪器和试剂并自行规划实验步骤和设计数据处理表格等。

习题

4-1　什么叫沉淀滴定法？沉淀滴定法所用的沉淀反应必须具备哪些条件？

4-2　写出莫尔法、佛尔哈德法和法扬斯法测定 Cl^- 的主要反应，并指出各种方法选用的指示剂和酸度条件。

4-3　在下列情况下，测定结果是偏高、偏低、还是无影响？并说明其原因。

(1) 在 pH=4 的条件下，用莫尔法测定 Cl^-；

(2) 用佛尔哈德法测定 Cl^- 既没有将 AgCl 沉淀滤去或加热促其凝聚，又没有加有机溶剂；

(3) 同（2）的条件下测定 Br^-；

(4) 用法扬斯法测定 Cl^-、I^-，曙红作指示剂。

4-4 银量法中的法扬司法，使用吸附指示剂时应注意哪些问题？

4-5 指示剂 K_2CrO_4 的用量对于终点指示有无影响？为什么？

4-6 莫尔法应控制怎样的测定条件？

4-7 称取 NaCl 基准试剂 0.1173g，溶解后加入 30.00mL $AgNO_3$ 标准溶液，过量的 Ag^+ 需要 3.20mL NH_4SCN 标准溶液滴定至终点。已知 20.00mL $AgNO_3$ 标准溶液与 21.00mL NH_4SCN 标准溶液能完全作用，计算 $AgNO_3$ 和 NH_4SCN 溶液的浓度各为多少？

4-8 称取 NaCl 试液 20.00mL，加入 K_2CrO_4 指示剂，用 0.1023mol/L $AgNO_3$ 标准溶液滴定，用去 27.00mL，求每升溶液中含 NaCl 若干克？

4-9 称取银合金试样 0.3000g，溶解后加入铁铵矾指示剂，用 0.1000mol/L NH_4SCN 标准溶液滴定，用去 23.80mL，计算银的质量分数。

4-10 称取可溶性氯化物试样 0.2266g 用水溶解后，加入 0.1121mol/L $AgNO_3$ 标准溶液 30.00mL。过量的 Ag^+ 用 0.1185mol/L NH_4SCN 标准溶液滴定，用去 6.50mL，计算试样中氯的质量分数。

4-11 称取纯 KIO_x 试样 0.5000g，将碘还原成碘化物后，用 0.1000mol/L $AgNO_3$ 标准溶液滴定，用去 23.36mL。计算分子式中的 x。

4-12 碘化钾试剂分析。曙红为指示剂，pH=4 介质，法扬司法测定。若称样 1.652g 溶于水后，用 $c(AgNO_3)$=0.05000mol/L 标准溶液滴定消耗 20.00mL，计算 KI 试剂纯度。

模块 5
重量分析法

 背景知识

一、概述

重量分析法：以测定质量来确定被测组分含量的分析方法。

1. 称量分析的分类

（1）沉淀法 在被测试液中加入沉淀剂使被测组分生成难溶化合物沉淀下来，经分离、烘干或灼烧至恒重后称量，由称得质量可求得被测组分含量。

$$试样(m) \xrightarrow{溶解} 试液 \xrightarrow{加入沉淀剂} 沉淀 \xrightarrow{加入沉淀剂} 称量(m_1)$$

$$w(称量式) = \frac{m_1}{m} \times 100\%$$

（2）气化法 将一定量的试样经加热或其他方法处理，使其中被测组分挥发逸出或分解成为气体逸出，根据逸出组分的质量和样品的质量可求得该组分的含量。

$$样品(m) \xrightarrow[\triangle \text{ 或其他方法}]{被测组分逸出或分解逸出} 剩余物 \longrightarrow 称量(m_1)$$

$$w(逸出物) = \frac{m - m_1}{m} \times 100\%$$

（3）电解法 利用电解的原理，在电解池中使被测组分在电极析出，根据电极质量的增加求得试样中相应组分含量的方法。

$$试样(m) \xrightarrow{溶解} 溶液 \xrightarrow{电解} 电极增量(m_2 - m_1)$$

$$w(析出物) = \frac{m_2 - m_1}{m} \times 100\%$$

（4）萃取法 利用有机溶剂将被测组分从样品中萃取出来，然后将萃取剂和和被测组分分离，根据萃取物的质量可求得被测组分的含量。

$$试样(m) \xrightarrow{溶解} 溶液 \xrightarrow{萃取剂} 有机层 \xrightarrow{分离萃取剂} 萃取物(m_1)$$

$$w(萃取物) = \frac{m_1}{m} \times 100\%$$

2. 称量分析对沉淀物的要求

① 沉淀式 沉淀物的组成形式。
② 称量式 用于称重的物质的组成形式。

(1) 称量分析对沉淀形式的要求
① 沉淀的溶解度极小，保证被测组分沉淀完全。
② 沉淀组成固定，易于过滤和洗涤。
③ 沉淀易于转换成称量形式。
(2) 对称量式的要求
① 称量式必须具有一定的化学组成，其组成必须与其化学式相符合。
② 称量式在空气中必须十分稳定，不与 CO_2、O_2 作用，否则将影响分析结果的准确性。
③ 称量式的分子量要大，这样被测组分在称量式中所占比例小，测定同样量的未知物称量式的总质量较大，称量误差小。

二、沉淀条件

1. 晶形沉淀的条件（稀、热、慢、搅、陈）
① 沉淀应在适当稀的溶液中进行，沉淀剂应在不断搅拌试液的状态下慢慢加入。
② 沉淀过程中应保持较低的饱和度。
③ 沉淀时温度应稍高。
④ 沉淀完全后应进行陈化。

2. 非晶形沉淀的条件（浓、搅、快、热）
① 沉淀应在较浓的热溶液中进行，沉淀剂在搅拌下快速加入。
② 沉淀时应加入适量的电解质，防止胶体溶失，促使沉淀凝聚。
③ 沉淀后加入热水稀释，并将热过滤、洗涤。
④ 不必陈化。

3. 均相沉淀法
在均匀的溶液中，借助一定的化学反应产生沉淀剂，边产生边和被测离子沉淀，使溶液中的沉淀均匀而缓慢地形成。
作用：获得颗粒较大、结构较紧密、纯净并且易过滤、晚洗涤的沉淀。

三、称量分析的计算

1. 称样量的计算
为了称样误差，减少洗涤困难，一般的晶形沉淀称量式为 0.5g 左右，非晶形沉淀称量式为 0.1g 左右。并可由称量式质量求得。

【例 5-1】测定工业氯化钡（含量 95% 以上）的含量时，称量式为 $BaSO_4$，求取样量。

解：$BaSO_4$ 为晶形沉淀，称量式为 0.5g 左右。

$$BaCl_2 \cdot 2H_2O + H_2SO_4 \longrightarrow BaSO_4 + 2H_2O + 2HCl$$

$$244.3 \qquad\qquad\qquad\qquad 233.4$$
$$x \qquad\qquad\qquad\qquad\qquad 0.5$$

$$x = \frac{244.3 \times 0.5}{233.4} = 0.52(g)$$

称样量为：$m_{样} = \dfrac{x}{95\%} = \dfrac{0.52}{0.95} = 0.55(g)$

2. 分析结果的计算
一般采用被测组分在样品中的质量分数来表示，即：

$$w(被测组分) = \frac{m_{被测}}{m_{样品}} \times 100\%$$

① 若最后得到的称量形式就是被测组分的形式，即有 $m_{称量式} = m_{被测}$，用称量式质量 $m_{称量式}$ 代入上式即可。

② 若沉淀的称量形式与被测组分的表示式不一致，则需先将称量形式的质量乘以换算因数转换成被测组分的质量再代入 $w(被测) = m_{被测}/m_{样品} \times 100\%$ 中计算。

③ 换算因数用 F 表示，即：

$$F = \frac{aM_{被测}}{bM_{称量式}}$$

a、b 是使分子和分母中所含主体元素原子个数相等时需乘以的系数。

$$m_{被测} = m_{称量式} F$$

【例 5-2】分析铁矿石时，样品质量为 0.5000g，称量式（Fe_2O_3）质量 0.4125g，求铁矿石中 Fe 和 Fe_3O_4 的含量。

解： $Fe_2O_3 \longrightarrow 2Fe$ $3 Fe_2O \longrightarrow 2 Fe_3O_4$

（1）Fe 和 Fe_2O_3 的换算因数

$$F_1 = \frac{aM_{被测}}{bM_{称量式}} = \frac{2 \times M(Fe)}{1 \times M(Fe_2O_3)} = \frac{2 \times 55.85}{159.69} = 0.6995$$

$$w(Fe) = \frac{m(Fe)}{m(样)} \times 100\% = \frac{m(Fe_2O_3) \cdot F_1}{m(样)} \times 100\% = \frac{0.4125 \times 0.6995}{0.5000} \times 100\% = 57.71\%$$

（2）Fe_3O_4 和 Fe_2O_3 的换算因数

$$F_2 = \frac{aM_{被测}}{bM_{称量式}} = \frac{2 \times M(Fe_3O_4)}{1 \times M(Fe_2O_3)} = \frac{2 \times 231.54}{3 \times 159.69} = 0.9666$$

$$w(Fe_3O_4) = \frac{m(Fe_3O_4)}{m(样)} \times 100\% = \frac{m(Fe_2O_3) \cdot F_2}{m(样)} \times 100\% = \frac{0.4125 \times 0.9666}{0.5000} \times 100\% = 79.74\%$$

四、应用实例

1. 氯化钡中结晶水的测定

附着水在 105℃烘干可以除去，结晶水在 120~123℃ 可以完全失去。

$$BaCl_2 \cdot 2H_2O \xrightarrow{\triangle} Ba_2Cl + 2H_2O \uparrow$$

$$w(氯化钡结晶水) = \frac{干燥后减少的质量}{样品质量} \times 100\% = \frac{m_1 - m_2}{m_样} \times 100\%$$

2. 氯化钡含量的测定

（1）原理 $BaSO_4$ 重量法，即可用于测定 Ba^{2+}，也可用于测定 SO_4^{2-} 的含量。

称取一定量的 $BaCl_2 \cdot 2H_2O$，用水溶解，加稀 HCl 溶液酸化，加热至微沸，在不断搅拌下，慢慢加入稀、热的 H_2SO_4，Ba^{2+} 与 SO_4^{2-} 反应，形成晶形沉淀。沉淀经陈化、过滤、洗涤、烘干、炭化、灰化、灼烧后，以 $BaSO_4$ 形式称量，可求出 $BaCl_2 \cdot 2H_2O$ 中的 Ba 含量。

Ba^{2+} 可生成一系列微溶化合物，如 $BaCO_3$、BaC_2O_4、$BaCrO_4$、$BaHPO_4$、$BaSO_4$ 等其中以 $BaSO_4$ 溶解度最小，100mL 溶液中，100℃时溶解 0.4mg，25℃时仅溶解 0.25mg。当过量沉淀剂存在时，溶解度大为减少，一般可以忽略不计。

硫酸钡重量法一般在 0.05mol/L 左右盐酸介质中进行沉淀，它是为了防止产生 $BaCO_3$、$BaHPO_4$、$BaHAsO_4$ 沉淀以及防止生成 $Ba(OH)_2$ 共沉淀。同时，适当提高酸度，增加 $BaSO_4$ 在沉淀过程中的溶解度，以降低其相对过饱和度，有利于获得较好的晶形沉淀。

用 $BaSO_4$ 重量法测定 Ba^{2+} 时，一般用稀 H_2SO_4 作沉淀剂。为了使 $BaSO_4$ 沉淀完全，

H_2SO_4 必须过量。由于 H_2SO_4 在高温下可挥发除去，故沉淀带下的 H_2SO_4 不致引起误差，因此沉淀剂可过量 50%～100%。如果用 $BaSO_4$ 重量法测定 SO_4^{2-} 时，沉淀剂 $BaCl_2$ 只允许过量 20%～30%，因为 $BaCl_2$ 灼烧时不易挥发除去。

$PbSO_4$、$SrSO_4$ 的溶解度均较小，Pb^{2+}、Sr^{2+} 对钡的测定有干扰。NO_3^-、ClO_3^-、Cl^- 等阴离子和 K^+、Na^+、Ca^{2+}、Fe^{3+} 等阳离子均可以引起共沉淀现象，故应严格掌握沉淀条件，减少共沉淀现象，以获得纯净的 $BaSO_4$ 晶形沉淀。

(2) 计算

$$w(BaCl_2 \cdot H_2O) = \frac{m(BaSO_4) \times \dfrac{M(BaCl_2 \cdot HO)}{M(BaSO_4)}}{m_{样}} \times 100\%$$

$$w(Ba) = \frac{m(BaSO_4) \times \dfrac{M(Ba)}{M(BaSO_4)}}{m_{样}} \times 100\%$$

(3) 注意

① 用 1% 的硝酸铵溶液洗涤，可以洗去滤纸上和沉淀上附着的 SO_4^{2-}，促进灰化时滤纸燃烧。

② 灼烧温度高于 1000℃ 时：

$$BaSO_4 \xrightarrow[\triangle]{1000℃ \text{以上}} BaO + SO_3$$

$$SO_3 + H_2SO_4 \longrightarrow BaSO_4 + H_2O$$

③ 空气不足时，$BaSO_4$ 可能产生被炭化部分还原为 BaS 呈绿色

$$BaSO_4 + C \xrightarrow{\text{高温}} BaS + 4CO$$

继续燃烧，BaS 氧化为 $BaSO_4$，绿色褪去。若绿色不退时，可待坩埚冷却后，加几滴浓硫酸，小心蒸发至 SO_3 冒烟再继续燃烧。

$$BaS(绿色) + H_2SO_4 \longrightarrow BaSO_4 + H_2S$$

五、重量分析法的基本操作

重量分析的基本操作包括：样品溶解、沉淀、过滤、洗涤、烘干和灼烧等步骤。任何过程的操作正确与否，都会影响最后的分析结果，故每一步操作都需认真、正确。

1. 样品的溶解

样品称于烧杯中，沿杯壁加溶剂，盖上表面皿，轻轻摇动，必要时可加热促其溶解，但温度不可太高，以防溶液溅失。

如果样品需要用酸溶解且有气体放出时，应先在样品中加少量水调成糊状，盖上表面皿，从烧杯嘴处注入溶剂，待作用完了以后，用洗瓶冲洗表面皿凸面并使之流入烧杯内。

2. 试样的沉淀

重量分析对沉淀的要求是尽可能地完全和纯净，为了达到这个要求，应该按照沉淀的不同类型选择不同的沉淀条件，如沉淀时溶液的体积、温度，加入沉淀剂的浓度、数量、加入速度、搅拌速度、放置时间等。因此，必须按照规定的操作手续进行。

一般进行沉淀操作时，左手拿滴管，滴加沉淀剂，右手持玻璃棒不断搅动溶液，搅动时玻璃棒不要碰烧杯壁或烧杯底，以免划损烧杯。溶液需要加热，一般在水浴或电热板上进行，沉淀后应检查沉淀是否完全，检查的方法是：待沉淀下沉后，在上层澄清液中，沿杯壁加 1 滴沉淀剂，观察滴落处是否出现浑浊，无浑浊出现表明已沉淀完全，如出现浑浊，需再

补加沉淀剂,直至再次检查时上层清液中不再出现浑浊为止。然后盖上表面皿。

3. 沉淀的过滤和洗涤

（1）用滤纸过滤

① 滤纸的选择　滤纸分定性滤纸和定量滤纸两种,重量分析中常用定量滤纸（或称无灰滤纸）进行过滤。定量滤纸灼烧后灰分极少,其重量可忽略不计,如果灰分较重,应扣除空白。定量滤纸一般为圆形,按直径分有11cm、9cm、7cm等几种;按滤纸孔隙大小分有"快速"、"中速"和"慢速"3种。根据沉淀的性质选择合适的滤纸,如$BaSO_4$、$CaC_2O_4 \cdot 2H_2O$等细晶形沉淀,应选用"慢速"滤纸过滤;$Fe_2O_3 \cdot nH_2O$为胶状沉淀,应选用"快速"滤纸过滤;$MgNH_4PO_4$等粗晶形沉淀,应选用"中速"滤纸过滤。根据沉淀量的多少,选择滤纸的大小。表5-1是常用国产定量滤纸的灰分质量,表5-2是国产定量滤纸的类型。

表5-1　国产定量滤纸的灰分质量

直径/cm	7	9	11	12.5
灰分/（g/张）	3.5×10^{-5}	5.5×10^{-5}	8.5×10^{-5}	1.0×10^{-4}

表5-2　国产定量滤纸的类型

类　型	滤纸盒上色带标志	滤速/(s/100 mL)	适　用　范　围
快速	蓝色	60～100	无定形沉淀,如$Fe(OH)_3$
中速	白色	100～160	中等粒度沉淀,如$MgNH_4PO_4$
慢速	红色	160～200	细粒状沉淀,如$BaSO_4$、$CaC_2O_4 \cdot 2H_2O$

② 漏斗的选择　用于重量分析的漏斗应该是长颈漏斗,颈长为15～20cm,漏斗锥体角应为60°,颈的直径要小些,一般为3～5mm,以便在颈内容易保留水柱,出口处磨成45°角,如图5-1所示。漏斗在使用前应洗净。

③ 滤纸的折叠　折叠滤纸的手要洗净擦干。滤纸的折叠如图5-2所示。

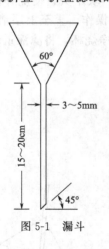
图5-1　漏斗

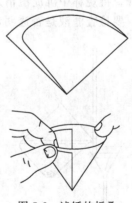
图5-2　滤纸的折叠

先把滤纸对折并按紧一半,然后再对折但不要按紧,把折成圆锥形的滤纸放入漏斗中。滤纸的大小应低于漏斗边缘0.5～1cm,若高出漏斗边缘,可剪去一圈。观察折好的滤纸是否能与漏斗内壁紧密贴合,若未贴合紧密可以适当改变滤纸折叠角度,直至与漏斗贴紧后把第二次的折边折紧。取出圆锥形滤纸,将半边为三层滤纸的外层折角撕下一块,这样可以使内层滤纸紧密贴在漏斗内壁上,撕下来的那一小块滤纸保留作擦拭烧杯内残留的沉淀用。

④ 做水柱 滤纸放入漏斗后,用手按紧使之密合,然后用洗瓶加水润湿全部滤纸。用手指轻压滤纸赶去滤纸与漏斗壁间的气泡,然后加水至滤纸边缘,此时漏斗颈内应全部充满水,形成水柱。滤纸上的水已全部流尽后,漏斗颈内的水柱应仍能保住,这样,由于液体的重力可起抽滤作用,加快过滤速度。

若水柱做不成,可用手指堵住漏斗下口,稍掀起滤纸的一边,用洗瓶向滤纸和漏斗间的空隙内加水,直到漏斗颈及锥体的一部分被水充满,然后边按紧滤纸边慢慢松开下面堵住出口的手指,此时水柱应该形成。如仍不能形成水柱,或水柱不能保持,而漏斗颈又确已洗净,则是因为漏斗颈太大。实践证明,漏斗颈太大的漏斗,是做不出水柱的,应更换漏斗。

做好水柱的漏斗应放在漏斗架上,下面用一个洁净的烧杯承接滤液,滤液可用做其他组分的测定。滤液有时是不需要的,但考虑到过滤过程中,可能有沉淀渗滤,或滤纸意外破裂,需要重滤,所以要用洗净的烧杯来承接滤液。为了防止滤液外溅,一般都将漏斗颈出口斜口长的一侧贴紧烧杯内壁。漏斗位置的高低,以过滤过程中漏斗颈的出口不接触滤液为度。

⑤ 倾泻法过滤和初步洗涤 首先要强调,过滤和洗涤一定要一次完成,因此必须事先计划好时间,不能间断,特别是过滤胶状沉淀。

过滤一般分 3 个阶段进行:第一阶段采用倾泻法把尽可能多的清液先过滤过去,并将烧杯中的沉淀作初步洗涤;第二阶段把沉淀转移到漏斗上;第三阶段清洗烧杯和洗涤漏斗上的沉淀。

过滤时,为了避免沉淀堵塞滤纸的空隙,影响过滤速度,一般多采用倾泻法过滤,即倾斜静置烧杯,待沉淀下降后,先将上层清液倾入漏斗中,而不是一开始过滤就将沉淀和溶液搅混后过滤。

过滤操作如图 5-3 所示,将烧杯移到漏斗上方,轻轻提取玻璃棒,将玻璃棒下端轻碰一下烧杯壁使悬挂的液滴流回烧杯中,将烧杯嘴与玻璃棒贴紧,玻璃棒直立,下端接近三层滤纸的一边,慢慢倾斜烧杯,使上层清液沿玻璃棒流入漏斗中,漏斗中的液面不要超过滤纸高度的 2/3。或使液面离滤纸上边缘约 5mm,以免少量沉淀因毛细管作用越过滤纸上缘,造成损失。

暂停倾泻溶液时,烧杯应沿玻璃棒使其向上提起,逐渐使烧杯直立,以免使烧杯嘴上的液滴流失。带沉淀的烧杯放置方法如图 5-4 所示,烧杯下放一块木头,使烧杯倾斜,以利沉淀和清液分开,待烧杯中沉淀澄清后,继续倾注,重复上述操作,直至上层清液倾完为止。开始过滤后,要检查滤液是否透明,如浑浊,应另换一个洁净烧杯,将滤液重新过滤。

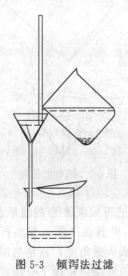

图 5-3 倾泻法过滤

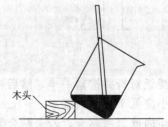

图 5-4 过滤时带沉淀和溶液

用倾泻法将清液完全过滤后,应对沉淀作初步洗涤。选用什么洗涤液,应根据沉淀的类型和实验内容而定。

晶形沉淀：可用冷的稀的沉淀剂进行洗涤，由于同离子效应，可以减少沉淀的溶解损失。但是如沉淀剂为不挥发的物质，就不能用作洗涤液，此时可改用蒸馏水或其他合适的溶液洗涤沉淀。

无定形沉淀：用热的电解质溶液作洗涤剂，以防止产生胶溶现象，大多采用易挥发的铵盐溶液作洗涤剂。

对于溶解度较大的沉淀，采用沉淀剂加有机溶剂洗涤沉淀，可降低其溶解度。

洗涤时，沿烧杯内壁四周注入少量洗涤液，每次约20mL，充分搅拌，静置，待沉淀沉降后，按上法倾注过滤，如此洗涤沉淀4～5次，每次应尽可能把洗涤液倾倒尽，再加第二份洗涤液。随时检查滤液是否透明不含沉淀颗粒，否则应重新过滤，或重作实验。

⑥ 沉淀的转移　沉淀用倾泻法洗涤后，在盛有沉淀的烧杯中加入少量洗涤液，搅拌混合，全部倾入漏斗中。如此重复2～3次，然后将玻璃棒横放在烧杯口上，玻璃棒下端比烧杯口长出2～3cm，左手食指按住玻璃棒，大拇指在前，其余手指在后，拿起烧杯，放在漏斗上方，倾斜烧杯使玻璃棒仍指向三层滤纸的一边，用洗瓶冲洗烧杯壁上附着的沉淀，使之全部转移入漏斗中，如图5-5所示。最后用保存的小块滤纸擦拭玻璃棒，再放入烧杯中，用玻璃棒压住滤纸进行擦拭。擦拭后的滤纸块，用玻璃棒拨入漏斗中，用洗涤液再冲洗烧杯将残存的沉淀全部转入漏斗中。有时也可用淀帚如图5-6所示，擦洗烧杯上的沉淀，然后洗净淀帚。淀帚一般可自制，剪一段乳胶管，一端套在玻璃棒上，另一端用橡胶胶水黏合，用夹子夹扁晾干即成。

⑦ 洗涤　沉淀全部转移至滤纸上后，接着要进行洗涤，目的是除去吸附在沉淀表面的杂质及残留液。洗涤方法如图5-7所示，将洗瓶在水槽上洗吹出洗涤剂，使洗涤剂充满洗瓶的导出管后，再将洗瓶拿在漏斗上方，吹出洗瓶的水流从滤纸的多重边缘开始，螺旋形地往下移动，最后到多重部分停止，这称为"从缝到缝"，这样，可使沉淀洗得干净且可将沉淀集中到滤纸的底部。为了提高洗涤效率，应掌握洗涤方法的要领。洗涤沉淀时要少量多次，即每次螺旋形往下洗涤时，所用洗涤剂的量要少，以便尽快沥干，沥干后，再行洗涤。

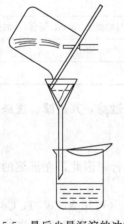
图5-5　最后少量沉淀的冲洗

图5-6　淀帚

图5-7　洗涤沉淀

(2) 用微孔玻璃漏斗或玻璃坩埚过滤　不需称量的沉淀或烘干后即可称量或热稳定性差的沉淀，均应在微孔玻璃漏斗（坩埚）内进行过滤，微孔玻璃滤器如图5-8所示，这种滤器的滤板是用玻璃粉末在高温下熔结而成的，因此又常称为玻璃钢砂芯漏斗（坩埚）。此类滤器均不能过滤强碱性溶液，以免强碱腐蚀玻璃微孔。按微孔的孔径大小由大到小可分为六级，即G1～G6（或称1号～6号）。其规格和用途见表5-3。

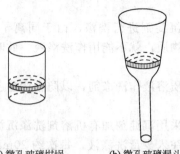

(a) 微孔玻璃坩埚　　(b) 微孔玻璃漏斗

图 5-8　微孔玻璃滤器

表 5-3　微孔玻璃漏斗（坩埚）的规格和用途

滤板编号	孔径/μm	用途	滤板编号	孔径/μm	用途
G1	20～30	滤除大沉淀物及胶状沉淀物	G4	3～4	滤除液体中细的沉淀物或极细沉淀物
G2	10～15	滤除大沉淀物及气体洗涤	G5	1.5～2.5	滤除较大杆菌及酵母
G3	4.5～9	滤除细沉淀及水银过滤	G6	1.5 以下	滤除 1.4～0.6 μm 的病菌

微孔玻璃漏斗（坩埚）使用方法如下。

砂芯玻璃滤器的洗涤：新的滤器使用前应以热浓盐酸或铬酸洗液边抽滤边清洗，再用蒸馏水洗净。使用后的砂芯玻璃滤器，针对不同沉淀物采用适当的洗涤剂洗涤。首先用洗涤剂、水反复抽洗或浸泡玻璃滤器，再用蒸馏水冲洗干净，在 110℃ 条件下烘干，保存在无尘的柜或有盖的容器中备用。表 5-4 列出洗涤砂芯玻璃滤器的洗涤液可供选用。

表 5-4　洗涤砂芯玻璃滤器的常用洗涤剂

沉 淀 物	洗 涤 液
AgCl	(1+1) 氨水或 10% $Na_2S_2O_3$ 溶液
$BaSO_4$	100℃ 浓硫酸或 EDTA—NH_3 溶液（3%EDTA 二钠盐 500mL 与浓氨水 100mL 混合），加热洗涤
氧化铜	热 $KClO_4$ 或 HCl 混合液
有机物	铬酸洗液

过滤：玻璃漏斗（坩埚）必须在抽滤的条件下，采用倾泻法过滤，其过滤、洗涤、转移沉淀等操作均与滤纸过滤法相同。

4. 沉淀的烘干和灼烧

沉淀的干燥和灼烧是在一个预先灼烧至质量恒定的坩埚中进行，因此，在沉淀的干燥和灼烧前，必须预先准备好坩埚。

(1) 坩埚的准备　先将瓷坩埚洗净，小火烤干或烘干，编号（可用含 Fe^{3+} 或 Co^{2+} 的蓝墨水在坩埚外壁上编号），然后在所需温度下，加热灼烧。灼烧可在高温电炉中进行。由于温度骤升或骤降常使坩埚破裂，最好将坩埚放入冷的炉膛中逐渐升高温度，或者将坩埚在已升至较高温度的炉膛口预热一下，再放进炉膛中。一般在 800～950℃ 下灼烧 30min（新坩埚需灼烧 1h）。从高温炉中取出坩埚时，应先使高温炉降温，然后将坩埚移入干燥器中，将干燥器连同坩埚一起移至天平室，冷却至室温（约需 30min），取出称量。随后进行第二次灼烧，约 15～20min，冷却和称量。如果前后两次称量结果之差不大于 0.2mg，即可认为坩埚已达质量恒定，否则还需再灼烧，直至质量恒定为止。灼烧空坩埚的温度必须与以后灼烧沉淀的温度一致。

坩埚的灼烧也可以在煤气灯上进行。事先将坩埚洗净晾干，将其直立在泥三角上，盖上坩埚盖，但不要盖严，需留一小缝。用煤气灯逐渐升温，最后在氧化焰中高温灼烧，灼烧的时间和在高温电炉中相同，直至质量恒定。

（2）沉淀的干燥和灼烧

① 沉淀的烘干　烘干一般是在250℃以下进行。凡是用微孔玻璃滤器过滤的沉淀，可用烘干方法处理。其方法为将微孔玻璃滤器连同沉淀放在表面皿上，置于烘箱中，选择合适温度。第一次烘干时间可稍长（如2h），第二次烘干时间可缩短为40min，沉淀烘干后，置于干燥器中冷至室温后称重。如此反复操作几次，直至恒重为止。注意每次操作条件要保持一致。

② 沉淀的包裹、干燥、炭化与灼烧　灼烧是指高于250℃以上温度进行的处理。它适用于用滤纸过滤的沉淀，灼烧是在预先已烧至恒重的瓷坩埚中进行的。

③ 沉淀的包裹　对于胶状沉淀，因体积大，可用扁头玻棒将滤纸的三层部分挑起，向中间折叠，将沉淀全部盖住，如图5-9所示，再用玻璃棒轻轻转动滤纸包，以便擦净漏斗内壁可能粘有的沉淀。

然后将滤纸包转移至已恒重的坩埚中。包晶形沉淀可按照图5-10中的（a）法或（b）法卷成小包将沉淀包好后，用滤纸原来不接触沉淀的那部分，将漏斗内壁轻轻擦一下，擦下可能粘在漏斗上部的沉淀微粒。把滤纸包的三层部分向上放入已恒重的坩埚中，这样可使滤纸较易灰化。

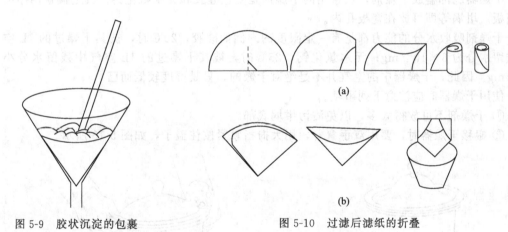

图5-9　胶状沉淀的包裹　　　　图5-10　过滤后滤纸的折叠

④沉淀的干燥和灼烧　将放有沉淀包的坩埚倾斜置于泥三角上，使多层滤纸部分朝上，以利烘烤，如图5-11（a）所示。

沉淀烘干这一步不能太快，尤其对于含有大量水分的胶状沉淀，很难一下烘干，若加热太猛，沉淀内部水分迅速汽化，会挟带沉淀溅出坩埚，造成实验失败。当滤纸包烘干后，滤纸层变黑而炭化，此时应控制火焰大小，使滤纸只冒烟而不着火，因为着火后，火焰卷起的气流会将沉淀微粒吹走。如果滤纸着火，应立即停止加热，用坩埚钳夹住坩埚盖将坩埚盖住，让火焰自行熄灭，切勿用嘴吹熄。

滤纸全部炭化后，把煤气灯置于坩埚底部，逐渐加大火焰，并使氧化焰完全包住坩埚，烧至红热，把炭完全烧成灰，这种将炭燃烧成二氧化碳除去的过程叫灰化[见图5-11(b)]。

沉淀和滤纸灰化后，将坩埚移入高温炉中（根据沉淀性质调节适当温度），盖上坩埚盖，但留有空隙。在与灼热空坩埚相同的温度下，灼烧40~45min，与空坩埚灼烧操作相同，取出，冷至室温，称重。然后进行第二次、第三次灼烧，直至坩埚和沉淀恒重为止。一般第二次以后只需灼烧20min即可。所谓恒重，是指相邻两次灼烧后的称量差值不大于0.4mg。

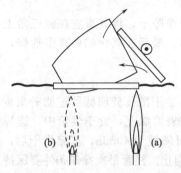

图 5-11　沉淀的干燥和灼烧
（a）沉淀的干燥和滤纸的炭化；（b）滤纸的灰化和沉淀的灼烧

每次灼烧完毕从炉内取出后，都应在空气中稍冷后，再移入干燥器中，冷却至室温后称重。然后再灼烧、冷却、称量，直至恒重。要注意每次灼烧、称重和放置的时间都要保持一致。

5. 干燥器的使用方法

干燥器是具有磨口盖子的密闭厚壁玻璃器皿，常用以保存坩埚、称量瓶、试样等物。它的磨口边缘涂一薄层凡士林，使之能与盖子密合，如图 5-12 所示。

干燥器底部盛放干燥剂，最常用的干燥剂是变色硅胶和无水氯化钙，其上搁置洁净的带孔瓷板。坩埚等即可放在瓷板孔内。

干燥剂吸收水分的能力都是有一定限度的。例如硅胶，20℃时，被其干燥过的 1L 空气中残留水分为 6×10^{-3} mg；无水氯化钙，25℃时，被其干燥过的 1L 空气中残留水分小于 0.36mg。因此，干燥器中的空气并不是绝对干燥的，只是湿度较低而已。

使用干燥器时应注意下列事项。

① 干燥剂不可放得太多，以免沾污坩埚底部。

② 搬移干燥器时，要用双手拿着，用大拇指紧紧按住盖子，如图 5-13 所示。

图 5-12　干燥器　　　　　　　　图 5-13　搬干燥器的动作

③ 打开干燥器时，不能往上掀盖，应用左手按住干燥器，右手小心地把盖子稍微推开，等冷空气徐徐进入后，才能完全推开，盖子必须仰放在桌子上。

④ 不可将太热的物体放入干燥器中。

⑤ 有时较热的物体放入干燥器中后，空气受热膨胀会把盖子顶起来，为了防止盖子被打翻，应当用手按住，不时把盖子稍微推开（不到1s），以放出热空气。

⑥ 灼烧或烘干后的坩埚和沉淀，在干燥器内不宜放置过久，否则会因吸收一些水分而使质量略有增加。

⑦ 变色硅胶干燥时为蓝色（含无水 Co^{2+} 色），受潮后变粉红色（水合 Co^{2+} 色）。可以在

120℃烘受潮的硅胶待其变蓝后反复使用,直至破碎不能用为止。

任务 氯化钡中钡含量的测定

任务背景

工业氯化钡的分子式为 $BaCl_2 \cdot H_2O$,为白色颗粒,单斜,有毒;燃点 962℃,溶于水,几乎不溶于盐酸。主要用于制钡盐原料、盐水精制除硫酸根、棉花还原印染、皮革工业、制药、杀鼠剂等。

根据国家标准 GB/T 1617—2002 规定,工业氯化钡需符合表 5-5 所列标准。

表 5-5 工业氯化钡标准

项 目	指 标			
	Ⅰ类	Ⅱ类		
		优 等 品	一 等 品	合 格 品
氯化钡($BaCl_2 \cdot 2H_2O$)的质量分数 ≥	99.5	99.0	98.0	97.0
锶(Sr)的质量分数 ≤	0.05	0.45	0.90	—
钙(Ca)的质量分数 ≤	0.030	0.036	0.090	—
硫化物(以 S 计)的质量分数 ≤	0.002	0.003	0.008	—
铁(Fe)的质量分数 ≤	0.001	0.001	0.003	0.02
水不溶物的质量分数 ≤	0.05	0.05	0.10	0.20
钠(Na)的质量分数 ≤	0.1	—	—	—

注:如用户对Ⅱ类中的锶含量另有要求,由供需双方协商解决。

情境设置

通知:公司今天早上刚采购一批工业氯化钡,预计明天早上需投入到生产线,请检测中心于今天下午下班前对其进行品质检验,测定其中氯化钡含量,并出具检验报告。

由于时间比较紧张,假如你是检测中心某组的负责人,接到此任务你将如何和你的团队成员共同完成此任务。

资讯信息

1. 参考书籍:见参考文献。
2. GB/T 1617—2002。
3. 互联网。
4. 向老师咨询相关的信息。

问题引领

1. 工业氯化钡含量一般为多少?从何处可以得知此信息?
2. 重量分析法和容量分析法有何不同?各有何优缺点?
3. 若用重量分析法测定工业结晶氯化钡含量,其原理是什么?结果如何计算?
4. 重量分析法的基本操作有哪些?你学会了吗?如何操作?
5. 利用重量分析法测定工业结晶氯化钡含量所需的仪器、试剂分别是什么?
6. 利用量分析法测定工业结晶氯化钡含量具体该如何操作?
7. 在你完成任务的过程将会产生哪些环保方面的问题?你将如何处理?

8. 你认为要完成此任务还需要老师提供哪些帮助?

工作计划

请你与你的团队成员共同制定工作计划(表 5-6)。

表 5-6 工作计划

序号	工作内容	工具/辅助用具	所需时间	负责人	注意事项

任务实施

1. 工作准备

(1) 仪器

(2) 试剂

2. 方法原理

3. 操作流程

4. 数据处理(表 5-7)

$$w(\mathrm{BaCl_2 \cdot H_2O}) = \frac{m(\mathrm{BaSO_4}) \times \dfrac{M(\mathrm{BaCl_2 \cdot H_2O})}{M(\mathrm{BaSO_4})}}{m_{样}} \times 100\%$$

表 5-7 数据处理

内容 \ 次数		1	2	3
称量瓶+$BaCl_2 \cdot 2H_2O$ 试样质量(第一次读数)/g				
称量瓶+$BaCl_2 \cdot 2H_2O$ 试样质量(第二次读数)/g				
$BaCl_2 \cdot 2H_2O$ 试样质量 m/g				
空坩埚质量(恒重)				
(坩埚+$BaSO_4$)恒重	第一次灼烧/g			
	第二次灼烧/g			
	两次误差/g			

续表

内容 \ 次数	1	2	3
$BaSO_4$ 质量/g			
$w(BaCl_2 \cdot 2H_2O)$ /%			
$w(BaCl_2 \cdot 2H_2O)$ 平均值/%			
平行测定的极差/%			
极差与平均值之比/%			

考核评价

见表 5-8。

表 5-8 考核评价

项目	评分点 评分标准	配分	扣分	得分	项目	评分点 评分标准	配分	扣分	得分
天平称量准备	称量工具选取	1			测定过程	煮沸	1		
	检查水平、状态完好情况	1				加入 $BaCl_2$，煮沸	2		
	天平内外清洁	1				陈化	1		
	检查和调零点	1				过滤	2		
称量操作	操作轻、慢、稳	2				洗涤、检测	2		
	加减试样操作正确	2				沉淀转移入坩埚	2		
	倾出试样符合要求	2				电炉上灰化	1		
	读数及记录正确	2				高温炉灼烧	1		
称量后的处理	样品放回干燥器、工具放回原位	2				冷却	1		
	清洁天平门外	1				称量	2		
	检查零点	1			5S 管理	仪器清洗、归整	2		
						桌面整理	2		
测定过程	试样溶解、酸化	2			数据记录	记录及时、漏项	2		
	滤纸折叠	1				记录数值精度不符合要求	1		
	做水柱	2				记录涂改现象二处以上	1		
	漏斗下端紧贴液接烧杯	2				数据记错	1		
	采用倾泻法过滤	2				有意涂改数据	1		
	过滤时，玻棒紧贴烧杯	2			分析结果	平行误差	15		
	玻棒下端轻靠在滤纸上	2				平行结果与参照值误差	20		
	滤液每次不能超过滤纸 2/3	2			计算		5		
	洗涤	2			考核时间	考核时间为 120 分，每超 5min 扣 2 分			
	中和、酸化	2							

考核项目　水泥中二氧化硅含量的测定

由学生自行选择合适的实验原理、仪器和试剂并自行规划实验步骤和设计数据处理表格等。碘化钠纯度的测定。

习题

5-1　影响沉淀溶解度的因素有哪些？

5-2　欲获得晶形沉淀，应注意掌握哪些沉淀条件？

5-3　均相沉淀法与一般的沉淀操作相比，有何优点？

5-4　重量分析中对沉淀形式有什么要求？

5-5　提高沉淀纯度的方法？

5-6　过滤操作过程中的"三靠两低"是什么？

5-7　按照下列称量形式和待测组分的化学式计算化学因数。

(1) 称量形式 Al_2O_3，待测组分 Al。

(2) 称量形式 $Mg_2P_2O_7$，待测组分 $MgSO_4 \cdot 7H_2O$。

(3) 称量形式 $(NH_4)_3PO_4 \cdot 12MoO_3$，待测组分 P_2O_5。

(4) 称量形式 $PbCrO_4$，待测组分 Cr_2O_3。

5-8　称取可溶性盐 0.1616g，用 $BaSO_4$ 重量法测定其含硫量，称得 $BaSO_4$ 沉淀为 0.1491g，计算试样中 SO_3 的质量分数。

5-9　称取磁铁矿试样 0.1666g，经溶解后将 Fe^{3+} 沉淀为 $Fe(OH)_3$，最后灼烧为 Fe_2O_3（称量形式），其质量为 0.1370g，求试样中 Fe_3O_4 的质量分数。

5-10　某一含有 K_2SO_4 及 $(NH_4)_2SO_4$ 混合试样 0.6490g，溶解后加入 $Ba(NO_3)_2$，使全部 SO_4^{2-} 都形成 $BaSO_4$ 沉淀，共重 0.9770g，计算试样中 K_2SO_4 的质量分数。

附录

附录1 洗涤液的配制及使用

1. 铬酸洗液

主要用于去除少量油污,是无机及分析化学实验室中最常用的洗涤液。使用时应先将待洗仪器用自来水冲洗一遍,尽量将附着在仪器上的水控净,然后用适量的洗液浸泡。

配制方法:称取 25g 化学纯 $K_2Cr_2O_7$ 置于烧杯中,加 50 mL 水溶解,然后一边搅拌一边慢慢沿着烧杯壁加入 450 mL 工业浓 H_2SO_4,冷却后转移到有玻璃塞的细口瓶中保存。

2. 酸性洗液

工业盐酸(1∶1),用于去除碱性物质和无机物残渣,使用方法与铬酸洗液相同。

3. 碱性洗液

1% 的 NaOH 水溶液,可用于去除油污,加热时效果较好,但长时间加热会腐蚀玻璃。使用方法与铬酸洗液相同。

4. 草酸洗液

用于除去 Mn、Fe 等氧化物。加热时洗涤效果更好。

配制方法:5~10g 草酸溶于 100 mL 水中,再加入少量浓盐酸。

5. 盐酸-乙醇洗液

用于洗涤被染色的比色皿、比色管和吸量管等。

配制方法:将化学纯的盐酸与乙醇以 1∶2 的体积比混合。

6. 酒精与浓硝酸的混合液

此溶液适合于洗涤滴定管。使用时,先在滴定管中加入 3 mL 酒精,沿壁再加入 4 mL 浓 HNO_3,盖上滴定管管口,利用反应所产生的氧化氮洗涤滴定管。

7. 含 $KMnO_4$ 的 NaOH 水溶液

将 10 g $KMnO_4$ 溶于少量水中,向该溶液中注入 100 mL 10% NaOH 溶液即成。该溶液适用于洗涤油污及有机物,洗后在玻璃器皿上留下的 MnO_2 沉淀,可用浓 HCl 或 Na_2SO_3 溶液将其洗掉。

附录2 市售酸碱试剂的浓度及密度

试 剂	化学式	密度/(g/cm³)	物质的量浓度/(mol/L)	质量百分浓度/%
冰醋酸	CH_3COOH	1.05	17.4	99.8(GR)
				99.8(AR,CP)

续表

试 剂	化 学 式	密度/（g/cm³）	物质的量浓度/（mol/L）	质量百分浓度/％
氨水	$NH_3 \cdot H_2O$	0.90~0.91	13.4~14.8	25~28
盐酸	HCl	1.18~1.19	11.6~12.4	36~38
氢氟酸	HF	1.13	22.6	40
硝酸	HNO_3	1.39~1.41	14.3~15.2	65~68
高氯酸	$HClO_4$	1.60~1.68	11.1~12.0	70~72
磷酸	H_3PO_4	1.68	14.6	85
硫酸	H_2SO_4	1.83~18.4	17.7~18.4	95~98
过氧化氢	H_2O_2	1.11	9.8	30

附录3　常用指示剂

（1）酸碱指示剂

指示剂	变色范围pH	颜色变化	pK_{HIn}	浓　度
百里酚蓝	1.2~2.8	红~黄	1.65	0.1％的20％乙醇溶液
甲基黄	2.9~4.0	红~黄	3.25	0.1％的90％乙醇溶液
甲基橙	3.1~4.4	红~黄	3.45	0.1％的水溶液
溴酚蓝	3.0~4.6	黄~紫	4.1	0.1％的20％乙醇溶液或其钠盐水溶液
溴甲酚绿	4.0~5.6	黄~蓝	4.9	0.1％的20％乙醇溶液或其钠盐水溶液
甲基红	4.4~6.2	红~黄	5.0	0.1％的60％乙醇溶液或其钠盐水溶液
溴百里酚蓝	6.2~7.6	黄~蓝	7.3	0.1％20％乙醇溶液或其钠盐水溶液
中性红	6.8~8.0	红~黄橙	7.4	0.1％的60％乙醇溶液
苯酚红	6.8~8.4	黄~红	8.0	0.1％的60％乙醇溶液或其钠盐水溶液
酚酞	8.0~10.0	无~红	9.1	0.2％的90％乙醇溶液
百里酚蓝	8.0~9.6	黄~蓝	8.9	0.1％的20％乙醇溶液
百里酚酞	9.4~10.6	无~蓝	10.0	0.1％的90％乙醇溶液

（2）混合指示剂

指示剂溶液的组成	变色时pH值	颜色 酸色	颜色 碱色	备　注
一份0.1％甲基黄乙醇溶液 一份0.1％次甲基蓝乙醇溶液	3.25	蓝紫	绿	pH=3.2蓝紫色 pH=3.4绿色
一份0.1％甲基橙水溶液 一份0.25％靛蓝二磺酸水溶液	4.1	紫	黄绿	

续表

指示剂溶液的组成	变色时 pH 值	颜色 酸 色	颜色 碱 色	备 注
一份 0.1%溴甲酚绿钠盐水溶液 一份 0.2%甲基橙水溶液	4.3	橙	蓝绿	pH = 3.5 黄色 pH = 4.05 绿色 pH = 4.3 蓝绿色
三份 0.1%溴甲酚绿乙醇溶液 一份 0.2%甲基红乙醇溶液	5.1	酒红	绿	
一份 0.1%溴甲酚绿钠盐水溶液 一份 0.1%氯酚红钠盐水溶液	6.1	黄绿	蓝绿	pH = 5.4 蓝绿色 pH = 5.8 蓝色 pH = 6.0 蓝带紫 pH = 6.2 蓝紫色
一份 0.1%中性红乙醇溶液 一份 0.1%次甲基蓝乙醇溶液	7.0	蓝紫	绿	pH = 7.0 紫蓝
一份 0.1%甲酚红钠盐水溶液 三份 0.1%百里酚蓝钠盐水溶液	8.3	黄	紫	pH = 8.2 玫瑰红 pH = 8.4 清晰的紫色
一份 0.1%百里酚蓝 50%乙醇溶液 三份 0.1%酚酞 50%乙醇溶液	9.0	黄	紫	从黄到绿,再到紫
一份 0.1%酚酞乙醇溶液 一份 0.1%百里酚酞乙醇溶液	9.9	无	紫	pH = 9.6 玫瑰红 pH = 10 紫色
二份 0.1%百里酚酞乙醇溶液 一份 0.1%茜素黄 R 乙醇溶液	10.2	黄	紫	

(3) 配位滴定指示剂

名 称	配 制	用于测定 元素	用于测定 颜色变化	用于测定 测定条件
酸性铬蓝 K	0.1%乙醇溶液	Ca	红~蓝	pH = 12
		Mg	红~蓝	pH = 10(氨性缓冲溶液)
钙指示剂	与 NaCl 配成 1:100 的固体混合物	Ca	酒红~蓝	pH > 12(KOH 或 NaOH)
铬天青 S	0.4%水溶液	Al	紫~黄橙	pH = 4(醋酸缓冲溶液),热
		Cu	蓝紫~黄	pH = 6~6.5(醋酸缓冲溶液)
		Fe(Ⅱ)	蓝~橙	pH = 2~3
		Mg	红~黄	pH = 10~11(氨性缓冲溶液)
双硫腙	0.03%乙醇溶液	Zn	红~绿紫	pH = 4.5,50%乙醇溶液
铬黑 T	与 NaCl 配成 1:100 的固体混合物	Al	蓝~红	pH = 7~8,吡啶存在下,以 Zn^{2+} 回滴
		Bi	蓝~红	pH = 9~10,以 Zn^{2+} 离子回滴
		Ca	红~蓝	pH = 10,加入 EDTA-Mg
		Cd	红~蓝	pH = 10(氨性缓冲溶液)
		Mg	红~蓝	pH = 10(氨性缓冲溶液)
		Mn	红~蓝	氨性缓冲溶液,加羟胺
		Ni	红~蓝	氨性缓冲溶液
		Pb	红~蓝	氨性缓冲溶液,加酒石酸钾
		Zn	红~蓝	pH = 6.8~10(氨性缓冲溶液)

续表

名称	配制	用于测定			
		元素	颜色变化	测定条件	
紫脲酸胺	与 NaCl 配成 1∶100 的固体混合物	Ca	红~紫	pH > 10（NaOH），25%乙醇	
		Co	黄~紫	pH = 8~10（氨性缓冲液）	
		Cu	黄~紫	pH = 7~8（氨性缓冲液）	
		Ni	黄~紫红	pH = 8.5~11.5（氨性缓冲液）	
PAN	0.1%乙醇（或甲醇）溶液	Cd	红~黄	pH = 6（醋酸缓冲液）	
		Co	黄~红	醋酸缓冲液，70~80℃。以 Cu^{2+} 回滴	
		Cu	紫~黄	pH = 10（氨性缓冲液）	
			红~黄	pH = 6（醋酸缓冲液）	
		Zn	粉红~黄	pH = 5~7（醋酸缓冲液）	
PAR	0.05%或 0.2%水溶液	Bi	红~黄	pH = 1~2（HNO_3）	
		Cu	红~黄（绿）	pH = 5~11（六亚甲基四胺，氨性缓冲液）	
		Pb	红~黄	六亚甲基四胺或氨性缓冲液	
邻苯二酚紫	0.1%水溶液	Cd	蓝~红紫	pH = 10（氨性缓冲液）	
		Co	蓝~红紫	pH = 8~9（氨性缓冲液）	
		Cu	蓝~黄绿	pH = 6~7，吡啶溶液	
		Fe（Ⅲ）	黄绿~蓝	pH = 6~7，吡啶存在下，以 Cu^{2+} 回滴	
		Mg	蓝~红紫	pH = 10（氨性缓冲液）	
		Mn	蓝~红紫	pH = 9（氨性缓冲液），加羟胺	
		Pb	蓝~黄	pH = 5.5（六亚甲基四胺）	
		Zn	蓝~红紫	pH = 10（氨性缓冲液）	
磺基水杨酸	1%~2%水溶液	Fe（Ⅲ）	红紫~黄	pH = 1.5~2	
试钛灵	2%水溶液	Fe（Ⅲ）	蓝~黄	pH = 2~3（醋酸热溶液）	
二甲酚橙 XO	0.5%乙醇（或水）溶液	Bi	红~黄	pH = 1~2（HNO_3）	
		Cd	粉红~黄	pH = 5~6（六亚甲基四胺）	
		Pb	红紫~黄	pH = 5~6（醋酸缓冲液）	
		Th（Ⅳ）	红~黄	pH = 1.6~3.5（HNO_3）	
		Zn	红~黄	pH = 5~6（醋酸缓冲液）	

（4）吸附指示剂

名称	配制	用于测定		
		可测元素（括号内为滴定剂）	颜色变化	测定条件
荧光黄	1%钠盐水溶液	Cl^-，Br^-，I^-，SCN^-（Ag^+）	黄绿~粉红	中性或弱碱性
二氯荧光黄	1%钠盐水溶液	Cl^-，Br^-，I^-（Ag^+）	黄绿~粉红	pH = 4.4~7
四溴荧光黄（暗红）	1%钠盐水溶液	Br^-，I^-（Ag^+）	橙红~红紫	pH = 1~2
溴酚蓝	0.1%的 20%乙醇溶液①	Cl^-，I^-（Ag^+）	黄绿~蓝	微酸性
二氯四碘荧光黄		I^-（Ag^+）	红~紫红	加入 $(NH_4)_2CO_3$，且有 Cl^- 存在

续表

名称	配制	用于测定		
		可测元素（括号内为滴定剂）	颜色变化	测定条件
罗丹明6G		Ag^+，(Br^-)	橙红~红紫	0.3 mol/L HNO_3
二苯胺		Cl^-，Br^-，I^-，SCN^- (Ag^+)	紫~绿	有 I_2 或 VO_3^- 存在
酚藏花红		Cl^-，Br^- (Ag^+)	红~蓝	

① 以20%乙醇为溶剂，配成0.1%（质量体积比）溶液。

附录4　不同温度下，稀溶液体积对温度的补正值

观测体积/mL	10(℃)	12(℃)	14(℃)	16(℃)	18(℃)	20(℃)	22(℃)	24(℃)	26(℃)	28(℃)	30(℃)
10	+0.01	+0.01	+0.01	+0.01	0.00	0.00	0.00	-0.01	-0.01	-0.02	-0.02
20	+0.03	+0.02	0.02	0.01	+0.01	0.00	-0.01	0.02	-0.03	0.03	-0.03
25	+0.03	+0.03	0.02	0.02	0.00	0.01	0.02	-0.03	-0.04	-0.04	-0.05
30	+0.04	+0.04	+0.03	0.02	+0.01	0.00	-0.02	-0.03	-0.04	-0.06	-0.07
40	+0.05	+0.04	+0.04	0.03	+0.01	0.00	0.02	-0.03	-0.05	-0.07	-0.09
50	+0.06	+0.06	+0.05	+0.03	+0.02	0.00	-0.04	-0.04	-0.06	-0.09	-0.12

附录5　化学试剂纯度分级表

规格	基准试剂	一级试剂	二级试剂	三级试剂	四级试剂
我国标准	J.Z 绿色标签	优级纯 G.R 绿色标签	分析纯 A.R 红色标签	化学纯 C.P 蓝色标签	实验纯 L.R 黄标签
用途	作为基准物质，标定标准溶液	适用于最精确分析及研究工作	适用于精确的微量分析工作	适用于一般的微量分析实验	适用于一般定性检验

除此之外，还有高纯试剂，色谱纯试剂，光谱纯试剂，生化试剂等。

高纯试剂（EP）：包括超纯、特纯、高纯、光谱纯，配制标准溶液。此类试剂质量注重的是以下几点。

在特定方法分析过程中可能引起分析结果偏差，对成分分析或含量分析干扰的杂质含量，但对主含量不做很高要求。

色谱纯试剂（LC）：液相色谱分析标准物质。质量指标注重干扰液相色谱峰的杂质。主成分含量高。

光谱纯试剂（SP）：用于光谱分析。分别适用于分光光度计标准品、原子吸收光谱标准品、原子发射光谱标准品。

生化试剂（BR）：配制生物化学检验试液和生化合成。质量指标注重生物活性杂质。可

替代指示剂，可用于有机合成。

附录6 元素的相对原子质量表（1989）

按元素符号的字母顺序排列（不包括人工元素）

元素符号	名称	原子序数	相对原子质量	元素符号	名称	原子序数	相对原子质量
Ac	锕	89	227.0278	Ho	钬	67	164.93032 (3)
Ag	银	47	107.8632 (2)	I	碘	58	126.90447 (3)
Al	铝	13	26.981539 (5)	In	铟	49	114.82 (1)
Ar	氩	18	39.948 (1)	Ir	铱	77	192.22 (3)
As	砷	33	74.92159 (2)	K	钾	19	39.0983 (1)
Au	金	79	196.96654 (3)	Kr	氪	36	83.80 (1)
B	硼	5	10.811 (5)	La	镧	57	138.9055 (2)
Ba	钡	56	137.327 (7)	Li	锂	3	6.941 (2)
Be	铍	4	9.012182 (3)	Lu	镥	71	174.967 (1)
Bi	铋	83	208.98037 (3)	Mg	镁	12	24.3050 (6)
Br	溴	35	79.904 (1)	Mn	锰	25	54.93805 (1)
C	碳	6	12.011 (1)	Mo	钼	42	95.94 (1)
Ca	钙	20	40.078 (4)	N	氮	7	14.00674 (7)
Cd	镉	48	112.411 (8)	Na	钠	11	22.989768 (6)
Ce	铈	58	140.115 (4)	Nb	铌	41	92.90638 (2)
Cl	氯	17	35.4527 (9)	Nd	钕	60	144.24 (3)
Co	钴	27	58.93320 (1)	Ne	氖	10	20.1797 (6)
Cr	铬	24	51.9961 (6)	Ni	镍	28	58.6934 (2)
Cs	铯	55	132.90543 (5)	Np	镎	93	237.0482
Cu	铜	29	63.546 (3)	O	氧	8	15.9994 (3)
Dy	镝	66	162.50 (3)	Os	锇	76	190.2 (1)
Er	铒	68	167.26 (3)	P	磷	15	30.973762 (4)
Eu	铕	63	151.965 (9)	Pa	镤	91	231.0588 (2)
F	氟	9	18.9984032 (9)	Pb	铅	82	207.2 (1)
Fe	铁	26	55.847 (3)	Pd	钯	46	106.42 (1)
Ga	镓	31	69.723 (1)	Pr	镨	59	140.90765 (3)
Gd	钆	64	157.25 (3)	Pt	铂	78	195.08 (3)
Ge	锗	32	72.61 (2)	Ra	镭	88	226.0254
H	氢	1	1.00794 (7)	Rb	铷	37	85.4678 (3)
He	氦	2	4.002602 (2)	Re	铼	75	186.207 (1)
Hf	铪	72	178.49 (2)	Rh	铑	45	102.90550 (3)
Hg	汞	80	200.59 (2)	Ru	钌	44	101.07 (2)

续表

元素符号	名称	原子序数	相对原子质量	元素符号	名称	原子序数	相对原子质量
S	硫	16	32.066 (6)	Ti	钛	22	47.88 (3)
Sb	锑	51	121.757 (3)	Tl	铊	81	204.3833 (2)
Sc	钪	21	44.955910 (9)	Tm	铥	69	168.9342 (3)
Se	硒	34	78.96 (3)	U	铀	92	238.0289 (1)
Si	硅	14	28.0855 (3)	V	钒	23	50.9415 (1)
Sm	钐	62	150.36 (3)	W	钨	74	183.85 (3)
Sn	锡	50	118.710 (7)	Xe	氙	54	131.29 (2)
Sr	锶	38	87.62 (7)	Y	钇	39	88.90585 (2)
Ta	钽	73	180.9479 (1)	Yb	镱	70	173.04 (3)
Tb	铽	65	158.92534 (3)	Zn	锌	30	65.39 (2)
Te	碲	52	127.60 (3)	Zr	锆	40	91.224 (2)
Th	钍	90	232.0381 (1)				

注：此表择选自 Pure and Applied Chemistry 63 (7), 978, 1991。

附录 7　化合物的相对分子质量表（1989）

化合物	相对分子质量	化合物	相对分子质量
Ag_3AsO_4	462.53	CO_2	44.01
$AgBr$	187.77	$CO(NH_2)_2$	60.06
$AgCl$	143.35	$CaCO_3$	100.09
$AgCN$	133.91	CaC_2O_4	128.10
Ag_2CrO_4	331.73	$CaCl_2$	110.99
AgI	234.77	$CaCl_2 \cdot 6H_2O$	219.09
$AgNO_3$	169.88	$Ca(NO_3)_2 \cdot 4H_2O$	236.16
$AgSCN$	165.96	CaO	56.08
$Al(C_9H_6NO)_3$	459.44	$Ca(OH)_2$	74.10
$AlCl_3$	133.33	$Ca_3(PO_4)_2$	310.18
$AlCl_3 \cdot 6H_2O$	241.43	$CaSO_4$	136.15
$Al(NO_3)_3$	213.01	$CdCO_3$	172.41
$Al(NO_3)_3 \cdot 9H_2O$	375.19	$CdCl_2$	183.33
Al_2O_3	101.96	CdS	144.47
$Al(OH)_3$	78.00	$Ce(SO_4)_2$	332.24
$Al_2(SO_4)_3$	342.17	$Ce(SO_4)_2 \cdot 4H_2O$	404.30
$Al_2(SO_4)_3 \cdot 18H_2O$	666.46	$CoCl_2$	129.84
As_2O_3	197.84	$CoCl_2 \cdot 6H_2O$	237.93
As_2O_5	229.84	$Co(NO_3)_2$	182.94
As_2S_3	246.05	$Co(NO_3)_2 \cdot 6H_2O$	291.03

续表

化合物	摩尔质量	化合物	摩尔质量
$BaCO_3$	197.31	CoS	90.99
BaC_2O_4	225.32	$CoSO_4$	154.99
$BaCl_2$	208.24	$CoSO_4 \cdot 7H_2O$	281.10
$BaCl_2 \cdot 2H_2O$	244.24	$CrCl_3$	158.36
$BaCrO_4$	253.32	$CrCl_3 \cdot 6H_2O$	266.45
BaO	153.33	$Cr(NO_3)_3$	238.01
$Ba(OH)_2$	171.32	Cr_2O_3	151.99
$BaSO_4$	233.37	$CuCl$	99.00
$BiCl_3$	315.33	$CuCl_2$	134.45
$BiOCl$	260.43	$CuCl_2 \cdot 2H_2O$	170.48
CH_3COOH	60.05	CuI	190.45
CH_3COOHN_4	77.08	$Cu(NO_3)_2$	187.56
CH_3COONa	82.03	$Cu(NO_3)_2 \cdot 3H_2O$	241.60
$CH_3COONa \cdot 3H_2O$	136.08	CuO	79.55
Cu_2O	143.09	HNO_3	63.02
CuS	95.62	H_2O	18.02
$CuSCN$	121.62	H_2O_2	34.02
$CuSO_4$	159.62	H_3PO_4	97.99
$CuSO_4 \cdot 5H_2O$	249.68	H_2S	34.08
$FeCl_2$	126.75	H_2SO_3	82.09
$FeCl_2 \cdot 4H_2O$	198.81	H_2SO_4	98.09
$FeCl_3$	162.21	$Hg(CN)_2$	252.63
$FeCl_3 \cdot 6H_2O$	270.30	$HgCl_2$	271.50
$FeNH_4(SO_4)_2 \cdot 12H_2O$	482.22	Hg_2Cl_2	472.09
$Fe(NO_3)_3$	241.86	HgI_2	454.40
$Fe(NO_3)_3 \cdot 9H_2O$	404.01	$Hg(NO_3)_2$	324.60
FeO	71.85	$Hg_2(NO_3)_2$	525.19
Fe_2O_3	159.69	$Hg_2(NO_3)_2 \cdot 2H_2O$	561.22
Fe_3O_4	231.55	HgO	216.59
$Fe(OH)_3$	106.87	HgS	232.65
FeS	87.92	$HgSO_4$	296.67
Fe_2S_3	207.91	Hg_2SO_4	497.27
$FeSO_4$	151.91	$KAl(SO_4)_2 \cdot 12H_2O$	474.41
$FeSO_4 \cdot 7H_2O$	278.03	KBr	119.00
$FeSO_4 \cdot (NH_4)_2SO_4 \cdot 6H_2O$	392.17	$KBrO_3$	167.00
H_3AsO_3	125.94	KCN	65.12
H_3AsO_4	141.94	K_2CO_3	138.21
H_3BO_3	61.83	KCl	74.55
HBr	80.91	$KClO_3$	122.55

续表

HCN	27.03	KClO$_4$	138.55
HCOOH	46.03	K$_2$CrO$_4$	194.19
CH$_3$COOH	60.052	K$_2$Cr$_2$O$_7$	294.18
H$_2$CO$_3$	62.03	K$_3$Fe(CN)$_6$	329.25
H$_2$C$_2$O$_4$	90.04	K$_4$Fe(CN)$_6$	368.35
H$_2$C$_2$O$_4$·2H$_2$O	126.07	KFe(SO$_4$)$_2$·12H$_2$O	503.23
HCl	36.46	KHC$_2$O$_4$·12H$_2$O	146.15
HF	20.01	KHC$_2$O$_4$·H$_2$C$_2$O$_4$·2H$_2$O	254.19
HI	127.91	KHC$_4$H$_4$O$_6$	188.18
HIO$_3$	175.91	KHC$_8$H$_4$O$_4$	204.22
HNO$_2$	47.02	KHSO$_4$	136.18
KI	166.00	(NH$_4$)$_2$HPO$_4$	132.06
KIO$_3$	214.00	(NH$_4$)$_2$MoO$_4$	196.01
KIO$_3$·HIO$_3$	389.91	NH$_4$NO$_3$	80.04
KMnO$_4$	158.03	(NH$_4$)$_3$PO$_4$·12MoO$_3$	1876.35
KNO$_2$	85.10	(NH$_4$)$_2$S	68.15
KNO$_3$	101.10	NH$_4$SCN	76.13
KNaC$_4$H$_4$O$_6$·4H$_2$O	282.22	(NH$_4$)$_2$SO$_4$	132.15
K$_2$O	94.20	NH$_4$VO$_3$	116.98
KOH	56.11	NO	30.01
K$_2$PtCl$_6$	485.99	NO$_2$	46.01
KSCN	97.18	Na$_3$AsO$_3$	191.89
K$_2$SO$_4$	174.27	Na$_2$B$_4$O$_7$	201.22
MgCO$_3$	84.32	Na$_2$B$_4$O$_7$·10H$_2$O	381.42
MgC$_2$O$_4$	112.33	NaBiO$_3$	279.97
MgCl$_2$	95.22	NaCN	49.01
MgCl$_2$·6H$_2$O	203.31	Na$_2$CO$_3$	105.99
MgNH$_4$PO$_4$	137.32	Na$_2$CO$_3$·10H$_2$O	286.19
Mg(NO$_3$)$_2$·6H$_2$O	256.43	Na$_2$C$_2$O$_4$	134.00
MgO	40.31	NaCl	58.41
Mg(OH)$_2$	58.33	NaClO	74.44
Mg$_2$P$_2$O$_7$	222.55	NaHCO$_3$	84.01
MgSO$_4$·7H$_2$O	246.49	Na$_2$HPO$_4$	141.96
MnCO$_3$	114.95	Na$_2$HPO$_4$·12H$_2$O	358.14
MnCl$_2$·4H$_2$O	197.91	NaHSO$_4$	120.07
Mn(NO$_3$)$_2$·6H$_2$O	287.06	Na$_2$H$_2$Y·2H$_2$O	272.24
MnO	70.94	NaNO$_2$	69.00
MnO$_2$	86.94	NaNO$_3$	85.00
MnS	87.01	Na$_2$O	61.98

续表

MnSO$_4$	151.01	Na$_2$O$_2$	77.98
MnSO$_4$·4H$_2$O	223.06	NaOH	40.00
NH$_3$	17.03	Na$_3$PO$_4$	163.94
(NH$_4$)$_2$CO$_3$	96.09	Na$_2$S	78.05
(NH$_4$)$_2$C$_2$O$_2$	124.10	Na$_2$S·9H$_2$O	240.19
(NH$_4$)$_2$C$_2$O$_2$·H$_2$O	142.12	NaSCN	81.08
NH$_4$Cl	53.49	Na$_2$SO$_3$	126.05
NH$_4$HCO$_3$	79.06	Na$_2$SO$_4$	142.05
Na$_2$S$_2$O$_3$	158.12	SrCO$_3$	147.63
Na$_2$S$_2$O$_3$·5H$_2$O	248.2	SrC$_2$O$_4$	175.64
NiCl$_2$·6H$_2$O	237.69	SrCrO$_4$	203.62
Ni(NO$_3$)$_2$·6H$_2$O	290.79	Sr(NO$_3$)$_2$	211.64
NiO	74.69	Sr(NO$_3$)$_2$·4H$_2$O	283.69
NiS	90.76	SrSO$_4$	183.68
NiSO$_4$·7H$_2$O	280.87	SiO$_2$	60.08
P$_2$O$_5$	141.94	SnCl$_2$	189.60
Pb(CH$_3$COO)$_2$	325.29	SnCl$_2$·2H$_2$O	225.63
Pb(CH$_3$COO)$_2$·3H$_2$O	379.34	SnCl$_4$	260.50
PbCO$_3$	267.21	SnCl$_4$·5H$_2$O	350.58
PbC$_2$O$_4$	295.22	SnO$_2$	150.71
PbCl$_2$	278.11	SnS	150.77
PbCrO$_4$	323.19	TlCl	239.84
PbI$_2$	461.01	U$_3$O$_8$	842.08
Pb(NO$_3$)$_2$	331.21	UO$_2$(CH$_3$COO)$_2$·2H$_2$O	424.15
PbO	223.20	(UO$_2$)$_2$P$_2$O$_7$	714.00
PbO$_2$	239.20	Zn(CH$_3$COO)$_2$	183.43
Pb$_3$O$_4$	685.60	Zn(CH$_3$COO)$_2$·2H$_2$O	219.50
Pb$_3$(PO$_4$)$_2$	811.54	ZnCO$_3$	153.40
PbS	239.27	ZnC$_2$O$_4$	136.29
PbSO$_4$	303.27	ZnCl$_2$	189.39
SO$_2$	64.07	Zn(NO$_3$)$_2$	297.51
SO$_3$	80.07	Zn(NO$_3$)$_2$·6H$_2$O	81.38
SbCl$_3$	228.15	ZnO	97.46
SbCl$_5$	299.05	ZnS	161.46
Sb$_2$O$_3$	291.60	ZnSO$_4$	287.57
Sb$_2$S$_3$	339.81	ZnSO$_4$·7H$_2$O	287.57
SiF$_4$	104.08		

附录8 常用基准物质的干燥条件和应用

基准物质 名 称	分 子 式	干燥后的组成	干燥条件/℃	标定对象
碳酸氢钠	$NaHCO_3$	Na_2CO_3	270~300	酸
碳酸钠	$Na_2CO_3 \cdot 10H_2O$	Na_2CO_3	270~300	酸
硼砂	$Na_2B_4O_7 \cdot 10H_2O$	$Na_2B_4O_7 \cdot 10H_2O$	放在含 NaCl 和蔗糖饱和液的干燥器中	酸
碳酸氢钾	$KHCO_3$	K_2CO_3	270~300	酸
草酸	$H_2C_2O_4 \cdot 2H_2O$	$H_2C_2O_4 \cdot 2H_2O$	室温空气干燥	碱或 $KMnO_4$
邻苯二甲酸氢钾	$KHC_8H_4O_4$	$KHC_8H_4O_4$	110~120	碱
重铬酸钾	$K_2Cr_2O_7$	$K_2Cr_2O_7$	140~150	还原剂
溴酸钾	$KBrO_3$	$KBrO_3$	130	还原剂
碘酸钾	KIO_3	KIO_3	130	还原剂
铜	Cu	Cu	室温干燥器中保存	还原剂
三氧化二砷	As_2O_3	As_2O_3	室温干燥器中保存	氧化剂
草酸钠	$Na_2C_2O_4$	$Na_2C_2O_4$	130	氧化剂
碳酸钙	$CaCO_3$	$CaCO_3$	110	EDTA
硝酸铅	$Pb(NO_3)_2$	$Pb(NO_3)_2$	室温干燥器中保存	EDTA
氧化锌	ZnO	ZnO	900~1000	EDTA
锌	Zn	Zn	室温干燥器中保存	EDTA
氯化钠	$NaCl$	$NaCl$	500~600	$AgNO_3$
氯化钾	KCl	KCl	500~600	$AgNO_3$
硝酸银	$AgNO_3$	$AgNO_3$	220~250	氯化物

附录9 无机酸在水溶液中的解离常数（25℃）

名 称	化 学 式	K_a	pK_a
偏铝酸	$HAlO_2$	6.3×10^{-13}	12.20
亚砷酸	H_3AsO_3	6.0×10^{-10}	9.22
砷酸	H_3AsO_4	6.3×10^{-3} (K_1)	2.20
		1.05×10^{-7} (K_2)	6.98
		3.2×10^{-12} (K_3)	11.50

续表

名 称	化 学 式	K_a	pK_a
硼酸	H_3BO_3	5.8×10^{-10} (K_1)	9.24
		1.8×10^{-13} (K_2)	12.74
		1.6×10^{-14} (K_3)	13.80
次溴酸	HBrO	2.4×10^{-9}	8.62
氢氰酸	HCN	6.2×10^{-10}	9.21
碳酸	H_2CO_3	4.2×10^{-7} (K_1)	6.38
		5.6×10^{-11} (K_2)	10.25
次氯酸	HClO	3.2×10^{-8}	7.50
氢氟酸	HF	6.61×10^{-4}	3.18
锗酸	H_2GeO_3	1.7×10^{-9} (K_1)	8.78
		1.9×10^{-13} (K_2)	12.72
高碘酸	HIO_4	2.8×10^{-2}	1.56
亚硝酸	HNO_2	5.1×10^{-4}	3.29
次磷酸	H_3PO_2	5.9×10^{-2}	1.23
亚磷酸	H_3PO_3	5.0×10^{-2} (K_1)	1.30
		2.5×10^{-7} (K_2)	6.60
磷酸	H_3PO_4	7.52×10^{-3} (K_1)	2.12
		6.31×10^{-8} (K_2)	7.20
		4.4×10^{-13} (K_3)	12.36
焦磷酸	$H_4P_2O_7$	3.0×10^{-2} (K_1)	1.52
		4.4×10^{-3} (K_2)	2.36
		2.5×10^{-7} (K_3)	6.60
		5.6×10^{-10} (K_4)	9.25
氢硫酸	H_2S	1.3×10^{-7} (K_1)	6.88
		7.1×10^{-15} (K_2)	14.15
亚硫酸	H_2SO_3	1.23×10^{-2} (K_1)	1.91
		6.6×10^{-8} (K_2)	7.18
硫酸	H_2SO_4	1.0×10^{3} (K_1)	-3.0
		1.02×10^{-2} (K_2)	1.99
硫代硫酸	$H_2S_2O_3$	2.52×10^{-1} (K_1)	0.60
		1.9×10^{-2} (K_2)	1.72
氢硒酸	H_2Se	1.3×10^{-4} (K_1)	3.89
		1.0×10^{-11} (K_2)	11.0
亚硒酸	H_2SeO_3	2.7×10^{-3} (K_1)	2.57
		2.5×10^{-7} (K_2)	6.60

续表

名　称	化学式	K_a	pK_a
硒酸	H_2SeO_4	1×10^3 (K_1)	-3.0
		1.2×10^{-2} (K_2)	1.92
硅酸	H_2SiO_3	1.7×10^{-10} (K_1)	9.77
		1.6×10^{-12} (K_2)	11.80
亚碲酸	H_2TeO_3	2.7×10^{-3} (K_1)	2.57
		1.8×10^{-8} (K_2)	7.74

附录10　EDTA 的 $\lg\alpha_{Y(H)}$ 值

pH	$\lg\alpha_{Y(H)}$	pH	$\lg\alpha_{Y(H)}$	pH	$\lg\alpha_{Y(H)}$	pH	$\lg\alpha_{Y(H)}$	pH	$\lg\alpha_{Y(H)}$
0.0	23.64	2.5	11.90	5.0	6.45	7.5	2.78	10.0	0.45
0.1	23.06	2.6	11.62	5.1	6.26	7.6	2.68	10.1	0.39
0.2	22.47	2.7	11.35	5.2	6.07	7.7	2.57	10.2	0.33
0.3	21.89	2.8	11.09	5.3	5.88	7.8	2.47	10.3	0.28
0.4	21.32	2.9	10.84	5.4	5.69	7.9	2.37	10.4	0.24
0.5	20.75	3.0	10.60	5.5	5.51	8.0	2.27	10.5	0.20
0.6	20.18	3.1	10.37	5.6	5.33	8.1	2.17	10.6	0.16
0.7	19.62	3.2	10.14	5.7	5.15	8.2	2.07	10.7	0.13
0.8	19.08	3.3	9.92	5.8	4.98	8.3	1.97	10.8	0.11
0.9	18.54	3.4	9.70	5.9	4.81	8.4	1.87	10.9	0.09
1.0	18.01	3.5	9.48	6.0	4.65	8.5	1.77	11.0	0.07
1.1	17.49	3.6	9.27	6.1	4.49	8.6	1.67	11.1	0.06
1.2	16.98	3.7	9.06	6.2	4.34	8.7	1.57	11.2	0.05
1.3	16.49	3.8	8.85	6.3	4.20	8.8	1.48	11.3	0.04
1.4	16.02	3.9	8.65	6.4	4.06	8.9	1.38	11.4	0.03
1.5	15.55	4.0	8.44	6.5	3.92	9.0	1.28	11.5	0.02
1.6	15.11	4.1	8.24	6.6	3.79	9.1	1.19	11.6	0.02
1.7	14.68	4.2	8.04	6.7	3.67	9.2	1.10	11.7	0.02
1.8	14.27	4.3	7.84	6.8	3.55	9.3	1.01	11.8	0.01
1.9	13.88	4.4	7.64	6.9	3.43	9.4	0.92	11.9	0.01
2.0	13.51	4.5	7.44	7.0	3.32	9.5	0.83	12.0	0.01
2.1	13.16	4.6	7.24	7.1	3.21	9.6	0.75	12.1	0.01
2.2	12.82	4.7	7.04	7.2	3.10	9.7	0.67	12.2	0.005
2.3	12.50	4.8	6.84	7.3	2.99	9.8	0.59	13.0	0.0008
2.4	12.19	4.9	6.65	7.4	2.88	9.9	0.52	13.9	0.0001

附录11 标准电极电势

下表所列的标准电极电势（25.0℃，101.325kPa）是相对于标准氢电极电势的值。标准氢电极电势被规定为零伏特（0.0V）。

电极过程	$E^{\ominus}/V$
$Ag^+ + e^- \rightleftharpoons Ag$	0.7996
$Ag^{2+} + e^- \rightleftharpoons Ag^+$	1.980
$AgBr + e^- \rightleftharpoons Ag + Br^-$	0.0713
$AgBrO_3 + e^- \rightleftharpoons Ag + BrO_3^-$	0.546
$AgCl + e^- \rightleftharpoons Ag + Cl^-$	0.222
$AgCN + e^- \rightleftharpoons Ag + CN^-$	−0.017
$Ag_2CO_3 + 2e^- \rightleftharpoons 2Ag + CO_3^{2-}$	0.470
$Ag_2C_2O_4 + 2e^- \rightleftharpoons 2Ag + C_2O_4^{2-}$	0.465
$Ag_2CrO_4 + 2e^- \rightleftharpoons 2Ag + CrO_4^{2-}$	0.447
$AgF + e^- \rightleftharpoons Ag + F^-$	0.779
$Ag_4[Fe(CN)_6] + 4e^- \rightleftharpoons 4Ag + [Fe(CN)_6]^{4-}$	0.148
$AgI + e^- \rightleftharpoons Ag + I^-$	−0.152
$AgIO_3 + e^- \rightleftharpoons Ag + IO_3^-$	0.354
$Ag_2MoO_4 + 2e^- \rightleftharpoons 2Ag + MoO_4^{2-}$	0.457
$[Ag(NH_3)_2]^+ + e^- \rightleftharpoons Ag + 2NH_3$	0.373
$AgNO_2 + e^- \rightleftharpoons Ag + NO_2^-$	0.564
$Ag_2O + H_2O + 2e^- \rightleftharpoons 2Ag + 2OH^-$	0.342
$2AgO + H_2O + 2e^- \rightleftharpoons Ag_2O + 2OH^-$	0.607
$Ag_2S + 2e^- \rightleftharpoons 2Ag + S^{2-}$	−0.691
$Ag_2S + 2H^+ + 2e^- \rightleftharpoons 2Ag + H_2S$	−0.0366
$AgSCN + e^- \rightleftharpoons Ag + SCN^-$	0.0895
$Ag_2SeO_4 + 2e^- \rightleftharpoons 2Ag + SeO_4^{2-}$	0.363
$Ag_2SO_4 + 2e^- \rightleftharpoons 2Ag + SO_4^{2-}$	0.654
$Ag_2WO_4 + 2e^- \rightleftharpoons 2Ag + WO_4^{2-}$	0.466
$Al_3 + 3e^- \rightleftharpoons Al$	−1.662
$AlF_6^{3-} + 3e^- \rightleftharpoons Al + 6F^-$	−2.069
$Al(OH)_3 + 3e^- \rightleftharpoons Al + 3OH^-$	−2.31
$AlO_2^- + 2H_2O + 3e^- \rightleftharpoons Al + 4OH^-$	−2.35
$Am^{3+} + 3e^- \rightleftharpoons Am$	−2.048

续表

电极过程	$E^{\ominus}/V$
$Am^{4+}+e^- \rightleftharpoons Am^{3+}$	2.60
$AmO_2^{2+}+4H^++3e^- \rightleftharpoons Am^{3+}+2H_2O$	1.75
$As+3H^++3e^- \rightleftharpoons AsH_3$	−0.608
$As+3H_2O+3e^- \rightleftharpoons AsH_3+3OH^-$	−1.37
$As_2O_3+6H^++6e^- \rightleftharpoons 2As+3H_2O$	0.234
$HAsO_2+3H^++3e^- \rightleftharpoons As+2H_2O$	0.248
$AsO_2^-+2H_2O+3e^- \rightleftharpoons As+4OH^-$	−0.68
$H_3AsO_4+2H^++2e^- \rightleftharpoons HAsO_2+2H_2O$	0.560
$AsO_4^{3-}+2H_2O+2e^- \rightleftharpoons AsO_2^-+4OH^-$	−0.71
$AsS_2^-+3e^- \rightleftharpoons As+2S^{2-}$	−0.75
$AsS_4^{3-}+2e^- \rightleftharpoons AsS_2^-+2S^{2-}$	−0.60
$Au^++e^- \rightleftharpoons Au$	1.692
$Au^{3+}+3e^- \rightleftharpoons Au$	1.498
$Au^{3+}+2e^- \rightleftharpoons Au^+$	1.401
$AuBr_2^-+e^- \rightleftharpoons Au+2Br^-$	0.959
$AuBr_4^-+3e^- \rightleftharpoons Au+4Br^-$	0.854
$AuCl_2^-+e^- \rightleftharpoons Au+2Cl^-$	1.15
$AuCl_4^-+3e^- \rightleftharpoons Au+4Cl^-$	1.002
$AuI+e^- \rightleftharpoons Au+I^-$	0.50
$Au(SCN)_4^-+3e^- \rightleftharpoons Au+4SCN^-$	0.66
$Au(OH)_3+3H^++3e^- \rightleftharpoons Au+3H_2O$	1.45
$BF_4^-+3e^- \rightleftharpoons B+4F^-$	−1.04
$H_2BO_3^-+H_2O+3e^- \rightleftharpoons B+4OH^-$	−1.79
$B(OH)_3+7H^++8e^- \rightleftharpoons BH_4^-+3H_2O$	−.0481
$Ba^{2+}+2e^- \rightleftharpoons Ba$	−2.912
$Ba(OH)_2+2e^- \rightleftharpoons Ba+2OH^-$	−2.99
$Be^{2+}+2e^- \rightleftharpoons Be$	−1.847
$Be_2O_3^{2-}+3H_2O+4e^- \rightleftharpoons 2Be+6OH^-$	−2.63
$Bi^++e^- \rightleftharpoons Bi$	0.5
$Bi^{3+}+3e^- \rightleftharpoons Bi$	0.308
$BiCl_4^-+3e^- \rightleftharpoons Bi+4Cl^-$	0.16
$BiOCl+2H^++3e^- \rightleftharpoons Bi+Cl^-+H_2O$	0.16
$Bi_2O_3+3H_2O+6e^- \rightleftharpoons 2Bi+6OH^-$	−0.46
$Bi_2O_4+4H^++2e^- \rightleftharpoons 2BiO^++2H_2O$	1.593
$Bi_2O_4+H_2O+2e^- \rightleftharpoons Bi_2O_3+2OH^-$	0.56
$Br_2(水溶液, aq)+2e^- \rightleftharpoons 2Br^-$	1.087

续表

电 极 过 程	$E^{\ominus}/V$
Br_2（液体）$+2e^- \rightleftharpoons 2Br^-$	1.066
$BrO^- + H_2O + 2e^- \rightleftharpoons Br^- + 2OH^-$	0.761
$BrO_3^- + 6H^+ + 6e^- \rightleftharpoons Br^- + 3H_2O$	1.423
$BrO_3^- + 3H_2O + 6e^- \rightleftharpoons Br^- + 6OH^-$	0.61
$2BrO_3^- + 12H^+ + 10e^- \rightleftharpoons Br_2 + 6H_2O$	1.482
$HBrO + H^+ + 2e^- \rightleftharpoons Br^- + H_2O$	1.331
$2HBrO + 2H^+ + 2e^- \rightleftharpoons Br_2$（水溶液，aq）$+ 2H_2O$	1.574
$CH_3OH + 2H^+ + 2e^- \rightleftharpoons CH_4 + H_2O$	0.59
$HCHO + 2H^+ + 2e^- \rightleftharpoons CH_3OH$	0.19
$CH_3COOH + 2H^+ + 2e^- \rightleftharpoons CH_3CHO + H_2O$	-0.12
$(CN)_2 + 2H^+ + 2e^- \rightleftharpoons 2HCN$	0.373
$(CNS)_2 + 2e^- \rightleftharpoons 2CNS^-$	0.77
$CO_2 + 2H^+ + 2e^- \rightleftharpoons CO + H_2O$	-0.12
$CO_2 + 2H^+ + 2e^- \rightleftharpoons HCOOH$	-0.199
$Ca^{2+} + 2e^- \rightleftharpoons Ca$	-2.868
$Ca(OH)_2 + 2e^- \rightleftharpoons Ca + 2OH^-$	-3.02
$Cd^{2+} + 2e^- \rightleftharpoons Cd$	-0.403
$Cd^{2+} + 2e^- \rightleftharpoons Cd(Hg)$	-0.352
$Cd(CN)_4^{2-} + 2e^- \rightleftharpoons Cd + 4CN^-$	-1.09
$CdO + H_2O + 2e^- \rightleftharpoons Cd + 2OH^-$	-0.783
$CdS + 2e^- \rightleftharpoons Cd + S^{2-}$	-1.17
$CdSO_4 + 2e^- \rightleftharpoons Cd + SO_4^{2-}$	-0.246
$Ce^{3+} + 3e^- \rightleftharpoons Ce$	-2.336
$Ce^{3+} + 3e^- \rightleftharpoons Ce(Hg)$	-1.437
$CeO_2 + 4H^+ + e^- \rightleftharpoons Ce^{3+} + 2H_2O$	1.4
Cl_2（气体）$+ 2e^- \rightleftharpoons 2Cl^-$	1.358
$ClO^- + H_2O + 2e^- \rightleftharpoons Cl^- + 2OH^-$	0.89
$HClO + H^+ + 2e^- \rightleftharpoons Cl^- + H_2O$	1.482
$2HClO + 2H^+ + 2e^- \rightleftharpoons Cl_2 + 2H_2O$	1.611
$ClO_2^- + 2H_2O + 4e^- \rightleftharpoons Cl^- + 4OH^-$	0.76
$2ClO_3^- + 12H^+ + 10e^- \rightleftharpoons Cl_2 + 6H_2O$	1.47
$ClO_3^- + 6H^+ + 6e^- \rightleftharpoons Cl^- + 3H_2O$	1.451
$ClO_3^- + 3H_2O + 6e^- \rightleftharpoons Cl^- + 6OH^-$	0.62
$ClO_4^- + 8H^+ + 8e^- \rightleftharpoons Cl^- + 4H_2O$	1.38
$2ClO_4^- + 16H^+ + 14e^- \rightleftharpoons Cl_2 + 8H_2O$	1.39
$Cm^{3+} + 3e^- \rightleftharpoons Cm$	-2.04

续表

电 极 过 程	$E^{\ominus}/V$
$Co^{2+} + 2e^- = Co$	-0.28
$[Co(NH_3)_6]^{3+} + e^- = [Co(NH_3)_6]^{2+}$	0.108
$[Co(NH_3)_6]^{2+} + 2e^- = Co + 6NH_3$	-0.43
$Co(OH)_2 + 2e^- = Co + 2OH^-$	-0.73
$Co(OH)_3 + e^- = Co(OH)_2 + OH^-$	0.17
$Cr^{2+} + 2e^- = Cr$	-0.913
$Cr^{3+} + e^- = Cr^{2+}$	-0.407
$Cr^{3+} + 3e^- = Cr$	-0.744
$[Cr(CN)_6]^{3-} + e^- = [Cr(CN)_6]^{4-}$	-1.28
$Cr(OH)_3 + 3e^- = Cr + 3OH^-$	-1.48
$Cr_2O_7^{2-} + 14H^+ + 6e^- = 2Cr^{3+} + 7H_2O$	1.232
$CrO_2^- + 2H_2O + 3e^- = Cr + 4OH^-$	-1.2
$HCrO_4^- + 7H^+ + 3e^- = Cr^{3+} + 4H_2O$	1.350
$CrO_4^{2-} + 4H_2O + 3e^- = Cr(OH)_3 + 5OH^-$	-0.13
$Cs^+ + e^- = Cs$	-2.92
$Cu^+ + e^- = Cu$	0.521
$Cu^{2+} + 2e^- = Cu$	0.342
$Cu^{2+} + 2e^- = Cu(Hg)$	0.345
$Cu^{2+} + Br^- + e^- = CuBr$	0.66
$Cu^{2+} + Cl^- + e^- = CuCl$	0.57
$Cu^{2+} + I^- + e^- = CuI$	0.86
$Cu^{2+} + 2CN^- + e^- = [Cu(CN)_2]^-$	1.103
$CuBr_2^- + e^- = Cu + 2Br^-$	0.05
$CuCl_2^- + e^- = Cu + 2Cl^-$	0.19
$CuI_2^- + e^- = Cu + 2I^-$	0.00
$Cu_2O + H_2O + 2e^- = 2Cu + 2OH^-$	-0.360
$Cu(OH)_2 + 2e^- = Cu + 2OH^-$	-0.222
$2Cu(OH)_2 + 2e^- = Cu_2O + 2OH^- + H_2O$	-0.080
$CuS + 2e^- = Cu + S^{2-}$	-0.70
$CuSCN + e^- = Cu + SCN^-$	-0.27
$Dy^{2+} + 2e^- = Dy$	-2.2
$Dy^{3+} + 3e^- = Dy$	-2.295
$Er^{2+} + 2e^- = Er$	-2.0
$Er^{3+} + 3e^- = Er$	-2.331
$Es^{2+} + 2e^- = Es$	-2.23
$Es^{3+} + 3e^- = Es$	-1.91

续表

电 极 过 程	$E^{\ominus}/V$
$Eu^{2+}+2e^-\rightleftharpoons Eu$	-2.812
$Eu^{3+}+3e^-\rightleftharpoons Eu$	-1.991
$F_2+2H^++2e^-\rightleftharpoons 2HF$	3.053
$F_2O+2H^++4e^-\rightleftharpoons H_2O+2F^-$	2.153
$Fe^{2+}+2e^-\rightleftharpoons Fe$	-0.447
$Fe^{3+}+3e^-\rightleftharpoons Fe$	-0.037
$[Fe(CN)_6]^{3-}+e^-\rightleftharpoons [Fe(CN)_6]^{4-}$	0.358
$[Fe(CN)_6]^{4-}+2e^-\rightleftharpoons Fe+6CN^-$	-1.5
$FeF_6^{3-}+e^-\rightleftharpoons Fe^{2+}+6F^-$	0.4
$Fe(OH)_2+2e^-\rightleftharpoons Fe+2OH^-$	-0.877
$Fe(OH)_3+e^-\rightleftharpoons Fe(OH)_2+OH^-$	-0.56
$Fe_3O_4+8H^++2e^-\rightleftharpoons 3Fe^{2+}+4H_2O$	1.23
$Fm^{3+}+3e^-\rightleftharpoons Fm$	-1.89
$Fr^++e^-\rightleftharpoons Fr$	-2.9
$Ga^{3+}+3e^-\rightleftharpoons Ga$	-0.549
$H_2GaO_3^-+H_2O+3e^-\rightleftharpoons Ga+4OH^-$	-1.29
$Gd^{3+}+3e^-\rightleftharpoons Gd$	-2.279
$Ge^{2+}+2e^-\rightleftharpoons Ge$	0.24
$Ge^{4+}+2e^-\rightleftharpoons Ge^{2+}$	0.0
$GeO_2+2H^++2e^-\rightleftharpoons GeO(棕色)+H_2O$	-0.118
$GeO_2+2H^++2e^-\rightleftharpoons GeO(黄色)+H_2O$	-0.273
$H_2GeO_3+4H^++4e^-\rightleftharpoons Ge+3H_2O$	-0.182
$2H^++2e^-\rightleftharpoons H_2$	0.0000
$H_2+2e^-\rightleftharpoons 2H^-$	-2.25
$2H_2O+2e^-\rightleftharpoons H_2+2OH^-$	-0.8277
$Hf^{4+}+4e^-\rightleftharpoons Hf$	-1.55
$Hg^{2+}+2e^-\rightleftharpoons Hg$	0.851
$Hg_2^{2+}+2e^-\rightleftharpoons 2Hg$	0.797
$2Hg^{2+}+2e^-\rightleftharpoons Hg_2^{2+}$	0.920
$Hg_2Br_2+2e^-\rightleftharpoons 2Hg+2Br^-$	0.1392
$HgBr_4^{2-}+2e^-\rightleftharpoons Hg+4Br^-$	0.21
$Hg_2Cl_2+2e^-\rightleftharpoons 2Hg+2Cl^-$	0.2681
$2HgCl_2+2e^-\rightleftharpoons Hg_2Cl_2+2Cl^-$	0.63
$Hg_2CrO_4+2e^-\rightleftharpoons 2Hg+CrO_4^{2-}$	0.54
$Hg_2I_2+2e^-\rightleftharpoons 2Hg+2I^-$	-0.0405
$Hg_2O+H_2O+2e^-\rightleftharpoons 2Hg+2OH^-$	0.123

续表

电 极 过 程	$E^{\ominus}/V$
$HgO+H_2O+2e^-\rightleftharpoons Hg+2OH^-$	0.0977
$HgS(红色)+2e^-\rightleftharpoons Hg+S^{2-}$	−0.70
$HgS(黑色)+2e^-\rightleftharpoons Hg+S^{2-}$	−0.67
$Hg_2(SCN)_2+2e^-\rightleftharpoons 2Hg+2SCN^-$	0.22
$Hg_2SO_4+2e^-\rightleftharpoons 2Hg+SO_4^{2-}$	0.613
$Ho^{2+}+2e^-\rightleftharpoons Ho$	−2.1
$Ho^{3+}+3e^-\rightleftharpoons Ho$	−2.33
$I_2+2e^-\rightleftharpoons 2I^-$	0.5355
$I_3^-+2e^-\rightleftharpoons 3I^-$	0.536
$2IBr+2e^-\rightleftharpoons I_2+2Br^-$	1.02
$ICN+2e^-\rightleftharpoons I^-+CN^-$	0.30
$2HIO+2H^++2e^-\rightleftharpoons I_2+2H_2O$	1.439
$HIO+H^++2e^-\rightleftharpoons I^-+H_2O$	0.987
$IO^-+H_2O+2e^-\rightleftharpoons I^-+2OH^-$	0.485
$2IO_3^-+12H^++10e^-\rightleftharpoons I_2+6H_2O$	1.195
$IO_3^-+6H^++6e^-\rightleftharpoons I^-+3H_2O$	1.085
$IO_3^-+2H_2O+4e^-\rightleftharpoons IO^-+4OH^-$	0.15
$IO_3^-+3H_2O+6e^-\rightleftharpoons I^-+6OH^-$	0.26
$2IO_3^-+6H_2O+10e^-\rightleftharpoons I_2+12OH^-$	0.21
$H_5IO_6+H^++2e^-\rightleftharpoons IO_3^-+3H_2O$	1.601
$In^++e^-\rightleftharpoons In$	−0.14
$In^{3+}+3e^-\rightleftharpoons In$	−0.338
$In(OH)_3+3e^-\rightleftharpoons In+3OH^-$	−0.99
$Ir^{3+}+3e^-\rightleftharpoons Ir$	1.156
$IrBr_6^{2-}+e^-\rightleftharpoons IrBr_6^{3-}$	0.99
$IrCl_6^{2-}+e^-\rightleftharpoons IrCl_6^{3-}$	0.867
$K^++e^-\rightleftharpoons K$	−2.931
$La^{3+}+3e^-\rightleftharpoons La$	−2.379
$La(OH)_3+3e^-\rightleftharpoons La+3OH^-$	−2.90
$Li^++e^-\rightleftharpoons Li$	−3.040
$Lr^{3+}+3e^-\rightleftharpoons Lr$	−1.96
$Lu^{3+}+3e^-\rightleftharpoons Lu$	−2.28
$Md^{2+}+2e^-\rightleftharpoons Md$	−2.40
$Md^{3+}+3e^-\rightleftharpoons Md$	−1.65
$Mg^{2+}+2e^-\rightleftharpoons Mg$	−2.372
$Mg(OH)_2+2e^-\rightleftharpoons Mg+2OH^-$	−2.690

续表

电 极 过 程	$E^{\ominus}/V$
$Mn^{2+}+2e^- \rightleftharpoons Mn$	-1.185
$Mn^{3+}+3e^- \rightleftharpoons Mn$	1.542
$MnO_2+4H^++2e^- \rightleftharpoons Mn^{2+}+2H_2O$	1.224
$MnO_4^-+4H^++3e^- \rightleftharpoons MnO_2+2H_2O$	1.679
$MnO_4^-+8H^++5e^- \rightleftharpoons Mn^{2+}+4H_2O$	1.507
$MnO_4^-+2H_2O+3e^- \rightleftharpoons MnO_2+4OH^-$	0.595
$Mn(OH)_2+2e^- \rightleftharpoons Mn+2OH^-$	-1.56
$Mo^{3+}+3e^- \rightleftharpoons Mo$	-0.200
$MoO_4^{2-}+4H_2O+6e^- \rightleftharpoons Mo+8OH^-$	-1.05
$N_2+2H_2O+6H^++6e^- \rightleftharpoons 2NH_4OH$	0.092
$2NH_3OH^++H^++2e^- \rightleftharpoons N_2H_5^++2H_2O$	1.42
$2NO+H_2O+2e^- \rightleftharpoons N_2O+2OH^-$	0.76
$2HNO_2+4H^++4e^- \rightleftharpoons N_2O+3H_2O$	1.297
$NO_3^-+3H^++2e^- \rightleftharpoons HNO_2+H_2O$	0.934
$NO_3^-+H_2O+2e^- \rightleftharpoons NO_2^-+2OH^-$	0.01
$2NO_3^-+2H_2O+2e^- \rightleftharpoons N_2O_4+4OH^-$	-0.85
$Na^++e^- \rightleftharpoons Na$	-2.713
$Nb^{3+}+3e^- \rightleftharpoons Nb$	-1.099
$NbO_2+4H^++4e^- \rightleftharpoons Nb+2H_2O$	-0.690
$Nb_2O_5+10H^++10e^- \rightleftharpoons 2Nb+5H_2O$	-0.644
$Nd^{2+}+2e^- \rightleftharpoons Nd$	-2.1
$Nd^{3+}+3e^- \rightleftharpoons Nd$	-2.323
$Ni^{2+}+2e^- \rightleftharpoons Ni$	-0.257
$NiCO_3+2e^- \rightleftharpoons Ni+CO_3^{2-}$	-0.45
$Ni(OH)_2+2e^- \rightleftharpoons Ni+2OH^-$	-0.72
$NiO_2+4H^++2e^- \rightleftharpoons Ni^{2+}+2H_2O$	1.678
$No^{2+}+2e^- \rightleftharpoons No$	-2.50
$No^{3+}+3e^- \rightleftharpoons No$	-1.20
$Np^{3+}+3e^- \rightleftharpoons Np$	-1.856
$NpO_2+H_2O+H^++e^- \rightleftharpoons Np(OH)_3$	-0.962
$O_2+4H^++4e^- \rightleftharpoons 2H_2O$	1.229
$O_2+2H_2O+4e^- \rightleftharpoons 4OH^-$	0.401
$O_3+H_2O+2e^- \rightleftharpoons O_2+2OH^-$	1.24
$Os^{2+}+2e^- \rightleftharpoons Os$	0.85
$OsCl_6^{3-}+e^- \rightleftharpoons Os^{2+}+6Cl^-$	0.4
$OsO_2+2H_2O+4e^- \rightleftharpoons Os+4OH^-$	-0.15

续表

电 极 过 程	$E^{\ominus}/V$
$OsO_4 + 8H^+ + 8e^- \rightleftharpoons Os + 4H_2O$	0.838
$OsO_4 + 4H^+ + 4e^- \rightleftharpoons OsO_2 + 2H_2O$	1.02
$P + 3H_2O + 3e^- \rightleftharpoons PH_3(g) + 3OH^-$	-0.87
$H_2PO_2^- + e^- \rightleftharpoons P + 2OH^-$	-1.82
$H_3PO_3 + 2H^+ + 2e^- \rightleftharpoons H_3PO_2 + H_2O$	-0.499
$H_3PO_3 + 3H^+ + 3e^- \rightleftharpoons P + 3H_2O$	-0.454
$H_3PO_4 + 2H^+ + 2e^- \rightleftharpoons H_3PO_3 + H_2O$	-0.276
$PO_4^{3-} + 2H_2O + 2e^- \rightleftharpoons HPO_3^{2-} + 3OH^-$	-1.05
$Pa^{3+} + 3e^- \rightleftharpoons Pa$	-1.34
$Pa^{4+} + 4e^- \rightleftharpoons Pa$	-1.49
$Pb^{2+} + 2e^- \rightleftharpoons Pb$	-0.126
$Pb^{2+} + 2e^- \rightleftharpoons Pb(Hg)$	-0.121
$PbBr_2 + 2e^- \rightleftharpoons Pb + 2Br^-$	-0.284
$PbCl_2 + 2e^- \rightleftharpoons Pb + 2Cl^-$	-0.268
$PbCO_3 + 2e^- \rightleftharpoons Pb + CO_3^{2-}$	-0.506
$PbF_2 + 2e^- \rightleftharpoons Pb + 2F^-$	-0.344
$PbI_2 + 2e^- \rightleftharpoons Pb + 2I^-$	-0.365
$PbO + H_2O + 2e^- \rightleftharpoons Pb + 2OH^-$	-0.580
$PbO + 4H^+ + 2e^- \rightleftharpoons Pb + H_2O$	0.25
$PbO_2 + 4H^+ + 2e^- \rightleftharpoons Pb^{2+} + 2H_2O$	1.455
$HPbO_2^- + H_2O + 2e^- \rightleftharpoons Pb + 3OH^-$	-0.537
$PbO_2 + SO_4^{2-} + 4H^+ + 2e^- \rightleftharpoons PbSO_4 + 2H_2O$	1.691
$PbSO_4 + 2e^- \rightleftharpoons Pb + SO_4^{2-}$	-0.359
$Pd^{2+} + 2e^- \rightleftharpoons Pd$	0.915
$PdBr_4^{2-} + 2e^- \rightleftharpoons Pd + 4Br^-$	0.6
$PdO_2 + H_2O + 2e^- \rightleftharpoons PdO + 2OH^-$	0.73
$Pd(OH)_2 + 2e^- \rightleftharpoons Pd + 2OH^-$	0.07
$Pm^{2+} + 2e^- \rightleftharpoons Pm$	-2.20
$Pm^{3+} + 3e^- \rightleftharpoons Pm$	-2.30
$Po^{4+} + 4e^- \rightleftharpoons Po$	0.76
$Pr^{2+} + 2e^- \rightleftharpoons Pr$	-2.0
$Pr^{3+} + 3e^- \rightleftharpoons Pr$	-2.353
$Pt^{2+} + 2e^- \rightleftharpoons Pt$	1.18
$[PtCl_6]^{2-} + 2e^- \rightleftharpoons [PtCl_4]^{2-} + 2Cl^-$	0.68
$Pt(OH)_2 + 2e^- \rightleftharpoons Pt + 2OH^-$	0.14
$PtO_2 + 4H^+ + 4e^- \rightleftharpoons Pt + 2H_2O$	1.00

续表

电 极 过 程	$E^{\ominus}/V$
$PtS+2e^-\rightleftharpoons Pt+S^{2-}$	-0.83
$Pu^{3+}+3e^-\rightleftharpoons Pu$	-2.031
$Pu^{5+}+e^-\rightleftharpoons Pu^{4+}$	1.099
$Ra^{2+}+2e^-\rightleftharpoons Ra$	-2.8
$Rb^++e^-\rightleftharpoons Rb$	-2.98
$Re^{3+}+3e^-\rightleftharpoons Re$	0.300
$ReO_2+4H^++4e^-\rightleftharpoons Re+2H_2O$	0.251
$ReO_4^-+4H^++3e^-\rightleftharpoons ReO_2+2H_2O$	0.510
$ReO_4^-+4H_2O+7e^-\rightleftharpoons Re+8OH^-$	-0.584
$Rh^{2+}+2e^-\rightleftharpoons Rh$	0.600
$Rh^{3+}+3e^-\rightleftharpoons Rh$	0.758
$Ru^{2+}+2e^-\rightleftharpoons Ru$	0.455
$RuO_2+4H^++2e^-\rightleftharpoons Ru^{2+}+2H_2O$	1.120
$RuO_4+6H^++4e^-\rightleftharpoons Ru(OH)_2^{2+}+2H_2O$	1.40
$S+2e^-\rightleftharpoons S^{2-}$	-0.476
$S+2H^++2e^-\rightleftharpoons H_2S$（水溶液，aq）	0.142
$S_2O_6^{2-}+4H^++2e^-\rightleftharpoons 2H_2SO_3$	0.564
$2SO_3^{2-}+3H_2O+4e^-\rightleftharpoons S_2O_3^{2-}+6OH^-$	-0.571
$2SO_3^{2-}+2H_2O+2e^-\rightleftharpoons S_2O_4^{2-}+4OH^-$	-1.12
$SO_4^{2-}+H_2O+2e^-\rightleftharpoons SO_3^{2-}+2OH^-$	-0.93
$Sb+3H^++3e^-\rightleftharpoons SbH_3$	-0.510
$Sb_2O_3+6H^++6e^-\rightleftharpoons 2Sb+3H_2O$	0.152
$Sb_2O_5+6H^++4e^-\rightleftharpoons 2SbO^++3H_2O$	0.581
$SbO_3^-+H_2O+2e^-\rightleftharpoons SbO_2^-+2OH^-$	-0.59
$Sc^{3+}+3e^-\rightleftharpoons Sc$	-2.077
$Sc(OH)_3+3e^-\rightleftharpoons Sc+3OH^-$	-2.6
$Se+2e^-\rightleftharpoons Se^{2-}$	-0.924
$Se+2H^++2e^-\rightleftharpoons H_2Se$（水溶液，aq）	-0.399
$H_2SeO_3+4H^++4e^-\rightleftharpoons Se+3H_2O$	-0.74
$SeO_3^{2-}+3H_2O+4e^-\rightleftharpoons Se+6OH^-$	-0.366
$SeO_4^{2-}+H_2O+2e^-\rightleftharpoons SeO_3^{2-}+2OH^-$	0.05
$Si+4H^++4e^-\rightleftharpoons SiH_4$（气体）	0.102
$Si+4H_2O+4e^-\rightleftharpoons SiH_4+4OH^-$	-0.73
$SiF_6^{2-}+4e^-\rightleftharpoons Si+6F^-$	-1.24
$SiO_2+4H^++4e^-\rightleftharpoons Si+2H_2O$	-0.857
$SiO_3^{2-}+3H_2O+4e^-\rightleftharpoons Si+6OH^-$	-1.697

续表

电极过程	$E^{\ominus}/V$
$Sm^{2+} + 2e^- = Sm$	-2.68
$Sm^{3+} + 3e^- = Sm$	-2.304
$Sn^{2+} + 2e^- = Sn$	-0.138
$Sn^{4+} + 2e^- = Sn^{2+}$	0.151
$SnCl_4^{2-} + 2e^- = Sn + 4Cl^-$ (1mol/LHCl)	-0.19
$SnF_6^{2-} + 4e^- = Sn + 6F^-$	-0.25
$Sn(OH)_3^- + 3H^+ + 2e^- = Sn^{2+} + 3H_2O$	0.142
$SnO_2 + 4H^+ + 4e^- = Sn + 2H_2O$	-0.117
$Sn(OH)_6^{2-} + 2e^- = HSnO_2^- + 3OH^- + H_2O$	-0.93
$Sr^{2+} + 2e^- = Sr$	-2.899
$Sr^{2+} + 2e^- = Sr(Hg)$	-1.793
$Sr(OH)_2 + 2e^- = Sr + 2OH^-$	-2.88
$Ta^{3+} + 3e^- = Ta$	-0.6
$Tb^{3+} + 3e^- = Tb$	-2.28
$Tc^{2+} + 2e^- = Tc$	0.400
$TcO_4^- + 8H^+ + 7e^- = Tc + 4H_2O$	0.472
$TcO_4^- + 2H_2O + 3e^- = TcO_2 + 4OH^-$	-0.311
$Te + 2e^- = Te^{2-}$	-1.143
$Te^{4+} + 4e^- = Te$	0.568
$Th^{4+} + 4e^- = Th$	-1.899
$Ti^{2+} + 2e^- = Ti$	-1.630
$Ti^{3+} + 3e^- = Ti$	-1.37
$TiO_2 + 4H^+ + 2e^- = Ti^{2+} + 2H_2O$	-0.502
$TiO^{2+} + 2H^+ + e^- = Ti^{3+} + H_2O$	0.1
$Tl^+ + e^- = Tl$	-0.336
$Tl^{3+} + 3e^- = Tl$	0.741
$Tl^{3+} + Cl^- + 2e^- = TlCl$	1.36
$TlBr + e^- = Tl + Br^-$	-0.658
$TlCl + e^- = Tl + Cl^-$	-0.557
$TlI + e^- = Tl + I^-$	-0.752
$Tl_2O_3 + 3H_2O + 4e^- = 2Tl^+ + 6OH^-$	0.02
$TlOH + e^- = Tl + OH^-$	-0.34
$Tl_2SO_4 + 2e^- = 2Tl + SO_4^{2-}$	-0.436
$Tm^{2+} + 2e^- = Tm$	-2.4
$Tm^{3+} + 3e^- = Tm$	-2.319
$U^{3+} + 3e^- = U$	-1.798

续表

电 极 过 程	$E^{\ominus}/V$
$UO_2 + 4H^+ + 4e^- \rightleftharpoons U + 2H_2O$	-1.40
$UO_2^+ + 4H^+ + e^- \rightleftharpoons U^{4+} + 2H_2O$	0.612
$UO_2^{2+} + 4H^+ + 6e^- \rightleftharpoons U + 2H_2O$	-1.444
$V^{2+} + 2e^- \rightleftharpoons V$	-1.175
$VO^{2+} + 2H^+ + e^- \rightleftharpoons V^{3+} + H_2O$	0.337
$VO_2^+ + 2H^+ + e^- \rightleftharpoons VO^{2+} + H_2O$	0.991
$VO_2^+ + 4H^+ + 2e^- \rightleftharpoons V^{3+} + 2H_2O$	0.668
$V_2O_5 + 10H^+ + 10e^- \rightleftharpoons 2V + 5H_2O$	-0.242
$W^{3+} + 3e^- \rightleftharpoons W$	0.1
$WO_3 + 6H^+ + 6e^- \rightleftharpoons W + 3H_2O$	-0.090
$W_2O_5 + 2H^+ + 2e^- \rightleftharpoons 2WO_2 + H_2O$	-0.031
$Y^{3+} + 3e^- \rightleftharpoons Y$	-2.372
$Yb^{2+} + 2e^- \rightleftharpoons Yb$	-2.76
$Yb^{3+} + 3e^- \rightleftharpoons Yb$	-2.19
$Zn^{2+} + 2e^- \rightleftharpoons Zn$	-0.7618
$Zn^{2+} + 2e^- \rightleftharpoons Zn(Hg)$	-0.7628
$Zn(OH)_2 + 2e^- \rightleftharpoons Zn + 2OH^-$	-1.249
$ZnS + 2e^- \rightleftharpoons Zn + S^{2-}$	-1.40
$ZnSO_4 + 2e^- \rightleftharpoons Zn(Hg) + SO_4^{2-}$	-0.799

附录 12　难溶化合物的溶度积常数

分 子 式	K_{sp}	pK_{sp} ($-\lg K_{sp}$)	分 子 式	K_{sp}	pK_{sp} ($-\lg K_{sp}$)
Ag_3AsO_4	1.0×10^{-22}	22.0	Hg_2Cl_2	1.3×10^{-18}	17.88
$AgBr$	5.0×10^{-13}	12.3	HgC_2O_4	1.0×10^{-7}	7.0
$AgBrO_3$	5.50×10^{-5}	4.26	Hg_2CO_3	8.9×10^{-17}	16.05
$AgCl$	1.8×10^{-10}	9.75	$Hg_2(CN)_2$	5.0×10^{-40}	39.3
$AgCN$	1.2×10^{-16}	15.92	Hg_2CrO_4	2.0×10^{-9}	8.70
Ag_2CO_3	8.1×10^{-12}	11.09	Hg_2I_2	4.5×10^{-29}	28.35
$Ag_2C_2O_4$	3.5×10^{-11}	10.46	HgI_2	2.82×10^{-29}	28.55

续表

分 子 式	K_{sp}	pK_{sp} ($-\lg K_{sp}$)	分 子 式	K_{sp}	pK_{sp} ($-\lg K_{sp}$)
Ag_2CrO_4	1.2×10^{-12}	11.92	$Hg_2(IO_3)_2$	2.0×10^{-14}	13.71
$Ag_2Cr_2O_7$	2.0×10^{-7}	6.70	$Hg_2(OH)_2$	2.0×10^{-24}	23.7
AgI	8.3×10^{-17}	16.08	$HgSe$	1.0×10^{-59}	59.0
$AgIO_3$	3.1×10^{-8}	7.51	HgS（红）	4.0×10^{-53}	52.4
$AgOH$	2.0×10^{-8}	7.71	HgS（黑）	1.6×10^{-52}	51.8
Ag_2MoO_4	2.8×10^{-12}	11.55	Hg_2WO_4	1.1×10^{-17}	16.96
Ag_3PO_4	1.4×10^{-16}	15.84	$Ho(OH)_3$	5.0×10^{-23}	22.30
Ag_2S	6.3×10^{-50}	49.2	$In(OH)_3$	1.3×10^{-37}	36.9
$AgSCN$	1.0×10^{-12}	12.00	$InPO_4$	2.3×10^{-22}	21.63
Ag_2SO_3	1.5×10^{-14}	13.82	In_2S_3	5.7×10^{-74}	73.24
Ag_2SO_4	1.4×10^{-5}	4.84	$La_2(CO_3)_3$	3.98×10^{-34}	33.4
Ag_2Se	2.0×10^{-64}	63.7	$LaPO_4$	3.98×10^{-23}	22.43
Ag_2SeO_3	1.0×10^{-15}	15.00	$Lu(OH)_3$	1.9×10^{-24}	23.72
Ag_2SeO_4	5.7×10^{-8}	7.25	$Mg_3(AsO_4)_2$	2.1×10^{-20}	19.68
$AgVO_3$	5.0×10^{-7}	6.3	$MgCO_3$	3.5×10^{-8}	7.46
Ag_2WO_4	5.5×10^{-12}	11.26	$MgCO_3 \cdot 3H_2O$	2.14×10^{-5}	4.67
$Al(OH)_3$ [①]	4.57×10^{-33}	32.34	$Mg(OH)_2$	1.8×10^{-11}	10.74
$AlPO_4$	6.3×10^{-19}	18.24	$Mg_3(PO_4)_2 \cdot 8H_2O$	6.31×10^{-26}	25.2
Al_2S_3	2.0×10^{-7}	6.7	$Mn_3(AsO_4)_2$	1.9×10^{-29}	28.72
$Au(OH)_3$	5.5×10^{-46}	45.26	$MnCO_3$	1.8×10^{-11}	10.74
$AuCl_3$	3.2×10^{-25}	24.5	$Mn(IO_3)_2$	4.37×10^{-7}	6.36
AuI_3	1.0×10^{-46}	46.0	$Mn(OH)_4$	1.9×10^{-13}	12.72
$Ba_3(AsO_4)_2$	8.0×10^{-51}	50.1	MnS（粉红）	2.5×10^{-10}	9.6
$BaCO_3$	5.1×10^{-9}	8.29	MnS（绿）	2.5×10^{-13}	12.6
BaC_2O_4	1.6×10^{-7}	6.79	$Ni_3(AsO_4)_2$	3.1×10^{-26}	25.51
$BaCrO_4$	1.2×10^{-10}	9.93	$NiCO_3$	6.6×10^{-9}	8.18
$Ba_3(PO_4)_2$	3.4×10^{-23}	22.44	NiC_2O_4	4.0×10^{-10}	9.4
$BaSO_4$	1.1×10^{-10}	9.96	$Ni(OH)_2$（新）	2.0×10^{-15}	14.7
BaS_2O_3	1.6×10^{-5}	4.79	$Ni_3(PO_4)_2$	5.0×10^{-31}	30.3

续表

分 子 式	K_{sp}	pK_{sp} ($-lgK_{sp}$)	分 子 式	K_{sp}	pK_{sp} ($-lgK_{sp}$)
$BaSeO_3$	2.7×10^{-7}	6.57	$\alpha\text{-}NiS$	3.2×10^{-19}	18.5
$BaSeO_4$	3.5×10^{-8}	7.46	$\beta\text{-}NiS$	1.0×10^{-24}	24.0
$Be(OH)_2$②	1.6×10^{-22}	21.8	$\gamma\text{-}NiS$	2.0×10^{-26}	25.7
$BiAsO_4$	4.4×10^{-10}	9.36	$Pb_3(AsO_4)_2$	4.0×10^{-36}	35.39
$Bi_2(C_2O_4)_3$	3.98×10^{-36}	35.4	$PbBr_2$	4.0×10^{-5}	4.41
$Bi(OH)_3$	4.0×10^{-31}	30.4	$PbCl_2$	1.6×10^{-5}	4.79
$BiPO_4$	1.26×10^{-23}	22.9	$PbCO_3$	7.4×10^{-14}	13.13
$CaCO_3$	2.8×10^{-9}	8.54	$PbCrO_4$	2.8×10^{-13}	12.55
$CaC_2O_4 \cdot H_2O$	4.0×10^{-9}	8.4	PbF_2	2.7×10^{-8}	7.57
CaF_2	2.7×10^{-11}	10.57	$PbMoO_4$	1.0×10^{-13}	13.0
$CaMoO_4$	4.17×10^{-8}	7.38	$Pb(OH)_2$	1.2×10^{-15}	14.93
$Ca(OH)_2$	5.5×10^{-6}	5.26	$Pb(OH)_4$	3.2×10^{-66}	65.49
$Ca_3(PO_4)_2$	2.0×10^{-29}	28.70	$Pb_3(PO_4)_3$	8.0×10^{-43}	42.10
$CaSO_4$	3.16×10^{-7}	5.04	PbS	1.0×10^{-28}	28.00
$CaSiO_3$	2.5×10^{-8}	7.60	$PbSO_4$	1.6×10^{-8}	7.79
$CaWO_4$	8.7×10^{-9}	8.06	$PbSe$	7.94×10^{-43}	42.1
$CdCO_3$	5.2×10^{-12}	11.28	$PbSeO_4$	1.4×10^{-7}	6.84
$CdC_2O_4 \cdot 3H_2O$	9.1×10^{-8}	7.04	$Pd(OH)_2$	1.0×10^{-31}	31.0
$Cd_3(PO_4)_2$	2.5×10^{-33}	32.6	$Pd(OH)_4$	6.3×10^{-71}	70.2
CdS	8.0×10^{-27}	26.1	PdS	2.03×10^{-58}	57.69
$CdSe$	6.31×10^{-36}	35.2	$Pm(OH)_3$	1.0×10^{-21}	21.0
$CdSeO_3$	1.3×10^{-9}	8.89	$Pr(OH)_3$	6.8×10^{-22}	21.17
CeF_3	8.0×10^{-16}	15.1	$Pt(OH)_2$	1.0×10^{-35}	35.0
$CePO_4$	1.0×10^{-23}	23.0	$Pu(OH)_3$	2.0×10^{-20}	19.7
$Co_3(AsO_4)_2$	7.6×10^{-29}	28.12	$Pu(OH)_4$	1.0×10^{-55}	55.0
$CoCO_3$	1.4×10^{-13}	12.84	$RaSO_4$	4.2×10^{-11}	10.37
CoC_2O_4	6.3×10^{-8}	7.2	$Rh(OH)_3$	1.0×10^{-23}	23.0
$Co(OH)_2$(蓝)	6.31×10^{-15}	14.2	$Ru(OH)_3$	1.0×10^{-36}	36.0
			Sb_2S_3	1.5×10^{-93}	92.8

续表

分 子 式	K_{sp}	pK_{sp} ($-\lg K_{sp}$)	分 子 式	K_{sp}	pK_{sp} ($-\lg K_{sp}$)
			ScF_3	4.2×10^{-18}	17.37
			$Sc(OH)_3$	8.0×10^{-31}	30.1
$Co(OH)_2$（粉红，新沉淀）	1.58×10^{-15}	14.8	$Sm(OH)_3$	8.2×10^{-23}	22.08
			$Sn(OH)_2$	1.4×10^{-28}	27.85
			$Sn(OH)_4$	1.0×10^{-56}	56.0
			SnO_2	3.98×10^{-65}	64.4
$Co(OH)_2$（粉红，陈化）	2.00×10^{-16}	15.7	SnS	1.0×10^{-25}	25.0
			$SnSe$	3.98×10^{-39}	38.4
$CoHPO_4$	2.0×10^{-7}	6.7	$Sr_3(AsO_4)_2$	8.1×10^{-19}	18.09
$Co_3(PO_4)_3$	2.0×10^{-35}	34.7	$SrCO_3$	1.1×10^{-10}	9.96
$CrAsO_4$	7.7×10^{-21}	20.11	$SrC_2O_4 \cdot H_2O$	1.6×10^{-7}	6.80
$Cr(OH)_3$	6.3×10^{-31}	30.2	SrF_2	2.5×10^{-9}	8.61
$CrPO_4 \cdot 4H_2O$（绿）	2.4×10^{-23}	22.62	$Sr_3(PO_4)_2$	4.0×10^{-28}	27.39
$CrPO_4 \cdot 4H_2O$（紫）	1.0×10^{-17}	17.0	$SrSO_4$	3.2×10^{-7}	6.49
$CuBr$	5.3×10^{-9}	8.28	$SrWO_4$	1.7×10^{-10}	9.77
$CuCl$	1.2×10^{-6}	5.92	$Tb(OH)_3$	2.0×10^{-22}	21.7
$CuCN$	3.2×10^{-20}	19.49	$Te(OH)_4$	3.0×10^{-54}	53.52
$CuCO_3$	2.34×10^{-10}	9.63	$Th(C_2O_4)_2$	1.0×10^{-22}	22.0
CuI	1.1×10^{-12}	11.96	$Th(IO_3)_4$	2.5×10^{-15}	14.6
$Cu(OH)_2$	4.8×10^{-20}	19.32	$Th(OH)_4$	4.0×10^{-45}	44.4
$Cu_3(PO_4)_2$	1.3×10^{-37}	36.9	$Ti(OH)_3$	1.0×10^{-40}	40.0
Cu_2S	2.5×10^{-48}	47.6	$TlBr$	3.4×10^{-6}	5.47
Cu_2Se	1.58×10^{-61}	60.8	$TlCl$	1.7×10^{-4}	3.76
CuS	6.3×10^{-36}	35.2	Tl_2CrO_4	9.77×10^{-13}	12.01
$CuSe$	7.94×10^{-49}	48.1	TlI	6.5×10^{-8}	7.19
$Dy(OH)_3$	1.4×10^{-22}	21.85	TlN_3	2.2×10^{-4}	3.66
$Er(OH)_3$	4.1×10^{-24}	23.39	Tl_2S	5.0×10^{-21}	20.3
$Eu(OH)_3$	8.9×10^{-24}	23.05	$TlSeO_3$	2.0×10^{-39}	38.7
$FeAsO_4$	5.7×10^{-21}	20.24	$UO_2(OH)_2$	1.1×10^{-22}	21.95
$FeCO_3$	3.2×10^{-11}	10.50	$VO(OH)_2$	5.9×10^{-23}	22.13
$Fe(OH)_2$	8.0×10^{-16}	15.1	$Y(OH)_3$	8.0×10^{-23}	22.1

续表

分 子 式	K_{sp}	pK_{sp} ($-\lg K_{sp}$)	分 子 式	K_{sp}	pK_{sp} ($-\lg K_{sp}$)
$Fe(OH)_3$	4.0×10^{-38}	37.4	$Yb(OH)_3$	3.0×10^{-24}	23.52
$FePO_4$	1.3×10^{-22}	21.89	$Zn_3(AsO_4)_2$	1.3×10^{-28}	27.89
FeS	6.3×10^{-18}	17.2	$ZnCO_3$	1.4×10^{-11}	10.84
$Ga(OH)_3$	7.0×10^{-36}	35.15	$Zn(OH)_2$③	2.09×10^{-16}	15.68
$GaPO_4$	1.0×10^{-21}	21.0	$Zn_3(PO_4)_2$	9.0×10^{-33}	32.04
$Gd(OH)_3$	1.8×10^{-23}	22.74	$\alpha\text{-}ZnS$	1.6×10^{-24}	23.8
$Hf(OH)_4$	4.0×10^{-26}	25.4	$\beta\text{-}ZnS$	2.5×10^{-22}	21.6
Hg_2Br_2	5.6×10^{-23}	22.24	$ZrO(OH)_2$	6.3×10^{-49}	48.2

①~③：形态均为无定形。

参 考 文 献

[1] 武汉大学主编. 分析化学实验. 第 4 版. 北京：高等教育出版社，2001.
[2] 季剑波，凌昌都主编. 定量化学分析. 北京：化学工业出版社，2009.
[3] 董元彦主编. 无机及分析化学. 第 2 版. 北京：科学出版社，2011.
[4] 蔡增俐主编. 分析化学. 第 2 版. 北京：化学工业出版社，2005.
[5] 王瑛主编. 分析化学操作技能. 北京：化学工业出版社，1992.
[6] 钟彤. 分析化学. 第 2 版. 大连：大连理工大学出版社，2006.

目 录

一、化学分析基础 ·· 1
二、酸碱滴定背景知识 ·· 6
三、食醋总酸度的测定 ·· 10
四、混合碱的测定 ·· 19
五、认识氧化还原反应 ·· 27
六、双氧水中过氧化氢含量的测定 ··· 30
七、胆矾中硫酸铜含量的测定 ··· 39
八、认识重铬酸钾、溴酸盐法等氧化还原滴定法 ···································· 47
九、认识配位滴定 ·· 51
十、工业结晶氯化铝含量的测定 ··· 59
十一、水硬度的测定 ··· 67
十二、认识沉淀平衡与沉淀滴定技术 ·· 72
十三、食盐中氯含量的测定 ·· 75
十四、认识重量分析的基本原理及操作流程 ··· 81
十五、氯化钡中钡含量的测定 ··· 87

一、化学分析基础

模块一：化学分析基础		指导老师：	学时：12 学时
班级：		姓名：	学号：
职业能力目标	专业能力	★能掌握对化学分析的基本知识 ★能掌握标准溶液与基准物质的相关性质 ★能掌握标准溶液的配制与标定方法 ★能掌握误差的分类及减小误差的方法 ★能掌握分析结果的表示及对数据的处理 ★能掌握有效数字的修约及运算规则	
	方法能力	★能独立解决实验过程中遇到的一些问题 ★能独立使用各种媒介完成学习任务 ★信息收集能力能得到相应的拓展 ★工作结果的评价与反思	
	社会能力	★团队协作能力 ★与团队负责人、成员相互沟通的能力 ★具有独立解决问题的能力 ★养成求真务实、科学严谨的工作态度	
要求	学生自己查阅资料，自主学习 学生分组、分工共同完成 小组成员之间、小组与小组之间进行相互的监督与评价		
信息来源			
学习步骤	（1）每6人一小组，通过教材、教辅、网络等资源共同查阅相关资料 （2）获取必要信息、知识 （3）在教师引导下各小组各自完成工作页中知识内容 （4）师生相互讨论、总结 （5）自我评价、相互评价、教师评价		
任务实施	一、化学分析概述 1. 化学分析的任务是_____、_____和_____。 2. 分析方法的分类： （1）按照被测物质的用量及操作方法的不同分类：		

方　法	试样质量	试液体积
常量分析		
半微量分析		
微量分析		
超微量分析		

续表

	(2) 按所分析的组分在试样中的相对含量（含量高低）分：

各种分析方法的试样相对含量

方法名称	质量分数

3. 化学计量点是：_____。
4. 滴定终点是：_____。
5. 按滴定方式分类，分析方法可分为：_____、_____、_____和_____。

二、标准溶液与基准物质
1. 一般试剂的等级及标志
优级纯的英文名称是：_____ 标签颜色是：_____
分析纯的英文名称是：_____ 标签颜色是：_____
化学纯的英文名称是：_____ 标签颜色是：_____
生化试剂的英文名称是：_____ 标签颜色是：_____
生物染色剂的英文名称是：_____ 标签颜色是：_____
2. 基准试剂的纯度一般应在_____以上。

三、数据处理
（一）准确度和精密度
1. 准确度是指：_____。
2. 误差是指：_____。
　绝对误差：_____ 相对误差：_____
3. 精密度是指：_____。
4. 偏差是指：_____。
　绝对偏差：_____ 相对偏差：_____；
　平均偏差：_____ 相对平均偏差：_____；
　总体标准偏差：_____ 样本标准偏差：_____；
　样本相对标准偏差：_____ 极差：_____。
5. 精密度与准确度的关系：_____
_____。

（二）误差的分类及减免误差的方法
1. 误差可以分为_____误差、_____误差和_____误差，其中系统误差又可以分为_____误差、_____误差、_____误差和_____误差
2. 提高分析结果准确度的方法：
(1)
(2)
(3)
(4)

任务实施

续表

任务实施	
	3. 如何消除系统误差？ 4. 如何减小测量过程中的偶然误差？ （三）数据处理 1. 有效数字的定义是：_____。 2. 判断下列各数的有效位数： 1.0008 _____ 43181 _____ 0.1000 _____ 10.98% _____ 0.0382 _____ $1.98×10^{-10}$ _____ 54 _____ 0.0040 _____ 0.05 _____ $2×10^5$ _____ $pK_a=4.74$ _____ $pH=10.00$ _____ 3. 有效数字的修约规则 _____。 4. 将下列数据全部修约为三、四位有效数字： 原数据　　　三位有效数字　　　原数据　　　三位有效数字 1.4461　　　　　　　　　　　0.2755 4.2650　　　　　　　　　　　6.1742 原数据　　　四位有效数字　　　原数据　　　四位有效数字 0.53664　　　　　　　　　　0.58346 10.2750　　　　　　　　　　16.4050 27.1850　　　　　　　　　　18.06501 5. 有效数字的运算规则 （1）加减法：_____。 （2）乘除法：_____。 （四）可疑值的取舍 1. Q 检验法 步骤： （1）数据由小到大排列，$x_1<x_2<\cdots<x_n$，其中 x_1 或 x_n 可疑，需要进行判断。 （2）计算统计量 $$Q=\frac{x_n-x_{n-1}}{x_n-x_1}(x_n\text{为可疑值}) \quad Q=\frac{x_2-x_1}{x_n-x_1}(x_1\text{为可疑值}) \quad \left(Q_{\text{计算}}=\frac{|x_{\text{可疑}}-x_{\text{邻近}}|}{x_{\max}-x_{\min}}\right)$$ （3）比较 $Q_{\text{计算}}$ 和 $Q_{\text{表}}(Q_P, n)$，若 $Q_{\text{计算}}>Q_{\text{表}}$，舍去，反之保留。 2. Grubbs 法 （1）排序：$x_1, x_2, x_3, x_4, \cdots$； （2）求 $\overline{X}$ 和标准偏差 s； （3）计算 G 值：$G_{\text{计算}}=\dfrac{X_n-\overline{X}}{s}$　或　$G_{\text{计算}}=\dfrac{\overline{X}-X_1}{s}$；

（4）由测定次数和要求的置信度，查表得 $G_表$；

（5）比较：若 $G_{计算} > G_表$，弃去可疑值，反之保留。

由于格鲁布斯（Grubbs）检验法引入了标准偏差，故准确性比 Q 检验法高。

3. $4\bar{d}$ 法（简单，但误差大）

① 先除去可疑值 x'；

② 计算剩余数值的 $\bar{x}$ 和平均偏差 $\bar{d}$；

③ 如果 $|x'-\bar{x}| > 4\bar{d}$，则舍去可疑值，否则保留；

④ 这种方法比较粗略，但方法简单，不用查表。

练习：

某一标准溶液的四次标定值为 0.1014mol/L、0.1012mol/L、0.1025mol/L、0.1016mol/L，问离群值 0.1025mol/L 在置信度 90% 时可否舍弃？欲使第五次标定值也不被舍弃，其最低值是多少？

配套练习

1. 三个对同一样品的分析，采用同样的方法，测得结果为：甲，31.27%、31.26%、31.28%；乙，31.17%、31.22%、31.21%；丙，31.32%、31.28%、31.30%。则甲、乙、丙三人精密度的高低顺序为（　　）。

　　A. 甲＞丙＞乙　　B. 甲＞乙＞丙　　C. 乙＞甲＞丙　　D. 丙＞甲＞乙

2. 对照试验可以提高分析结果的准确度，其原因是消除了（　　）。

　　A. 方法误差　　B. 试验误差　　C. 操作误差　　D. 仪器误差

3. 在托盘天平上称得某物重为 3.5g，应记为（　　）。

　　A. 3.5000g　　B. 3.5g　　C. 3.50g　　D. 3.500g

4. 用分析天平称一试样其重量为 0.2103g，另外，用台秤称量一试剂重量为 3.14g，使之与试样进行反应，则反应器中反应物总重量为（　　）。

　　A. 3.35g　　B. 3.3503g　　C. 3.350g　　D. 3.3g

5. 按 Q 检验法（$n=4$ 时，$Q_{0.90}=0.76$）删除逸出值，（　　）中有逸出值应删除。

　　A. 3.03、3.04、3.05、3.13　　　　B. 97.50、98.50、99.00、99.50

　　C. 20.10、20.15、20.20、20.25　　D. 0.122、0.2126、0.2130、0.2134

6. 欲测某水泥熟料中的 SiO_2 含量，由四人分别进行测定，试样称量皆为 2.2g，四人获得四位报告如下，合理的报告是（　　）。

　　A. 2.1%　　B. 2.08%　　C. 2.0852%　　D. 2.085%

7. 减少偶然误差的方法是（　　）。

　　A. 对照试验　　　　　　　　　　B. 增加平行测定次数

　　C. 空白试验　　　　　　　　　　D. 选择合适的分析方法

8. 某溶液的浓度为 0.2021mol/L，体积 V 为 7.34mL，其溶质的质量应为（　　）g（该溶质的摩尔质量为 M）。

　　A. 1.483414M　　B. 1.48M　　C. 1.483M　　D. 1.5M

9. 某一化验员称取 0.5003g 铵盐试样，用甲醛法测定其中 N 的含量，滴定耗用 0.2800mol/L 的 NaOH 18.30mL，NaOH 溶液，结果正确的是（　　）（已知 $M_{NH_3}=17.03$g/mol，$M_{BaCl_2·2H_2O}=242.24$g/mol）。

任务实施

A. $NH_3\% = 17.442$ B. $NH_3\% = 17.4$
C. $NH_3\% = 17.44$ D. $NH_3\% = 17$

10. 甲、乙、丙、丁四分析者同时分析 $SiO_2\%$ 的含量，测定分析结果如下。甲：52.16%、52.22%、52.1%；乙：53.46%、53.46%、53.28%；丙：54.16%、54.18%、54.15%；丁：55.30%、55.35%、55.28%。其测定结果精密度最差的是（   ）。
    A. 甲　　　　B. 乙　　　　C. 丙　　　　D. 丁

11. 消除试剂误差的方法是（   ）。
    A. 对照实验　　　　　　　　　B. 校正仪器
    C. 选择合适的分析方法　　　　D. 空白试验

12. 在分析天平上称得某物重为 0.25g，应记为（   ）。
    A. 0.2500g　　B. 0.250g　　C. 0.25000g　　D. 0.25g

13. 某人根据置信度为 95% 对某项分析结果计算后，写出如下报告，合理的是（   ）。
    A. (25.48±0.1)%　　　　B. (25.48±0.135)%
    C. (25.48±0.13)%　　　D. (25.48±0.1348)%

14. 甲、乙二人同时分析一矿物中的含硫量，每次取样 3.5g。分析结果分别报告如下。甲：0.042%、0.041%；乙：0.0419%、0.0420%，合理的是（   ）。
    A. 甲、乙　　B. 甲　　C. 都不合理　　D. 乙

15. 不能提高分析结果准确度的方法有（   ）。
    A. 对照试验　　B. 空白试验　　C. 一次测定　　D. 仪器校正

16. 下列计算式的计算结果应取（   ）位有效数字。
$$x = \frac{0.3120 \times 48.12 \times (21.21 - 16.10)}{0.2845 \times 1000}$$
    A. 一位　　　B. 二位　　　C. 三位　　　D. 四位

17. $12.35 + 0.0056 + 7.8903$，其结果是（   ）。
    A. 20.2459　　B. 20.246　　C. 20.25　　D. 20.2

18. 某标准溶液的浓度，其 3 次平行测定的结果为 0.1023mol/L、0.1020mol/L、0.1024mol/L，如果第四次测定结果不为 Q 检验法（$n=4$ 时，$Q_{0.90}=0.76$）所弃去，则最低值应为（   ）。
    A. 0.1008mol/L　　　　B. 0.1004mol/L
    C. 0.1015mol/L　　　　D. 0.1017mol/L

19. 对照试验可以提高分析结果的准确度，其原因是消除了（   ）。
    A. 方法误差　　B. 试验误差　　C. 操作误差　　D. 仪器误差

20. 下列式子表示对的是（   ）。
    A. 相对偏差% = $\dfrac{绝对偏差}{真实值}$
    B. 绝对偏差 = 平均值 - 真实值
    C. 相对误差% = $\dfrac{绝对误差}{平均值}$
    D. 相对偏差% = $\dfrac{绝对偏差}{平行测定结果平均值} \times 100$

续表

结果反思	任务中的难点：				
	成功之处：				
	不足之处：				

结果评价	评价标准	① 学习态度（10分） 考勤情况、卫生习惯 ② 课前准备（10分） 预习内容充分 ③ 学习情况（70分） A. 上课认真程度 20分 B. 与小组成员的协作情况 10分 C. 是否能积极、大胆发言 10分 D. 是否能有效配合老师的教学 10分 E. 学习效果 20分 ④ 工作页完成情况（10分） 工作页完成情况认真、工整、规范				
	评价方法	自我评价（10%）：共　　分×10%＝　　分				总体评价：
		态度：	课前准备：	学习情况：	工作页：	
		小组评价（20%）：共　　分×20%＝　　分				
		态度：	课前准备：	学习情况：	工作页：	
		教师评价（70%）：共　　分×70%＝　　分				
		态度：	课前准备：	学习情况：	工作页：	

二、酸碱滴定背景知识

任务1：酸碱滴定背景知识		指导老师：	学时：6学时
班级：	姓名：	学号：	日期：
职业能力目标	专业能力	★能掌握酸碱质子理论中对酸、碱的定义 ★能掌握酸碱反应的实质 ★能判断酸碱的强弱程度	

职业能力目标	专业能力	★能掌握同离子效应和盐效应 ★能掌握各类型酸碱溶液的pH值的计算 ★能掌握缓冲溶液的原理及作用 ★能掌握常用缓冲溶液的配制
	方法能力	★能独立解决实验过程中遇到的一些问题 ★能独立使用各种媒介完成学习任务 ★信息收集能力能得到相应的拓展 ★工作结果的评价与反思
	社会能力	★团队协作能力 ★与团队负责人、成员相互沟通的能力 ★具有独立解决问题的能力 ★养成求真务实、科学严谨的工作态度
要求	学生分组、分工、实验操作共同完成 学生要做好实验数据的记录、最后各小组的原始数据汇总到教师集中保存 小组成员之间、小组与小组之间进行相互的监督与评价	
信息来源		
学习步骤:	(1) 每6人一小组，通过教材、教辅、网络等资源共同查阅相关资料 (2) 获取必要信息、知识 (3) 在教师引导下各小组各自完成工作页中知识内容 (4) 师生相互讨论、总结 (5) 自我评价、相互评价、教师评价	
任务实施	一、酸碱的定义 1. 酸碱质子理论中的酸是指：_____。 2. 酸碱质子理论中的碱是指：_____。 3. 酸碱质子理论的三个特点分别是：_____、_____和_____。 4. 酸碱质子理论中酸碱反应的实质是：_____。 二、酸碱的强弱 1. K_a 越大，给质子能力越强，酸的强度_____；K_b 越大，得质子能力越强，碱的强度_____。且 $K_a K_b = K_w$；$K_{a_1} K_{b_2} = K_{a_2} K_{b_1} = K_a K_b = K_w = 1.0 \times 10^{-14}$。 2. 找出下列物质中相应的共轭酸碱对，并用质子理论分析下列物质中哪种物质酸性最强？哪种物质碱性最强？ 　　HAc，HF，HCl，NaAc，NH₃，F⁻，Cl⁻，NH₄⁺	

续表

| 任务实施 | 3. 弱酸的浓度越低，其离解度越高，因而溶液的酸性也越强，pH 越低。该说法对吗？为什么？

4. 什么叫同离子效应？什么叫盐效应？

三、酸碱溶液 pH 值的计算
（一）强酸强碱溶液 pH 值的计算
强酸强碱溶液都属于_____电解质，其在溶液中是_____电离的。因此一元强酸溶液中 H^+ 的浓度等于酸的浓度，同理，一元强碱中 OH^- 的浓度相当于碱的浓度。
一元强酸：$pH = -\lg[H^+]$
一元强碱：$pOH = -\lg[OH^-]$
求 0.5mol/L 的 H_2SO_4 溶液的 pH 值。

求 0.001mol/L 的 NaOH 溶液的 pH 值。

（二）弱酸弱碱溶液 pH 值的计算
1. 一元弱酸溶液
当 $c_a/K_a > 500$ 且 $c_a K_a > 20 K_w$ 时，用最简式计算，即：
　　$c(H^+) = $　　　　　　　　pH＝
2. 一元弱碱溶液
当 $c_b/K_b > 500$ 且 $c_b K_b > 20 K_w$ 时，用最简式计算，即：
　　$c(OH^-) = $　　　　　　pOH＝　　　　　　pH＝
练习：计算列溶液的 pH 值
(1) 0.10mol/L HAc；　　(2) 0.10mol/L NH_4Cl；　　(3) 0.10mol/L NaCN。 |

3. 多元弱酸溶液

当 $K_{a_1} \gg K_{a_2}$ 且 $c/K_{a_1} > 500$ 时，用最简式计算，即：

$c(H^+) = $ _____ pH= _____

4. 多元弱碱溶液

当 $K_{b_1} \gg K_{b_2}$ 且 $c/K_{b_1} > 500$ 时，用最简式计算，即：

$c(OH^-) = $ _____ pOH= _____ pH= _____

5. 两性溶液

一般来说，当浓度较高时，溶液的浓度可按最简式进行计算：

$c(H^+) = $ _____ pH= _____

6. 缓冲溶液

(1) 对于弱酸及其共轭碱组成的溶液，其溶液的pH值计算如下：

$$[H^+] = K_a \frac{c_{酸}}{c_{碱}},\ pH = -\lg K_a - \lg \frac{c_{酸}}{c_{碱}}\ 或\ pH = -\lg K_a + \lg \frac{c_{碱}}{c_{酸}}$$

(2) 对于弱碱及其共轭酸组成的溶液，其溶液的pH值计算如下：

$$[OH^-] = K_b \frac{c_{碱}}{c_{酸}},\ pOH = pK_b - \lg \frac{c_{碱}}{c_{酸}}\ 或\ pOH = pK_a + \lg \frac{c_{酸}}{c_{碱}}$$

练习：若需配制pH值为2的缓冲溶液，甲酸铵与甲酸的浓度比值应保持多少？在1L 6mol/L甲酸溶液中，应加入多少克固体甲酸铵？

配套练习

1. pH=5 和 pH=3 的两种盐酸以 1∶2 体积比混合，混合溶液的pH是（　　）。
   A. 3.17　　　　B. 10.1　　　　C. 5.3　　　　D. 8.2

2. 含有 0.10mol/L HAc 和 0.10mol/L NaAc 的缓冲溶液的pH值是（　　）。
   A. 8　　　　B. 3.21　　　　C. 4.74　　　　D. 6.78

3. 某弱酸的 $K_a = 1 \times 10^{-5}$，则其 0.1mol/L 的溶液pH值为（　　）。
   A. 1.0　　　　B. 3.5　　　　C. 3.0　　　　D. 2.0

4. 欲配制pH=5的缓冲溶液选用的物质组成是（　　）。
   A. NH_3—NH_4Cl　　　　B. HAc—NaAc
   C. NH_3—NaAc　　　　D. HAc—NH_4

5. 欲配制pH=10缓冲溶液选用的物质组成是（　　）。
   A. NH_3—NH_4Cl　　　　B. HAc—NaAc
   C. NH_3—NaAc　　　　D. HAc—NH_4

续表

结果反思	任务中的难点： 成功之处： 不足之处：				
结果评价	评价标准	① 学习态度（10分） 考勤情况、卫生习惯 ② 课前准备（10分） 预习内容充分 ③ 学习情况（70分） A．上课认真程度　20分 B．与小组成员的协作情况　10分 C．是否能积极、大胆发言　10分 D．是否能有效配合老师的教学　10分 E．学习效果　20分 ④ 工作页完成情况（10分） 工作页完成情况认真、工整、规范				
	评价方法	自我评价（10%）：　共　　分×10%＝　　分				总体评价：
		态度：	课前准备：	学习情况：	工作页：	
		小组评价（20%）：　共　　分×20%＝　　分				
		态度：	课前准备：	学习情况：	工作页：	
		教师评价（70%）：　共　　分×70%＝　　分				
		态度：	课前准备：	学习情况：	工作页：	

三、食醋总酸度的测定

任务2：食醋总酸度的测定		指导老师：		学时：10学时	
班级：		姓名：	学号：	日期：	
职业能力目标	专业能力	★能叙述强碱滴定弱酸的原理并正确选择指示剂 ★能分析食醋总酸度的测定原理并正确测定食醋总酸度 ★能对数据进行准确处理，并对分析结果进行评价、分析			

职业能力目标	方法能力	★根据工作需要查阅资料并主动获取信息 ★对工作结果进行评价及反思
	社会能力	★在学习中形成团队合作意识,并提交流、沟通的能力 ★能按照"5S"的要求,清理实验室,注意环境卫生,关注健康
任务前提		数据的处理知识 酸碱滴定的基础知识 氢氧化钠标准溶液、食醋以及指示剂的准备
要求		学生分组、分工、实验操作共同完成 学生要做好实验数据的记录、最后各小组的原始数据汇总到教师集中保存 小组成员之间、小组与小组之间进行相互的监督与评价
信息来源		教材、讲义、相关实验操作视频 相关设备、网络信息等
学习步骤		(1) 与同学进行交流讨论,了解实验实验步骤实验要求,进而获得实验操作信息 (2) 获取学习学习项目中的必要信息、知识和操作的注意要点 (3) 小组讨论制定实验操作步骤 (4) 按要求进行实验步骤 (5) 自我评价、相互评价、教师评价

准备阶段		**知识准备:**
		1. 酸碱指示剂的选择原则是:_____
		_____。
		2. 能够用指示剂直接准确滴定弱酸、碱的可行性判据(滴定条件)为:_____
		_____。
		3. 用直接法配制 0.1mol/L NaCl 标准溶液正确的是( )。(NaCl 的摩尔质量是 58.44g/mol)
		    A. 称取基准 NaCl 5.844g 溶于水,移入 1L 容量瓶中稀释至刻度摇匀
		    B. 称取 5.9g 基准 NaCl 溶于水,移入 1L 烧杯中,稀释搅拌
		    C. 称取 5.8440g 基准 NaCl 溶于水,移入 1L 烧杯中,稀释搅拌
		    D. 称取 5.9g 基准 NaCl 溶于水,移入 1L 烧杯中,稀释搅拌
		4. 制备的标准溶液浓度与规定浓度相对误差不得大于( )。
		    A. 1‰ B. 2‰ C. 5‰ D. 10‰
		5. 标定 NaOH 溶液常用的基准物是( )。
		    A. 无水 Na_2CO_3 B. 邻苯二甲酸氢钾
		    C. $CaCO_3$ D. 硼砂
		6. 酸碱滴定中选择指示剂的原则是( )。
		    A. $K_a = K_{HIn}$
		    B. 指示剂应有 pH=7.00 时变

　　　　C. 指示剂的变色范围与化学计量点完全符合
　　　　D. 指示剂的变色范围全部或大部分落在滴定的 pH 突跃范围内
7. 酚酞指示剂的变色范围是（　　）。
　　A. 3.1～4.4　　　　　　　　　B. 4.4～6.2
　　C. 6.8～8.0　　　　　　　　　D. 8.2～10.0
8. 甲基橙指示剂的变色范围是（　　）。
　　A. 3.1～4.4　　　　　　　　　B. 4.4～6.2
　　C. 6.8～8.0　　　　　　　　　D. 8.2～10.0
9. 配制甲基橙指示剂选用的溶剂是（　　）。
　　A. 水-甲醇　　B. 水-乙醇　　C. 水　　D. 水-丙酮
10. 用 0.1mol/L HCl 滴定 0.1mol/L NaOH 时 pH 突跃范围是 9.7～4.3，用 0.01mol/L HCl 滴定 0.01mol/L NaOH 时 pH 突跃范围是（　　）。
　　　A. 9.7～4.3　　　　　　　　B. 8.7～4.3
　　　C. 8.7～5.3　　　　　　　　D. 10.7～3.3
11. 用 0.1mol/L HCl 滴定 0.1mol/L NaOH 时的 pH 突跃范围是 9.7～4.3，用 0.01mol/L NaOH 的突跃范围是（　　）。
　　　A. 9.7～4.3　　　　　　　　B. 8.7～4.3
　　　C. 8.7～5.3　　　　　　　　D. 10.7～3.3
12. 某酸碱指示剂的 $K_{HIn}=1.0\times10^{-5}$，则从理论上推算其变色范围是（　　）。
　　　A. 4～5　　B. 5～6　　C. 4～6　　D. 5～7
13. 用邻苯二甲酸氢钾标定 NaOH 时，宜选的指示剂是（　　）。
　　　A. 甲基橙　　B. 甲基红　　C. 溴酚蓝　　D. 酚酞
14. 下列物质中，能用 NaOH 标准溶液直接滴定的是（　　）。
　　　A. 苯酚　　B. NH_4Cl　　C. NaAc　　D. $H_2C_2O_4$
15. 用 0.1mol/L HCl 滴定 $NaHCO_3$ 至有 CO_2 生成时，可选用的指示剂是（　　）。
　　　A. 甲基红　　B. 甲基橙　　C. 酚酞　　D. 中性红
16. 在下面 4 个滴定曲线中，（　　）是弱酸滴定强碱的滴定曲线。
17. 在下面四个酸碱滴定曲线中，强碱滴定弱酸的是（　　）。

续表

准备阶段	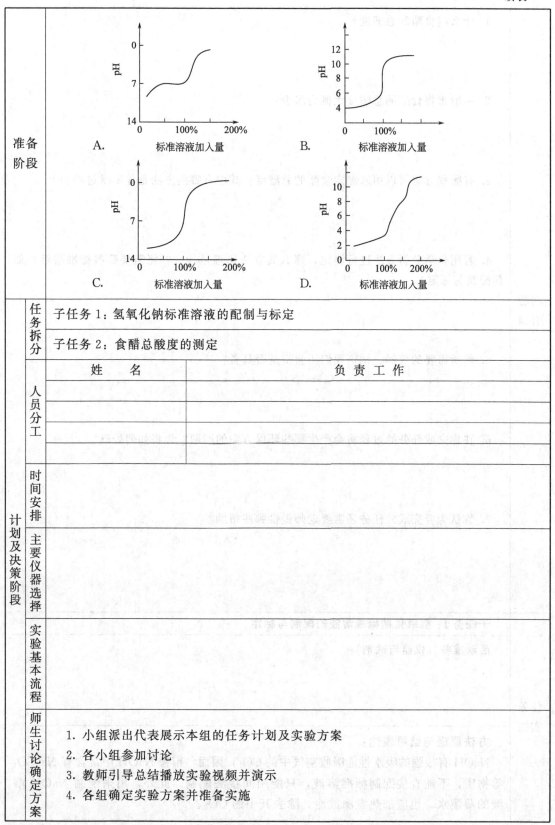	
计划及决策阶段	任务拆分	子任务1：氢氧化钠标准溶液的配制与标定
		子任务2：食醋总酸度的测定
	人员分工	姓　名 　　　　　　　　负　责　工　作
	时间安排	
	主要仪器选择	
	实验基本流程	
	师生讨论确定方案	1. 小组派出代表展示本组的任务计划及实验方案 2. 各小组参加讨论 3. 教师引导总结播放实验视频并演示 4. 各组确定实验方案并准备实施

· 13 ·

续表

问题引领	1. 什么叫食醋的总酸度？ 2. 一般市售食醋的总酸度大概为多少？ 3. 有哪些方法可以用来测定食醋的总醋度？其中有哪些方法是你所学过的？ 4. 若用化学分析方法进行测定，那么其方法原理是什么？将需要哪些标准溶液？如何配制与标定？ 5. 你所需要的仪器、试剂我们实验室是否具备？ 6. 在你完成任务的过程将会产生哪些环保方面的问题？你将如何处理？ 7. 你认为要完成此任务还需要老师提供哪些帮助？
任务实施	**子任务1：氢氧化钠标准溶液的配制与标定** **活动准备（仪器与试剂）：** **方法原理与结果表达：** NaOH有很强的吸水性能吸收空气中的CO_2，因而，市售NaOH中常含有Na_2CO_3等物质，不能直接配制标准溶液，只能用间接法配制。此外，用来配制NaOH溶液的蒸馏水，也应加热煮沸放冷，除去其中的CO_2。

	标定碱溶液的基准物质很多，常用的有草酸（$H_2C_2O_4 \cdot 2H_2O$）、苯甲酸（C_6H_5COOH）和邻苯二甲酸氢钾（$C_6H_4COOHCOOK$，缩写为 KHP）等。最常用的是邻苯二甲酸氢钾，滴定反应如下：
	$$\text{C}_6\text{H}_4(\text{COOK})(\text{COOH}) + \text{NaOH} \longrightarrow \text{C}_6\text{H}_4(\text{COOK})(\text{COONa}) + \text{H}_2\text{O}$$
	计量点时由于弱酸盐的水解，溶液呈弱碱性，应采用酚酞作为指示剂。
	NaOH 标准溶液浓度计算公式：$c_{\text{NaOH}} = \dfrac{m_{\text{KHP}} \times 1000}{V_{\text{NaOH}} \times M_{\text{KHP}}}$
任务实施	**实验操作流程：**

数据记录及处理：

内容		次数	1	2	3
称量瓶＋KHP 的质量（第一次读数）					
称量瓶＋KHP 的质量（第二次读数）					
基准 KHP 的质量 m/g					
标定试验	滴定消耗 NaOH 溶液的用量/mL				
	滴定管校正值/mL				
	溶液温度补正值/(mL/L)				
	实际滴定消耗 NaOH 溶液的体积 V/mL				
空白试验	滴定消耗 NaOH 溶液的体积/mL				
	滴定管校正值/mL				
	溶液温度补正值/(mL/L)				
	实际滴定消耗 NaOH 溶液的体积 V_0/mL				
$c(\text{NaOH})/(\text{mol/L})$					
$c(\text{NaOH})$平均值/(mol/L)					
平行测定结果的极差/(mol/L)					
极差与平均值之比/%					

续表

任务实施	同组成员	姓名	c(NaOH) 平均值 /(mol/L)	两位成员标定的平均浓度/(mol/L)

思考与讨论

1. 用 KHP 标定 NaOH 溶液时，为什么选用酚酞作指示剂而不用甲基橙？

2. 假如 NaOH 标准溶液在保存过程中吸收了空气中的 CO_2，用此标准溶液滴定同一盐酸溶液时，分别选用酚酞和甲基橙为指示剂，结果会怎么样？为什么？

3. 为什么要用新煮沸并冷却的馏水配制 NaOH 标准溶液？

任务实施

子任务 2：食醋总酸度的测定

活动准备（仪器与试剂）：

仪器：

试剂：

方法原理与结果表达：

方法原理与结果表达：

食醋是混合酸，其主要成分是 HAc（有机弱酸，$K_a=1.8×10^{-5}$），与 NaOH 反应产物为弱酸强碱盐 NaAc：HAc + NaOH ══ NaAc + H_2O

HAc 与 NaOH 反应产物为弱酸强碱盐 NaAc，化学计量点时 pH≈8.7，滴定突跃在碱性范围内（如：0.1mol/L NaOH 滴定 0.1mol/L HAc 突跃范围为 pH 7.74～9.70），在此若使用在酸性范围内变色的指示剂如甲基橙，将引起很大的滴定误差（该反应化学计量点时溶液呈弱碱性，酸性范围内变色的指示剂变色时，溶液呈弱酸性，则滴定不完全）。因此在此应选择在碱性范围内变色的指示剂酚酞（8.0～9.6）。（指示剂的选择主要以滴定突跃范围为依据，指示剂的变色范围应全部或一部分在滴定突跃范围内，则终点误差小于 0.1%）

因此可选用酚酞作指示剂，利用 NaOH 标准溶液测定 HAc 含量。食醋中总酸度用 HAc 含量的含量来表示。

$$\rho(\text{HAc})=\frac{c(\text{NaOH})\dfrac{V(\text{NaOH})}{1000}M_r(\text{HAc})\times 100}{V_s}\text{(g/100mL)}$$

实验操作流程：

数据记录及处理：

内容		次数	1	2	3
食醋试样的体积 V（HAc）					
测定试验	滴定消耗 NaOH 溶液的用量/mL				
	滴定管校正值/mL				
	溶液温度补正值/(mL/L)				
	实际滴定消耗 NaOH 溶液的体积 V/mL				
空白试验	滴定消耗 NaOH 的体积/mL				
	滴定管校正值/mL				
	溶液温度补正值/(mL/L)				
	实际滴定消耗 NaOH 溶液的体积 V_0/mL				
ρ（HAc）/(g/L)					
ρ（HAc）平均值/(g/L)					
平行测定结果的极差/(g/100mL)					
极差与平均值之比/%					

思考讨论：

1. 加入 20mL 蒸馏水的作用是什么？

2. 为什么使用酚酞作指示剂？

3. 为什么使用甲基红作指示剂，消耗的 NaOH 标准溶液的体积偏小？

续表

结果反思	任务中的难点： 成功之处： 不足之处：

学生课程任务学习评价表

任务：食醋总酸量的测定

班级：＿＿＿＿＿ 学号：＿＿＿＿＿ 姓名：＿＿＿＿＿ 课程：化学分析基础

指标属性及配分	序号	评价指标要素	分值	评价依据	考评记录		
					学生自评	小组互评	教师评价
社会能力 20分	1	出勤情况	2	学习、完成任务的出勤率			
	2	参与程度	6	富于工作热情，积极参与			
	3	团队协作	6	服从教师、组长的任务分配，并按时完成			
	4	遵守规章制度	4	遵守各项规章制度			
	5	精神面貌	2	仪容、仪态合适			
方法能力 20分	1	知识的获取	4	知识获取的方法、途径，知识量			
	2	知识的运用	4	灵活运用所获取的知识来解决问题			
	3	问题的解决	4	能独立解决实验过程中遇到的一些问题			
	4	工作的反思与评价	4	能对工作进行全面、客观的评价			
	5	任务的总结、反思	4	工作完成后能进行总结、反思			
专业能力 50分	1	任务准备	4	完成任务前是否认真预习			
	2	仪器选择	3	仪器的选择是否正确			
	3	称量准确	4	称量操作是否符合要求、规范			
	4	溶液的配制	3	溶液的配制规范、熟练			
	5	仪器的使用	4	仪器的使用是否符合要求、规范			
	6	滴定速度	3	滴定速度控制是否恰当			

续表

指标属性及配分	序号	评价指标要素	分值	评价依据	考评记录		
					学生自评	小组互评	教师评价
专业能力 50分	7	终点判断	5	滴定终点判断准确			
	8	滴定操作	4	滴定操作规范、熟练			
	9	数据记录	3	数据记录规范、准确			
	10	数据处理	4	数据处理正确			
	11	分析结果的准确度	5	准确度不大于2倍允差,即2×0.1%			
	12	分析结果的精密度	5	极差与平均值之比不大于1/2允差			
	13	工作页的填写	3	工作页的填写			
文明操作 10分	1	实验台整理与清洁	2	实验结束后,是否收拾台面、试剂、仪器等(2)			
	2	废物处理能力	2	废物是否按指定的方法处理(2)			
	3	时间分配能力	2	是否在规定时间内完成全部工作(2)			
	4	诚实可信	2	实验测定中是否有作弊、编造数据等行为(2)			
	5	爱护仪器,沉着细心	2	是否打碎器皿、损坏仪器(2)			
考评小计							
考评总计		学生自评小计分数×20%+小组互评分数×20%+教师评分×60%					

四、混合碱的测定

任务3:混合碱的测定		指导老师:		学时:10学时	
班级:		姓名:	学号:	日期:	
职业能力目标	专业能力	★学生依据混合碱的测定要求分解任务项目并制定活动流程、方案 ★标定、测定实验进行多次的测定,准确记录实验数据 ★依据化学反应方程式,正确表示标定、测定结果 ★能理解强酸滴定多元碱的原理 ★能理解双指剂法并应用 ★能准确标定盐酸溶液、测定混合碱的含量 ★选择不同的方案完成任务并进行对比 ★能拓展酸碱滴定分析技术的应用 ★实验全过程能遵守"5S"原则			
	方法能力	★学生依据混合碱的测定要求分解任务项目并制定活动流程、方案 ★能独立解决实验过程中遇到的一些问题 ★能独立使用各种媒介完成学习任务 ★信息收集能力能得到相应的拓展 ★能把双指剂法拓展到其他项目的测定 ★工作结果的评价与反思			

续表

职业能力目标	社会能力	★团队协作能力 ★与团队负责人、成员相互沟通的能力 ★具有独立解决问题的能力 ★养成求真务实、科学严谨的工作态度
任务前提	\multicolumn{2}{l|}{数据的处理知识 酸碱滴定的基础知识 无水碳酸钠的预处理、盐酸溶液的配制}
要求	\multicolumn{2}{l|}{学生分组、分工、实验操作共同完成 学生要做好实验数据的记录，最后各小组的原始数据汇总到教师集中保存 小组成员之间、小组与小组之间进行相互的监督与评价}
信息来源	\multicolumn{2}{l|}{教材、讲义、相关实验操作视频 相关设备、网络信息等}
学习步骤	\multicolumn{2}{l|}{（1）与同学进行交流讨论，了解实验步骤、实验要求，进而获得实验操作信息 （2）获取学习项目中的必要信息、知识和操作的注意要点 （3）小组讨论制定实验操作步骤 （4）按要求进行实验步骤 （5）自我评价、相互评价、教师评价}
任务实施	\multicolumn{2}{l|}{**知识准备：** 1. 酸标准滴定溶液的配制和标定 酸标准滴定溶液一般为强酸，如盐酸、硫酸等，可配制成 1mol/L、0.5mol/L、0.1mol/L、0.01mol/L 的溶液。 （1）配制 以盐酸为例：浓盐酸的密度 $\rho=$ ____，质量分数 $w=$ ____，配制 V mL 浓度为 c mol/L 的溶液所需的浓盐酸的体积 V_n 为 _____ mL。 （2）标定 以 Na_2CO_3 为基准物质，用溴甲酚绿-甲基红混合指示剂（或甲基橙指示剂），反应方程式为：_____。 根据 Na_2CO_3 的质量和 HCl 的体积计算 HCl 溶液的浓度。计算公式为： _____。 （3）标定 HCl 溶液常用的基准物质及指示剂 Na_2CO_3（溴甲酚绿-甲基红混合指示剂、甲基橙指示剂） $Na_2B_4O_7 \cdot 10H_2O$（溴甲酚绿-甲基红混合指示剂、甲基橙指示剂） 2. 双指示剂法是指：_____ _____。 3. 强酸、强碱及 $cK_a^\ominus \geqslant 10^{-8}$ 的弱酸和 $cK_b^\ominus \geqslant 10^{-8}$ 的弱碱，均可用标准碱或酸直接滴定。如：}

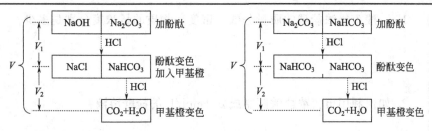

4. 混合碱成分的判断

V_1和V_2的关系	碱的组成
$V_1>V_2$，$V_2\neq 0$	
$V_1<V_2$，$V_1\neq 0$	
$V_1=V_2$	
$V_1\neq 0$，$V_2=0$	
$V_1=0$，$V_2\neq 0$	

5. 计算实例：

称取混合碱试样 0.6800g，以酚酞为指示剂，用 0.1800mol/L 的 HCl 标准溶液滴定至终点，消耗 HCl 溶液 $V_1=26.80$mL，然后加甲基橙指示剂滴定至终点，又消耗 HCl 溶液 $V_2=23.00$mL，判断混合碱的组成，并计算试样中各组分的含量。

6. 滴定分析中的基本单元

在滴定分析中，基本单元的选取是根据滴定反应中物质间量的关系来确定的，一般是与反应中氢离子和电子转移个数来取定的。例如在 H_2SO_4 和 NaOH 反应中，有两个质子参加中和反应，则选取 $\frac{1}{2}H_2SO_4$ 作为基本单元在计算分析结果时就比较方便；又如 $KMnO_4$ 在滴定反应中生成 Mn^{2+} 时，得 5 个电子，因此选用 $\frac{1}{5}KMnO_4$ 为基本单元进行计算就比较方便。

续表

问题引领	1. 一般市售浓盐酸的质量分数、密度、物质的量浓度分别是多少？ 2. 如何利用市售浓盐酸配制成 0.1mol/L 的盐酸溶液？ 3. 标定盐酸可以用哪些基本物？各有何优缺点？如何选择？ 4. 若用无水碳酸钠作为基准物标定盐酸，其标定原理如何？结果如何计算？ 5. 配制标准溶液允许误差是多少？标定结果的准确度、精密度如何要求？ 6. 在标定盐酸的过程中有哪些注意点，需要特别留意？ 7. 什么叫混合碱？一般会由哪些成分组成？ 8. 测定混合碱中各组分的含量可以用什么方法？ 9. 什么叫双指示剂法？双指示剂是否等同于混合指示剂？ 10. 利用双指剂法测定混合碱的测定原理是什么？结果如何分析？

问题引领	11. 利用双指示剂法测定混合碱具体该如何操作？ 12. 在你完成任务的过程将会产生哪些环保方面的问题？你将如何处理？

任务实施	**子任务1：盐酸标准溶液的配制与标定**
	
	活动准备（仪器与试剂）： 1. 试剂：浓盐酸（相对密度1.19）溴甲酚绿-甲基红混合液指示剂：量取30mL溴甲酚绿乙醇溶液（2g/L），加入20mL甲基红乙醇溶液（1g/L），混匀。2. 仪器：量筒，50mL酸式滴定管，锥形瓶，称量瓶、移液管等
	
	方法原理与结果表达：
	  由于浓盐酸容易挥发，不能用它们来直接配制具有准确浓度的标准溶液，因此，配制HCl标准溶液时，只能先配制成近似浓度的溶液，然后用基准物质标定它们的准确浓度，或者用另一已知准确浓度的标准溶液滴定该溶液，再根据它们的体积比计算该溶液的准确浓度。
	  标定HCl溶液的基准物质常用的是无水Na_2CO_3，其反应式如下：
	$$Na_2CO_3 + 2HCl = 2NaCl + CO_2 + H_2O$$
	滴定至反应完全时，溶液pH为3.89，通常选用溴甲酚绿-甲基红混合液作指示剂。
	
	实验操作流程：
	  1. 0.1mol/L HCl溶液的配制（配500mL）
	  用量筒量取浓盐酸____mL，倒入预先盛有适量水的试剂瓶中，加水稀释至____mL，摇匀，贴上标签。
	  2. 盐酸溶液浓度的标定
	  用减量法准确称取约____g在____℃干燥至恒量的基准无水碳酸钠，置于250mL锥形瓶，加____mL水使之溶解，再加10滴溴甲酚绿-甲基红混合液指示剂，用配制好的HCl溶液滴定至溶液由_____色转变为__色，煮沸2min，冷却至室温，继续滴定至溶液由__变为__色。由Na_2CO_3的重量及实际消耗的HCl溶液的体积，计算HCl溶液的准确浓度。HCl标准溶液浓度计算公式：
	$$c_{HCl} = \frac{m_{Na_2CO_3} \times 1000}{V_{HCl} \times M_{\frac{1}{2}Na_2CO_3}}$$
	式中　m——无水碳酸钠的质量，g；
	   V_{HCl}——盐酸标准滴定溶液用量，mL；
	   $M_{\frac{1}{2}Na_2CO_3}$——$\frac{1}{2}Na_2CO_3$的摩尔质量，g/mol。

续表

	数据记录及处理：				
任务实施	内容＼次数		1	2	3
	称量瓶＋Na_2CO_3的质量（第一次读数）				
	称量瓶＋Na_2CO_3的质量（第二次读数）				
	基准Na_2CO_3的质量m/g				
	标定试验	滴定消耗HCl溶液的用量/mL			
		滴定管校正值/mL			
		溶液温度补正值/(mL/L)			
		实际滴定消耗HCl溶液的体积V/mL			
	空白试验	滴定消耗HCl溶液的体积/mL			
		滴定管校正值/mL			
		溶液温度补正值/(mL/L)			
		实际滴定消耗HCl溶液的体积V_0/mL			
	c_{HCl}/(mol/L)				
	平均值/(mol/L)				
	平行测定结果的极差/(mol/L)				
	极差与平均值之比/%				

思考与讨论

1. 溶解Na_2CO_3基准物质时，加水50mL应以量筒量取还是用移液管吸取？为什么？

2. 标定HCl溶液时为何要称0.15g左右Na_2CO_3基准物？称过多或过少有何不好？

续表

	子任务2：混合碱的测定
任务实施	**活动准备（仪器与试剂）：** **仪器：**分析天平，150mL烧杯1个，250mL容量瓶1个，25mL移液管1支，250mL锥形瓶2个，50mL酸式滴定管1支，洗耳球1个，称量瓶1个。 **试剂：**0.1mol/L HCl标准溶液，0.1%甲基橙指示剂，1%酚酞酒精溶液。
	方法原理与结果表达： 在混合碱的试液中加入酚酞指示剂用HCl标准溶液滴定至溶液呈微红色。此时试液中所含NaOH完全被中和。Na_2CO_3也被滴定成$NaHCO_3$。此时是第一个化学计量点，pH=8.31反应方程式如下： $$NaOH+HCl=\!=\!=NaCl+H_2O \quad Na_2CO_3+HCl=\!=\!=NaHCO_3+NaCl$$ 设滴定体积V_1mL，再加入甲基橙指示剂，继续用HCl标准溶液滴定至溶液由黄色变为橙色即为终点，此时$NaHCO_3$被中和成H_2CO_3，此时是第二个化学计量点，pH=3.88反应方程式如下： $$NaHCO_3+HCl=\!=\!=NaCl+H_2O+CO_2$$ 设此时消耗HCl标准溶液的体积为V_2mL根据V_1和V_2可以判断出混合碱的组成。
	实验操作流程： 用分析天平精确称取7～8g混合碱试样，放入已盛有100mL蒸馏水的250mL容量瓶中，用蒸馏水稀释至刻度，摇匀。 用移液管吸取上述试液25mL于250mL锥形瓶中，加入____指示剂__滴，用0.1mol/L HCl标准溶液滴定至_____为止，记下HCl标准溶液的用量V_1。再加入____指示剂____滴，继续用HCl标准溶液滴定至溶液由____变为____为止，记下HCl标准溶液的用量V_2。平行测定三次。根据V_1，V_2的大小判断混合物的组成，当V_1>V_2时，试液为____和____的混合物，当V_1<V_2时，试液为____和____的混合物。 $$w(NaOH)=\frac{c(HCl)(V_2-V_1)\times 10^{-3}M(NaOH)}{m_s\times\frac{2500}{250}}\times 100\%$$ $$w(Na_2CO_3)=\frac{c(HCl)V_2\times 10^{-3}M(Na_2CO_3)}{m_s\times\frac{2500}{250}}\times 100\%$$
	数据记录及处理： | 次数 内容	1	2	3
---	---	---	---
称量瓶+烧碱的质量（第一次读数）			
称量瓶+烧碱的质量（第二次读数）			
烧碱的质量 m/g				

续表

		次数 内容	1	2	3
任务实施	第一终点 实验测定	滴定消耗 HCl 溶液的用量/mL			
		滴定管校正值/mL			
		溶液温度补正值/(mL/L)			
		实际消耗 HCl 溶液的体积 V_1/mL			
	第一终点 空白试验	滴定消耗 HCl 溶液的体积/mL			
		滴定管校正值/mL			
		溶液温度补正值/(mL/L)			
		实际消耗 HCl 溶液的体积 V_0/mL			
	第二终点 实验测定	滴定消耗 HCl 溶液的用量/mL			
		滴定管校正值/mL			
		溶液温度补正值/(mL/L)			
		实际消耗 HCl 溶液的体积 V_2/mL			
	第二终点 空白试验	滴定消耗 HCl 溶液的体积/mL			
		滴定管校正值/mL			
		溶液温度补正值/(mL/L)			
		实际消耗 HCl 溶液的体积 V_0'/mL			
	$w(\mathrm{NaOH})/\%$				
	$w(\mathrm{NaOH})$ 平均值/%				
	平行测定结果的极差/%				
	极差与平均值之比/%				
	$w(\mathrm{Na_2CO_3})/\%$				
	$w(\mathrm{Na_2CO_3})$ 平均值/%				
	平行测定结果的极差/%				
	极差与平均值之比/%				

学生课程任务学习评价表

子任务：混合碱的测定

班级：_____ 学号：_____ 姓名：_____ 课程：化学分析基础

指标属性及配分	序号	评价指标要素	分值	评价依据	考评记录		
					学生自评	小组互评	教师评价
社会能力 20分	1	出勤情况	2	学习、完成任务的出勤率			
	2	参与程度	6	富于工作热情，积极参与			
	3	团队协作	6	服从教师、组长的任务分配，并按时完成			
	4	遵守规章制度	4	遵守各项规章制度			
	5	精神面貌	2	仪容、仪态合适			

续表

指标属性及配分	序号	评价指标要素	分值	评价依据	考评记录		
					学生自评	小组互评	教师评价
方法能力 20分	1	知识的获取	4	知识获取的方法、途径，知识量			
	2	知识的运用	4	灵活运用所获取的知识来解决问题			
	3	问题的解决	4	能独立解决实验过程中遇到的一些问题			
	4	工作的反思与评价	4	能反工作进行全面、客观的评价			
	5	任务的总结、反思	4	工作完成后能进行总结、反思			
专业能力 50分	1	任务准备	4	完成任务前是否认真预习			
	2	仪器选择	3	仪器的选择是否正确			
	3	称量准确	4	称量操作是否符合要求、规范			
	4	溶液的配制	3	溶液的配制规范、熟练			
	5	仪器的使用	4	仪器的使用是否符合要求、规范			
	6	滴定速度	3	滴定速度控制是否恰当			
	7	终点判断	5	滴定终点判断准确			
	8	滴定操作	4	滴定操作规范、熟练			
	9	数据记录	3	数据记录规范、准确			
	10	数据处理	4	数据处理正确			
	11	分析结果的准确度	5	准确度不大于2倍允差，即2×0.1%			
	12	分析结果的精密度	5	极差与平均值之比不大于1/2允差			
	13	工作页的填写	3	工作页的填写			
文明操作 10分	1	实验台整理与清洁	2	实验结束后，是否收拾台面、试剂、仪器等（2）			
	2	废物处理能力	2	废物是否按指定的方法处理（2）			
	3	时间分配能力	2	是否在规定时间内完成全部工作（2）			
	4	诚实可信	2	实验测定中是否有作弊、编造数据等行为（2）			
	5	爱护仪器，沉着细心	2	是否打碎器皿、损坏仪器（2）			
考评小计							
考评总计	学生自评小计分数×20%＋小组互评分数×20%＋教师评分×60%						

五、认识氧化还原反应

任务1：认识氧化还原反应		指导老师：	学时：4学时
班级：		姓名：	学号：
职业能力目标	专业能力	★认识氧化还原反应的实质 ★能能熟练配平氧化还原反应方程式并理解基本单元 ★能利用能斯特方程计算电极电位 ★能利用电极电位判断氧化还原反应的方向 ★能利用电极电位判断氧化剂、还原剂的强弱 ★能理解氧化还原指示剂的变色原理并正确选择指示剂 ★能掌握影响氧化还原反应速率的因素并能在实验中进行运用	

续表

职业能力目标	方法能力	★能独立解决实验过程中遇到的一些问题 ★能独立使用各种媒介完成学习任务 ★信息收集能力能得到相应的拓展 ★工作结果的评价与反思
	社会能力	★团队协作能力 ★与团队负责人、成员相互沟通的能力 ★具有独立解决问题的能力 ★养成求真务实、科学严谨的工作态度
要求		学生分组、分工、实验操作共同完成 学生要做好实验数据的记录、最后各小组的原始数据汇总到教师集中保存 小组成员之间、小组与小组之间进行相互的监督与评价
信息来源		
学习步骤:		(1) 每6人一小组,通过教材、教辅、网络等资源共同查阅相关资料 (2) 获取必要信息、知识 (3) 在教师引导下各小组各自完成工作页中知识内容 (4) 师生相互讨论、总结 (5) 自我评价、相互评价、教师评价
任务实施		一、认识氧化还原反应? 1. 氧化还原反应的实质是什么? 2. 什么叫歧化反应? 3. 什么叫归中反应? 4. 判断下列反应各属什么反应?(歧化反应、归中反应) (1) $Cl_2+2OH^- =\!=\!= Cl^-+ClO^-+H_2O$ (2) $SO_2+2H_2S =\!=\!= 3S\downarrow+2H_2O$ 二、配平下列方程式: $$MnO_4^-+C_2O_4^{2-}+H^+ \longrightarrow Mn^{2+}+CO_2\uparrow+H_2O$$ $$H_2O_2+MnO_4^-+H^+ \longrightarrow Mn^{2+}+O_2\uparrow+H_2O$$ $$MnO_4^-+Fe^{2+}+H^+ \longrightarrow Mn^{2+}+Fe^{3+}+H_2O$$ $$Cr_2O_7^{2-}+I^-+H^+ \longrightarrow Cr^{3+}+I_2+H_2O$$ $$I_2+S_2O_3^{2-} \longrightarrow S_4O_6^{2-}+I^-$$ $$Cr_2O_7^{2-}+Fe^{2+}+H^+ \longrightarrow Cr^{3+}+Fe^{3+}+H_2O$$ 三、认识原电池及能斯特方程 1. 什么是原电池?其作用原理如何?

2. 什么是能斯特方程？应用时应注意哪些问题？

3. 利用能斯特方程计算下列电极电势
(1) 求 $[Fe^{3+}]=1mol/L$、$[Fe^{2+}]=0.001mol/L$ 时的 $\varphi^{\ominus}_{Fe^{3+}/Fe^{2+}}$

(2) 求 Cl_2 为 $1×10^5 Pa$，$[Cl^-]=0.01mol/L$ 时的电极电位

(3) $1mol/L\ H_2SO_4$ 溶液中，$\varphi MnO_4^-/Mn^{2+}=1.45V$，$\varphi Fe^{3+}/Fe^{2+}=0.68V$。在此条件下用 $KMnO_4$ 标准溶液滴定 Fe^{2+}，其等量点的电位是多少？

4. 标准氢电极的电极电位是多少？举例说明如何测得电对的电动势？

5. 电极电势值与氧化还原电对中氧化态和还原态物质的氧化还原能力的关系如何？

6. 利用电极电势判断氧化剂和还原剂的相对强弱
(1) 用 $K_2Cr_2O_7$ 法测铁时，首先是用氯化亚锡将 Fe^{3+} 全部还原成 Fe^{2+}，氯化亚锡的用量一般需过量一点，此时，Sn^{2+} 存在对滴定的准确度是否有影响？已知：$\varphi^{\ominus}_{Cr_2O_7^{2-}/2Cr^{3+}}=1.33V$，$\varphi^{\ominus}_{Fe^{3+}/Fe^{2+}}=0.77V$，$\varphi^{\ominus}_{Sn^{4+}/Sn^{2+}}=0.15V$

(2) 利用电极电位判断下列氧化还原反应自发进行的方向
① $2Fe^{2+}+I_2 \rightleftharpoons 2Fe^{3+}+2I^-$
② $MnO_4^- +5Fe^{2+}+8H^+ \rightleftharpoons Mn^{2+}+5Fe^{3+}+4H_2O$

任务实施	四、认识并利用氧化还原滴定曲线
	1. 什么叫氧化还原滴定曲线？滴定突跃的影响因素有哪些？如何影响？
	
	2. 在硫酸-磷酸介质中，用 $K_2Cr_2O_7$ 标准溶液滴定 Fe^{2+} 试样时，其滴定突跃为 0.76～0.96V，则应选择的指示剂为（ ）
	    A. 亚甲基蓝（$\varphi^{\ominus\prime}=0.36V$） B. 二苯胺磺酸钠（$\varphi^{\ominus\prime}=0.84V$）
	    C. 邻二氮菲亚铁（$\varphi^{\ominus\prime}=1.06V$） D. 二苯胺（$\varphi^{\ominus\prime}=0.76V$）

结果评价	① 态度（10%） 根据学习过程的参与态度等进行打分10分 ② 课前准备（10%） 预习内容充分10分 ③ 实际操作（80%） 自我评价（10%）： 小组评价（20%）： 总体评价： 教师评价（70%）：

六、双氧水中过氧化氢含量的测定

任务2：双氧水中过氧化氢含量的测定		指导老师：		学时：	
班级：		姓名：	学号：		日期：
职业能力目标	专业能力	★能解释高锰酸钾的标定原理 ★能准确配制并标定高锰酸钾标准溶液 ★能够正确选择指示剂 ★能利用高锰酸钾法测定双氧水中过氧化氢的含量并正确表示测定结果			
	方法能力	★能独立解决实验过程中遇到的一些问题 ★能独立使用各种媒介完成学习任务 ★收集并处理信息的能力得到相应的拓展 ★形成对工作结果进行评价与反思的习惯			

职业能力目标	社会能力	★在学习中形成团队合作意识，并提交流、沟通的能力 ★能按照"5S"的要求，清理实验室，注意环境卫生，关注健康 ★养成求真务实、科学严谨的工作态度
任务前提		数据的处理知识 氧化还原平衡、氧化还原滴定的相关基础知识
要求		学生分组、时分时合共同完成工作任务 学生要做好实验数据的记录、最后各小组的原始数据汇总到教师集中保存 小组成员之间、小组与小组之间进行相互的监督与评价
信息来源		教材、讲义、相关实验操作视频 相关设备、网络信息等
学习步骤		(1) 与同学进行交流讨论，了解实验步骤、实验要求，进而获得实验操作信息 (2) 获取学习任务中的必要信息、知识和操作的注意要点 (3) 小组讨论制定实验操作步骤 (4) 按要求进行实验步骤 (5) 自我评价、相互评价、教师评价
准备阶段		**准备知识：** 1. 氧化还原反应速率的影响因素 (1) 反应物对温度的影响：一般氧化还原反应速率是随着反应物浓度增加而_____。 (2) 温度对反应速率的影响：一般每增加10℃，反应速率增加_____倍。 (3) 催化和诱导反应对反应速率的影响 ① 催化作用：在催化反应中，催化剂与反应物发生作用，改变了反应途径，从而降低了反应的活化能，使得反应速率得以提高，该反应最终不会有新产物出现、不影响反应产物种类和质量。 ② 自身催化反应：_____ _____。 ③ 诱导反应：_____ _____。 ④ 催化反应和诱导反应的区别：_____ _____。 2. 氧化还原指示剂的分类及常见指示剂 (1) _____ 常见指示剂有_____。 (2) _____ 常见指示剂有_____。 (3) _____ 常见指示剂有_____。 3. 不同酸度条件下，高锰酸钾的还原产物 $KMnO_4$是一种强氧化剂，它的氧化能力和还原产物与溶液的酸度有关。在强酸性溶液中，$KMnO_4$与还原剂作用被还原为____，在弱酸性、中性或碱性溶液中，____，而在pH＞12的强碱性溶液中高锰酸钾常被还原为____。

	4. $KMnO_4$溶液的配制 市售高锰酸钾试剂常含有少量的____及其他杂质，使用的蒸馏水中也有少量尘埃、有机物等____物质。这些都能____使还原，因此标准滴定溶液不能直接配制，必须先配成近似浓度的溶液，然后再用基准物质进行标定。 5. $KMnO_4$溶液的标定 （1）基准物质 标定$KMnO_4$溶液的基准物很多，如____、____、____和纯铁丝等。其中常用的是____，这是因为它易提纯且性质稳定，不含结晶水，在____℃烘至恒重，即可使用。 （2）标定原理（选用$Na_2C_2O_4$为基准物质） MnO_4^-与$C_2O_4^{2-}$的标定反应在H_2SO_4介质中进行，其反应如下： _____ 此时，$KMnO_4$的基本单元为____，而$Na_2C_2O_4$的基本单元为____。 （3）标定条件（三度一点） ① 温度　$Na_2C_2O_4$溶液加热至____℃再进行滴定。不能使温度超过____℃，否则分解，导致标定结果____。（为什么？） ② 酸度　溶液应保持足够大的酸度，一般控制酸度为____mol/L。如果酸度不足，易生成沉淀，酸度过高则又会使____分解。（实际操作中酸量应如何控制？） ③ 滴定速度　MnO_4^-与$C_2O_4^{2-}$的反应开始时速度很慢，当有____离子生成之后，反应速度逐渐加快。（实际操作中如何控制？太快、太慢有何后果？）
准备 阶段	④ 滴定终点　用$KMnO_4$溶液滴定至溶液呈____色30s不退色即为终点。 6. 高锰酸钾的应用 （1）直接滴定法 ① 直接滴定法测定H_2O_2 原理：在酸性溶液中H_2O_2被MnO_4^-定量氧化： **方程式：**_____。 ② 绿矾含量的测定 原理：在酸性溶液中，高锰酸钾氧化亚铁离子，由消耗的高锰酸钾溶液，计算绿矾的含量。 **反应如下：**_____。 A. 测定时用____酸化，其目的是_____。 B. 此反应不能加HNO_3，因为_____。也不能加HCl，因为_____ _____。 （2）间接测定法 测定Ca^{2+}、Ca^{2+}、Th^{4+}等在溶液中没有可变价态，通过生成草酸盐沉淀，可用高锰酸钾法间接测定。 （3）返滴法 ① 测定软锰矿中MnO_2 ② 测定水中化学耗氧量COD_{Mn} ③ 一些有机物的测定

续表

计划及决策阶段	任务拆分	子任务1：高锰酸钾标准溶液的配制与标定	
		子任务2：工业双氧水/医用双氧水中过氧化氢含量的测定	
	人员分工	姓名	负责工作
	时间安排		
	主要仪器选择		
	实验基本流程		
	师生讨论确定方案	1. 小组派出代表展示本组的任务计划及实验方案 2. 各小组参加讨论 3. 教师引导总结播放实验视频并演示 4. 各组确定实验方案并准备实施	
问题引领	1. 工业双氧水中过氧化氢的含量一般为多少？医用双氧水中过氧化氢的含量一般为多少？ 2. 有哪些方法可以用来测定过氧化氢的含量？其中有哪些方法是你所学过的？		

续表

问题引领	3. 若用氧化还原分析法，你将需要何种标准溶液？应如何配制并标定？其原理是什么？ 4. 若用氧化还原分析法测定过双氧水中过氧化氢的含量，其原理是什么？结果如何计算？如何表示？ 5. 利用高锰酸钾法测定过氧化氢所需的仪器、试剂分别是什么？ 6. 利用高锰酸钾法测定过氧化氢具体该如何操作？ 7. 在你完成任务的过程将会产生哪些环保方面的问题？你将如何处理？ 8. 你认为要完成此任务还需要老师提供哪些帮助？
任务实施	**子任务1：高锰酸钾标准溶液的配制与标定** **活动准备（仪器与试剂）：** **方法原理与结果表达：** 　　高锰酸钾（$KMnO_4$）为强氧化剂，易和水中的有机物和空气中的尘埃等还原性物质作用；$KMnO_4$ 溶液还能自行分解，见光时分解更快，因此 $KMnO_4$ 标准溶液的浓度容易改变，必须正确地配制和保存。 　　$KMnO_4$ 溶液的标定常采用草酸钠（$Na_2C_2O_4$）作基准物，因为 $Na_2C_2O_4$ 不含结晶水，容易精制，操作简便。$KMnO_4$ 和 $Na_2C_2O_4$ 反应如下： $$2MnO_4^- + 5C_2O_4^{2-} + 16H^+ \xrightarrow{\triangle} 2Mn^{2+} + 10CO_2 + 8H_2O,$$ $KMnO_4$ 标准滴定溶液浓度按下式计算： $$c\left(\frac{1}{5}KMnO_4\right) = \frac{m_{Na_2C_2O_4}}{(V-V_0) \times M\left(\frac{1}{2}Na_2C_2O_4\right) \times 10^{-3}}$$

续表

	实验操作流程： 1. 高锰酸钾标准溶液的配制 2. 高锰酸钾标准溶液的标定					
任务实施	数据记录及处理：					
		次数 内容		1	2	3
	称量瓶＋$Na_2C_2O_2$的质量（第一次读数）					
	称量瓶＋$Na_2C_2O_2$的质量（第二次读数）					
	基准$Na_2C_2O_2$的质量 m/g					
	标定试验	滴定消耗$KMnO_4$溶液的用量/mL				
		滴定管校正值/mL				
		溶液温度补正值/(mL/L)				
		实际滴定消耗$KMnO_4$溶液的体积 V/mL				
	空白试验	滴定消耗$KMnO_4$溶液的体积/mL				
		滴定管校正值/mL				
		溶液温度补正值/(mL/L)				
		实际滴定消耗$KMnO_4$溶液的体积 V_0/mL				
	$c\left(\dfrac{1}{5}KMnO_4\right)$/(mol/L)					
	$c\left(\dfrac{1}{5}KMnO_4\right)$ 平均值/(mol/L)					
	平行测定结果的极差/(mol/L)					
	极差与平均值之比/%					

同组成员	姓名	$c\left(\dfrac{1}{5}KMnO_4\right)$平均值/(mol/L)	两位成员标定的平均浓度/(mol/L)

思考与讨论	1. 配制$KMnO_4$标准溶液时，为什么要把$KMnO_4$溶液煮沸一定时间和放置数天？为什么还要过滤？是否可用滤纸过滤？

续表

思考与讨论	2. 用 $Na_2C_2O_4$ 标定 $KMnO_4$ 溶液浓度时，H_2SO_4 加入量的多少对标定有何影响？可否用盐酸或硝酸来代替？ 3. 用 $Na_2C_2O_4$ 标定 $KMnO_4$ 溶液浓度时，为什么要加热？温度是否越高越好，为什么？
任务实施	**子任务 2：工业双氧水/医用双氧水中过氧化氢含量的测定** **活动准备（仪器与试剂）：** **仪器：** **试剂：** **方法原理与结果表达：** 　　在酸性溶液中，以 $KMnO_4$ 自身为指示剂，直接用 $KMnO_4$ 标准溶液滴定 H_2O_2，其反应式为：$5H_2O_2 + 2MnO_4^- + 6H^+ == 2Mn^{2+} + 8H_2O + 5O_2$ 　　根据 $KMnO_4$ 标准溶液的用量计算 H_2O_2 的含量。 　　以质量浓度表示 H_2O_2 的含量： $$\rho = \frac{c\left(\frac{1}{5}KMnO_4\right)V(KMnO_4)}{\frac{V}{1000} \times \frac{25}{250}} \cdot \frac{M\left(\frac{1}{2}H_2O_2\right)}{1000} \text{(g/L)}$$ **实验操作流程：**

续表

	数据记录及处理：				
任务实施	内容 \ 次数		1	2	3
	工业双氧水体积 $V(H_2O_2)$				
	测定试验	滴定消耗 $KMnO_4$ 溶液的用量/mL			
		滴定管校正值/mL			
		溶液温度补正值/(mL/L)			
		实际滴定消耗 $KMnO_4$ 溶液的体积 V/mL			
	空白试验	滴定消耗 $KMnO_4$ 的体积/mL			
		滴定管校正值/mL			
		溶液温度补正值/(mL/L)			
		实际滴定消耗 $KMnO_4$ 溶液的体积 V_0/mL			
	$\rho(H_2O_2)/(g/L)$				
	$\rho(H_2O_2)$ 平均值/(g/L)				
	平行测定结果的极差/(g/L)				
	极差与平均值之比/%				

思考讨论：

(1) 反应较慢，能否通过加热溶液来加快反应速度？为什么？

(2) 用 $KMnO_4$ 法直接测定 H_2O_2 时，能否用硝酸或盐酸控制酸度？为什么？

结果反思	任务中的难点： 成功之处： 不足之处：

学生课程任务学习评价表

班级：___ 学号：___ 姓名：___ 课程：_____ 子任务：双氧水中 H_2O_2 含量的测定

指标属性及配分	序号	评价指标要素	分值	评价依据	考评记录		
					学生自评	小组互评	教师评价
社会能力 20分	1	出勤情况	2	学习、完成任务的出勤率			
	2	参与程度	6	富于工作热情，积极参与			
	3	团队协作	6	服从教师、组长的任务分配，并按时完成			
	4	遵守规章制度	4	遵守各项规章制度			
	5	精神面貌	2	仪容、仪态合适			
方法能力 20分	1	知识的获取	4	知识获取的方法、途径，知识量			
	2	知识的运用	4	灵活运用所获取的知识来解决问题			
	3	问题的解决	4	能独立解决实验过程中遇到的一些问题			
	4	工作的反思与评价	4	能反工作进行全面、客观的评价			
	5	任务的总结、反思	4	工作完成后能进行总结、反思			
专业能力 50分	1	任务准备	4	完成任务前是否认真预习			
	2	仪器选择	3	仪器的选择是否正确			
	3	称量准确	4	称量操作是否符合要求、规范			
	4	溶液的配制	3	溶液的配制规范、熟练			
	5	仪器的使用	4	仪器的使用是否符合要求、规范			
	6	滴定速度	3	滴定速度控制是否恰当			
	7	终点判断	5	滴定终点判断准确			
	8	滴定操作	4	滴定操作规范、熟练			
	9	数据记录	3	数据记录规范、准确			
	10	数据处理	4	数据处理正确			
	11	分析结果的准确度	5	准确度不大于2倍允差，即 $2\times0.1\%$			
	12	分析结果的精密度	5	极差与平均值之比不大于1/2允差			
	13	工作页的填写	3	工作页的填写			
文明操作 10分	1	实验台整理与清洁	2	实验结束后，是否收拾台面、试剂、仪器等（2）			
	2	废物处理能力	2	废物是否按指定的方法处理（2）			
	3	时间分配能力	2	是否在规定时间内完成全部工作（2）			
	4	诚实可信	2	实验测定中是否有作弊、编造数据等行为（2）			
	5	爱护仪器，沉着细心	2	是否打碎器皿、损坏仪器（2）			
考评小计							
考评总计		学生自评小计分数×20%＋小组互评分数×20%＋教师评分×60%					

七、胆矾中硫酸铜含量的测定

任务3：胆矾中硫酸铜的测定		指导老师：	学时：8学时
班级：	姓名：	学号：	日期：

职业能力目标	专业能力	★学生依据间接碘量法确定胆矾中硫酸铜含量测定的实验方案、步骤 ★能正确表示胆矾中硫酸铜含量的测定结果 ★能正确选择指示剂 ★能准确标定硫代硫酸钠标准溶液的浓度 ★能拓展碘量法的应用 ★实验全过程能遵守"5S"原则
	方法能力	★能独立解决实验过程中遇到的一些问题 ★能独立使用各种媒介完成学习任务 ★信息收集能力能得到相应的拓展 ★工作结果的评价与反思
	社会能力	★团队协作能力 ★与团队负责人、成员相互沟通的能力 ★具有独立解决问题的能力
任务前提	数据的处理知识 氧化还原平衡、氧化还原滴定的相关基础知识	
要求	学生分组、时分时合共同完成工作任务 学生要做好实验数据的记录、最后各小组的原始数据汇总到教师集中保存 小组成员之间、小组与小组之间进行相互的监督与评价	
信息来源	教材、讲义、相关实验操作视频 相关设备、网络信息等	
学习步骤	(1) 与同学进行交流讨论，了解实验步骤、实验要求，进而获得实验操作信息 (2) 获取学习任务中的必要信息、知识和操作的注意要点 (3) 小组讨论制定实验操作步骤 (4) 按要求进行实验步骤 (5) 自我评价、相互评价、教师评价	
准备阶段	**准备知识：** 1. 碘量的法特点 碘量法是利用I_2的_____和I^-的_____来进行滴定的方法，其基本反应是：$I_2 + 2e^- \longrightarrow 2I^-$，因为固体$I_2$在水中溶解度很小（298K时为$1.18 \times 10^{-3}$ mol/L）且易于挥发，通常将I_2溶解于_____溶液中，此时它以_____配离子形式存在，其半反应为：$I_3^- + 2e^- \longrightarrow 3I^-$，$\varphi^\ominus_{I_3^-/I^-} = 0.545$V。从$\varphi^\ominus$值可以看出，$I_2$是较弱的_____，能与较强的还原剂作用；$I^-$是中等强度的_____，能与许多氧化剂作用。 2. 碘量法可以用直接或间接的两种方式进行 碘量法既可测定氧化剂，又可测定还原剂。I_3^-/I^-电对反应的可逆性好，副反应少，	

准备阶段	又有很灵敏的淀粉指示剂指示终点，因此碘量法的应用范围很广。 （1）直接碘量法 　　用 I_2 配成的标准滴定溶液可以直接测定电位值比 $\varphi^{\ominus}_{I_2/I^-}$ 小的还原性物质，如 S^{2-}、SO_3^{2-}、Sn^{2+}、$S_2O_3^{2-}$、$As(Ⅲ)$、维生素 C 等，这种碘量法称为直接碘量法，又叫_____。 （2）间接碘量法 电位值比 $\varphi^{\ominus}_{I_2/I^-}$ 高的氧化性物质，可在一定的条件下，用 I^- 还原，然后用 $Na_2S_2O_3$ 标准溶液滴定释放出的 I_2，这种方法称为间接碘量法，又称_____。间接碘量法的基本反应为： 　　　　　　　　　_____ 利用这一方法可以测定很多氧化性物质，如 Cu^{2+}、$Cr_2O_7^{2-}$、IO_3^-、BrO_3^-、AsO_4^{3-}、ClO^-、NO_2^-、H_2O_2、MnO_4^-、和 Fe^{3+} 等。 3. 碘量法的中指示剂 碘量法中一般使用的指示剂是_____。直接碘量法用淀粉指示液指示终点时，应在加入。终点时，溶液由_____突变为_____。间接碘量法用淀粉指示液指示终点时，应等滴至溶液呈_____时再加入。（若过早加入淀粉，它与 I_2 形成的蓝色配合物会吸留部分 I_2，往往易使终点提前且不明显）。终点时，溶液由_____转_____。 4. 碘量法的误差来源和防止措施 （1）碘量法的误差 碘量法的误差来源于两个方面：一是_____；二是_____。 （2）防止措施 为了防止 I_2 挥发和空气中氧氧化 I^-，测定时要加入过量的_____，使 I_2 生成_____离子，并使_____瓶，滴定时_____剧烈摇动，以减少 I_2 的挥发。由于 I^- 被空气氧化的反应，随光照及酸度增高而加快，因此在反应时，应将碘瓶置于_____；滴定前调节好酸度，析出 I_2 后立即进行滴定。 5. 碘量法标准滴定溶液的制备 碘量法中需要配制和标定 I_2 和 $Na_2S_2O_3$ 两种标准滴定溶液。 （1）$Na_2S_2O_3$ 标准滴定溶液的制备　市售硫代硫酸钠（$Na_2S_2O_3 \cdot 5H_2O$）一般都含有少量杂质，因此配制 $Na_2S_2O_3$ 标准滴定溶液不能用直接法，只能用间接法。 配制好的 $Na_2S_2O_3$ 溶液在空气中不稳定，容易分解，这是由于在水中的微生物、CO_2、空气中 O_2 作用下，$Na_2S_2O_3$ 发生一系列的反应；此外，水中微量的 Cu^{2+} 或 Fe^{3+} 等也能促进 $Na_2S_2O_3$ 溶液分解。因此配制 $Na_2S_2O_3$ 溶液时，应当用_____水，并加入少量_____，使溶液呈弱碱性，以抑制细菌生长。配制好的 $Na_2S_2O_3$ 溶液应贮于_____瓶中，于暗处放置 2 周后，过滤去沉淀，然后再标定；标定后的 $Na_2S_2O_3$ 溶液在贮存过程中如发现溶液变混浊，应重新标定或弃去重配。 标定 $Na_2S_2O_3$ 溶液的基准物质有_____、_____、_____ 及升华 I_2 等。除 I_2 外，其他物质都需在酸性溶液中与 KI 作用析出 I_2 后，再用配制的 $Na_2S_2O_3$ 溶液滴定。若以 $K_2Cr_2O_7$ 作基准物为例，则 $K_2Cr_2O_7$ 在酸性溶液中与 I^- 发生如下反应：

准备阶段		反应析出的 I_2 以淀粉为指示剂用待标定的 $Na_2S_2O_3$ 溶液滴定。 用 $K_2Cr_2O_7$ 标定 $Na_2S_2O_3$ 溶液时应注意：$Cr_2O_7^{2-}$ 与 I^- 反应较慢，为加速反应，须加入过量的 KI 并提高酸度，不过酸度过高会加速空气氧化 I^-。因此，一般应控制酸为 $0.2\sim0.4mol/L$ 左右。并在暗处放置 10min，以保证反应顺利完成。 根据称取 $K_2Cr_2O_7$ 的质量和滴定时消耗 $Na_2S_2O_3$ 标准溶液的体积，可计算出 $Na_2S_2O_3$ 标准溶液的浓度。计算公式如下： $$c(Na_2S_2O_3) = \frac{m_{K_2Cr_2O_7} \times 1000}{(V-V_0) \times M(1/6 K_2Cr_2O_7)}$$ （2）I_2 标准滴定溶液的配制与标定
计划及决策阶段	任务拆分	子任务1：$Na_2S_2O_3$ 标准滴定溶液的配制与标定 子任务2：胆矾中硫酸铜含量的测定
	人员分工	姓名　　　　　　　　　　负责工作
	时间安排	
	主要仪器选择	
	实验基本流程	
	师生讨论确定方案	1. 小组派出代表展示本组的任务计划及实验方案 2. 各小组参加讨论 3. 教师引导总结播放实验视频并演示 4. 各组确定实验方案并准备实施

续表

问题引领	1. 用硫酸铜的含量一般为多少？根据何标准？ 2. 有哪些方法胆矾中硫酸铜含量？ 3. 若用碘量法测定硫酸铜含量，你将需要何种标准溶液？应如何配制并标定？ 4. 若用碘量法测定硫酸铜含量，其原理是什么？结果如何计算？如何表示？ 5. 利用碘量法测定硫酸铜含量所需的仪器、试剂分别是什么？ 6. 利用碘量法测定硫酸铜含量具体该如何操作？ 7. 在你完成任务的过程将会产生哪些环保方面的问题？你将如何处理？ 8. 你认为要完成此任务还需要老师提供哪些帮助？
任务实施	**子任务 1：$Na_2S_2O_3$ 标准滴定溶液的制备** **活动准备（仪器与试剂）：** **仪器：** 　　电子分析天平、250mL 容量瓶、移液管、50mL 棕色酸式滴定管等。 **试剂：** 　　基准试剂 $K_2Cr_2O_7$（已在 110～120℃烘干到至恒重）、KI 固体试试、2 mol/L H_2SO_4 溶液、5g/L 淀粉溶液 **方法原理与结果表达：** 　　固体 $Na_2S_2O_3·5H_2O$ 试剂一般都含有少量杂质，如亚硫酸钠、碳酸钠等，并且放置过程容易风化、潮解，易受空气和微生物的作用而分解，因此不能直接配制成准确浓度的溶液。但其在微碱性的溶液中较稳定。当标准溶液配制后亦要妥善保存。 　　标定 $Na_2S_2O_3$

续表

任务实施	溶液通常是选用 KIO_3、$KBrO_3$ 或 $K_2Cr_2O_7$ 等氧化剂作为基准物,定量地将 I^- 氧化为 I_2,再用 $Na_2S_2O_3$ 溶液滴定,本次实验选用 $K_2Cr_2O_7$ 作为基准物其反应如下: $$Cr_2O_7^{2-} + 6I^- + 14H^+ = 2Cr^{3+} + 3I_2 + 7H_2O$$ $$2SO_3^{2-} + I_2 = 2I^- + S_4O_6^{2-}$$ $$c(Na_2S_2O_3) = \frac{1000 \times m(K_2Cr_2O_7)}{V(Na_2S_2O_3)M\left(\frac{1}{6}K_2Cr_2O_7\right)}$$
	实验操作流程: 1. 0.1 mol/L $Na_2S_2O_3$ 标准溶液的配制(配制 500mL) 　　称取 $7gNa_2S_2O_3 \cdot 5H_2O$ 置于 300mL 烧杯中,加入 260mL 蒸馏水,加热煮沸并保持微沸约 10min,加入 0.05g 无水 Na_2CO_3,待完全溶解后,冷却至室温,保存于棕色瓶中,在暗处放置 7~14 天后标定。 2. $Na_2S_2O_3$ 标准溶液的标定 　　准确称取基准试剂 $K_2Cr_2O_7$ 0.13~0.15g(称准至 0.0001g)置于 250 mL 碘量瓶中,加入 25mL 新煮沸并冷却的蒸馏水溶解后,加入 2g 固体 KI 及 20mL 2 mol/L H_2SO_4 溶液,立即盖上碘量瓶塞,摇匀,瓶口加少许蒸馏水密封,以防止 I_2 的挥发。在暗处静置 10min,打开瓶塞,用蒸馏水冲洗磨口塞和瓶颈内壁,加入 100mL 新煮沸并冷却的蒸馏水稀释,用待标定的标准滴定溶液滴定,至溶液出现淡黄绿色时,加 3 mL 5g/L 的淀粉溶液,继续滴定至溶液由蓝色变为亮绿色即为终点。记录消耗标准滴定溶液的体积。平行测定 3 次。

数据记录及处理:

内容		次数	1	2	3
称量瓶+$K_2Cr_2O_7$ 的质量(第一次读数)/g					
称量瓶+$K_2Cr_2O_7$ 的质量(第二次读数)/g					
基准 $K_2Cr_2O_7$ 的质量 m/g					
标定试验	滴定消耗 $Na_2S_2O_3$ 溶液的用量/mL				
	滴定管校正值/mL				
	溶液温度补正值/(mL/L)				
	实际滴定消耗 $Na_2S_2O_3$ 溶液的体积 V/mL				
空白试验	滴定消耗 $Na_2S_2O_3$ 溶液的体积/mL				
	滴定管校正值/mL				
	溶液温度补正值/(mL/L)				
	实际滴定消耗 $Na_2S_2O_3$ 溶液的体积 V_0/mL				
$c(Na_2S_2O_3)$ /(mol/L)					
$c(Na_2S_2O_3)$ 平均值/(mol/L)					
平行测定结果的极差/(mol/L)					
极差与平均值之比/%					

续表

任务实施	同组成员	姓名	$c(Na_2S_2O_3)$ 平均值/(mol/L)	两位成员标定的平均浓度/(mol/L)

思考与讨论	1. 在配制 $Na_2S_2O_3$ 标准溶液时，所用的蒸馏水为何要先煮沸并冷却后才能使用？为什么常加入少量无水 Na_2CO_3？ 2. 溶液被滴定至淡黄色，说明了什么？为什么在这时才可以加入淀粉指示剂？

任务实施	子任务2：胆矾中硫酸铜含量的测定 **活动准备（仪器与试剂）：** **仪器：** 电子分析天平、50mL 酸式滴定管、250mL 锥形瓶、碘量瓶等。 **试剂：** 重铬酸钾、碘化钾、0.1 mol/L 的 $Na_2S_2O_3$ 标准溶液、淀粉指示液（5g/L）等。 **方法原理与结果表达：** 将胆矾试样溶解后，加入过量 KI，在弱酸性溶液中，Cu^{2+} 可被 KI 还原为 CuI，反应为： $$2Cu^{2+} + 4I^- = I_2 + 2CuI\downarrow$$ 这是一个可逆反应，由于 CuI 溶解度比较小，在有过量的 KI 存在时，反应定量地向右进行，析出的 I_2 用 $Na_2S_2O_3$ 标准滴定溶液滴定，反应为： $$2S_2O_3^{2-} + I_2 = 2I^- + S_4O_6^{2-}$$ 以淀粉指示剂确定终点。 $$w(CuSO_4 \cdot 5H_2O) = \frac{c(Na_2S_2O_3) \frac{V(Na_2S_2O_3)}{1000} M(CuSO_4 \cdot 5H_2O)}{m_{样}} \times 100\%$$ **实验操作流程：** 称取胆矾试样 0.5～0.6g（称准至 0.0001g），置于 250mL 的碘量瓶中，加入 3mL 2mol/L 的 H_2SO_4 溶液、30mL 蒸馏水使其溶解，然后加入 10% 的 KI 溶液 10mL，迅速盖上瓶塞，摇匀。于暗处放置 3min，此时应有白色的 CuI 沉淀出现。 打开碘量瓶塞，用少量水冲洗瓶塞及瓶内壁，立即用 $c(Na_2S_2O_3) = 0.1mol/L$ 的 $Na_2S_2O_3$ 标准滴定溶液滴定至浅黄色，加 3mL 淀粉指示液，继续滴定至浅蓝色，再加 10mL 10% 的 KSCN 溶液，继续用 $Na_2S_2O_3$ 标准滴定溶液滴定至蓝色刚好消失为终点。此时溶液白为色的 CuSCN 悬浮液。记录消耗 $Na_2S_2O_3$ 标准滴定溶液的体积。平等测定 3 次。同时做空白实验。

续表

	数据记录及处理：				
	内容 \ 次数		1	2	3
	称量瓶＋胆矾试样的质量（第一次读数）/g				
	称量瓶＋胆矾试样的质量（第二次读数）/g				
	胆矾试样的质量 m/g				
	测定试验	滴定消耗 $Na_2S_2O_3$ 溶液的用量/mL			
		滴定管校正值/mL			
		溶液温度补正值/（mL/L）			
		实际滴定消耗 $Na_2S_2O_3$ 溶液的体积 V/mL			
	空白试验	滴定消耗 $Na_2S_2O_3$ 溶液的体积/mL			
		滴定管校正值/mL			
		溶液温度补正值/（mL/L）			
		实际滴定消耗 $Na_2S_2O_3$ 溶液的体积 V_0/mL			
任务实施	$w(CuSO_4 \cdot 5H_2O)$/%				
	$w(CuSO_4 \cdot 5H_2O)$ 平均值/%				
	平行测定结果的极差/%				
	极差与平均值之比/%				

同组成员	姓名	$w(CuSO_4 \cdot 5H_2O)$ 平均值/%	两位成员标定的平均测定结果/%

思考讨论：

1. 用 $K_2Cr_2O_7$ 标定 $Na_2S_2O_3$ 时为什么加入碘化钾？为什么在暗处放 5min？滴定时为何要稀释？

2. 碘量法测铜时为何 pH 必须维持在 3～4 之间，过低或过高有什么影响？

学生课程任务学习评价表

班级：_____ 学号：_____ 姓名：_____ 课程：化学分析基础　子任务：维生素C含量的测定

指标属性及配分	序号	评价指标要素	分值	评价依据	考评记录		
					学生自评	小组互评	教师评价
社会能力 20分	1	出勤情况	2	学习、完成任务的出勤率			
	2	参与程度	6	富于工作热情，积极参与			
	3	团队协作	6	服从教师、组长的任务分配，并按时完成			
	4	遵守规章制度	4	遵守各项规章制度			
	5	精神面貌	2	仪容、仪态合适			
方法能力 20分	1	知识的获取	4	知识获取的方法、途径，知识量			
	2	知识的运用	4	灵活运用所获取的知识来解决问题			
	3	问题的解决	4	能独立解决实验过程中遇到的一些问题			
	4	工作的反思与评价	4	能反工作进行全面、客观的评价			
	5	任务的总结、反思	4	工作完成后能进行总结、反思			
专业能力 50分	1	任务准备	4	完成任务前是否认真预习			
	2	仪器选择	3	仪器的选择是否正确			
	3	称量准确	4	称量操作是否符合要求、规范			
	4	溶液的配制	3	溶液的配制规范、熟练			
	5	仪器的使用	4	仪器的使用是否符合要求、规范			
	6	滴定速度	3	滴定速度控制是否恰当			
	7	终点判断	5	滴定终点判断准确			
	8	滴定操作	4	滴定操作规范、熟练			
	9	数据记录	3	数据记录规范、准确			
	10	数据处理	4	数据处理正确			
	11	分析结果的准确度	5	准确度不大于2倍允差，即$2×0.1\%$			
	12	分析结果的精密度	5	极差与平均值之比不大于1/2允差			
	13	工作页的填写	3	工作页的填写			
文明操作 10分	1	实验台整理与清洁	2	实验结束后，是否收拾台面、试剂、仪器等（2）			
	2	废物处理能力	2	废物是否按指定的方法处理（2）			
	3	时间分配能力	2	是否在规定时间内完成全部工作（2）			
	4	诚实可信	2	实验测定中是否有作弊、编造数据等行为（2）			
	5	爱护仪器，沉着细心	2	是否打碎器皿、损坏仪器（2）			
考评小计							
考评总计		学生自评小计分数×20% ＋ 小组互评分数×20% ＋ 教师评分×60%					

八、认识重铬酸钾、溴酸盐法等氧化还原滴定法

任务 4：认识重铬酸钾、溴酸盐法等氧化还原滴定法		指导老师：	学时：4 学时
班级：		姓名：	学号：
职业能力目标	专业能力	★能理解氧化还原预处理的相关知识 ★能制备重铬酸钾标准溶液 ★能理解重铬酸钾法的基本原理 ★能选用合适的指示剂 ★能理解铈量法、溴酸盐法的基本原理 ★能掌握氧化还原反应的相关计算	
	方法能力	★能独立解决实验过程中遇到的一些问题 ★能独立使用各种媒介完成学习任务 ★信息收集能力能得到相应的拓展 ★工作结果的评价与反思	
	社会能力	★团队协作能力 ★与团队负责人、成员相互沟通的能力 ★具有独立解决问题的能力 ★养成求真务实、科学严谨的工作态度	
要求	学生分组、分工共同完成 学生能应用各种媒介完成工作任务 小组成员之间、小组与小组之间进行相互的监督与评价		
信息来源			
学习步骤：	(1) 每 2 人一小组，通过教材、教辅、网络等资源共同查阅相关资料 (2) 获取必要信息、知识 (3) 在教师引导下各小组各自完成工作页中知识内容 (4) 师生相互讨论、总结 (5) 自我评价、相互评价、教师评价		
任务实施	**一、氧化还原预处理** 1. 什么是氧化还原预处理？ 2. 对氧化还原预处理试剂的要求是什么？		

续表

| 任务实施 | 3. 常用的预还原剂、预氧化剂有哪些？

二、重铬酸钾法
1. $K_2Cr_2O_7$ 是一种常用的_____剂之一，它具有较强的_____，在_____介质中_____被还原为_____，其电极反应如下：_____，$\varphi^{\ominus}_{Cr_2O_7^{2-}/Cr^{3+}} = 1.33V$，$K_2Cr_2O_7$ 的基本单元为_____。
2. 重铬酸钾中最常用的指示剂为_____。
3. $K_2Cr_2O_7$ 标准滴定溶液的制备
(1) 直接配制法　$K_2Cr_2O_7$ 标准滴定溶液可用直接法配制，但在配制前应将 $K_2Cr_2O_7$ 基准试剂在_____℃温度下烘至恒重。
(2) 间接配制法　若使用分析纯 $K_2Cr_2O_7$ 试剂配制标准溶液，则需进行标定，其标定原理是：移取一定体积的 $K_2Cr_2O_7$ 溶液，加入过量的_____和_____ H_2SO_4，用已知浓度的_____标准滴定溶液进行滴定，以淀粉指示液指示滴定终点，其反应式为：
　　　　　　　　_____

$K_2Cr_2O_7$ 标准溶液的浓度按下式计算：
_____
4. 重铬酸钾法应用实例
(1) 铁矿石中全铁量的测定　重铬酸钾法是测定矿石中全铁量的标准方法。根据预氧化还原方法的不同分为 $SnCl_2$-$HgCl_2$ 法和 $SnCl_2$-$TiCl_3$（无汞测定法）。
① 原理：_____（方程式）
② 测定中加入 H_3PO_4 的目的有两个：一是_____
_____
二是_____

(2) 测定污水的化学耗氧量（COD_{Cr}）　$KMnO_4$ 法测定的化学耗氧量（COD_{Mn}）只适用于较为_____水样测定。若需要测定污染严重的生活污水和工业废水则需要用 $K_2Cr_2O_7$ 法。用 $K_2Cr_2O_7$ 法测定的化学耗氧量用 COD_{Cr}（O，mg/L）表示。COD_{Cr} 是衡量污水被污染程度的重要指标。其测定原理是：
水样中加入一定量的_____溶液，在强酸性（H_2SO_4）条件下，以 Ag_2SO_4 为催化剂，加热回流 2h，使重铬酸钾与有机物和还原性物质充分作用。过量的重铬酸钾以试亚铁灵为指示剂，用硫酸亚铁铵标准滴定溶液返滴定，其滴定反应为：
$$Cr_2O_7^{2-} + 6Fe^{2+} + 14H^+ \rightleftharpoons 2Cr^{3+} + 6Fe^{3+} + 7H_2O$$
由所消耗的硫酸亚铁铵标准滴定溶液的量及加入水样中的重铬酸钾标准滴定溶液的量，便可以计算出水样中还原性物质消耗氧的量。
$$COD_{Cr} = \frac{(V_0 - V_1) \cdot c(Fe^{2+}) \times 8.000 \times 1000}{V}$$

三、铈量法

铈量法：以硫酸铈为标准溶液测定物质含量的方法。硫酸铈为强氧化剂，半反应为：

$$\varphi^{\ominus}_{Ce^{4+}/Ce^{3+}}=1.61V$$

Ce^{4+}/Ce^{3+} 电对在不同介质中其条件电极电位不同。硫酸铈溶液呈黄色乃至橙色，而三价铈盐为无色。

四、溴酸盐法

1. 原理　利用溴酸钾为氧化剂的滴定方法。其半反应如下：

$$\varphi^{\ominus}_{BrO_3^-/Br^-}=1.44V$$

终点可以用溴的黄色来判断，但灵敏度较差；也可以利用溴能够破坏甲基橙或甲基红的显色结构，使其退色来判断终点。

$$甲基橙 \xrightarrow{H^+} 红色 \xrightarrow{+Br_2} 无色$$

2. 溶液的配制与标定

（1）配制　用基准 $KBrO_3$ 直接配制成 $0.1000mol/L\left(\dfrac{1}{6}KBrO_3\right)$ 溶液：2.7833g 加水等于 1000mL。$0.1mol/L\left(\dfrac{1}{6}KBrO_3-KBr\right)$ 标准溶液（即溴标液）：3g 溴酸钾 25g 溴化钾溶于 1000mL 水中。

（2）标定　取溴标液 30.00～35.00mL 于碘量瓶中，加 2g 碘化钾、5mL20%盐酸，于暗处放置 5min，加 15mL 水。用 0.1000mol/L 硫代硫酸钠标液滴至近终点，加 3mL0.5%淀粉指示剂，滴至蓝色消失并做空白。反应如下：

$$BrO_3^- + 5Br^- + 6H^+ \longrightarrow 3Br_2 + 3H_2O \qquad Br_2 + 2I^- \longrightarrow 2Br^- + I_2$$

$$I_2 + 2S_2O_3^{2-} \longrightarrow 2I^- + S_4O_6^{2-}$$

（3）计算　$c\left(\dfrac{1}{6}KBrO_3\right)=\dfrac{(V-V_{空白})c(Na_2S_2O_3)}{V_{溴标液}}mol/L$

3. 应用——苯酚含量的测定

原理：$BrO_3^- + 5Br^- + 6H^+ \longrightarrow 3Br_2 + 3H_2O$

$$3Br_2 + C_6H_5OH \longrightarrow C_6H_2Br_3OH\downarrow + 3H^+ + 3Br^-$$

余量 Br_2 的与 KI 作用，析出定量的 I_2 　$Br_2 + 2I^- \longrightarrow 2Br^- + I_2$

析出的 I_2 用硫代硫酸钠标准溶液滴定

$$I_2 + 2S_2O_3^{2-} \longrightarrow 2I^- + S_4O_6^{2-}$$

计算：

$$w(C_6H_5OH)=\dfrac{(V-V_{空白})\times c(Na_2S_2O_3)\times \dfrac{M\left[\dfrac{1}{6}(C_6H_5OH)\right]}{1000}}{m_{样}}\times 100\%$$

续表

	工业污水（Cl^-含量>350mg/L）COD 的测定/自来水 COD 的测定方案设计
任务实施	**方法选择：** **实验目的：** **仪器与试剂：** **实验步骤：**
结果反思	**任务中的难点：** **成功之处：** **不足之处：**

· 50 ·

续表

结果评价	评价标准	①社会能力 20分	项目 ＼ 评价	个人	小组	教师
			出勤情况　4分			
			参与程度　4分			
			团队协作　4分			
			遵守规章制度　4分			
			精神面貌　4分			
		②方法能力 20分	知识的获取　4分			
			知识的运用　4分			
			问题的解决　4分			
			工作的反思与评价　4分			
			任务的总结、反思　4分			
		③专业能力 60分	工作页完成程度　10分			
			知识内容完成准确度　20分			
			实验方案设计的可行性　10分			
			实验方案设计的完整性　5分			
			小组汇报方案情况　15分			
	评价方法	自我评价（20%）：　共　　分×20%＝　　分				总体评价：
		社会能力：	方法能力：	专业能力：		
		小组评价（20%）：　共　　分×20%＝　　分				
		社会能力：	方法能力：	专业能力：		
		教师评价（60%）：　共　　分×60%＝　　分				
		社会能力：	方法能力：	专业能力：		

九、认识配位滴定

任务1：认识配位滴定		指导老师：	学时：
班级：		姓名：　　学号：	日期：
职业能力目标	专业能力	★认识配位化合物的组成与命名 ★能理解并运用配位常数 ★认识EDTA及其配位化合物的性质 ★能理解影响金属EDTA配合物稳定性的因素 ★能掌握配位滴定的基本原理 ★能掌握金属指示剂 ★能掌握提高配位滴定选择性的方法	

续表

职业能力目标	方法能力	★能独立解决学习过程中遇到的一些问题 ★能独立使用各种媒介完成学习任务 ★信息收集能力能得到相应的拓展 ★工作结果的评价与反思
	社会能力	★团队协作能力 ★与团队负责人、成员相互沟通的能力 ★具有独立解决问题的能力 ★养成求真务实、科学严谨的工作态度
任务前提	数据的处理知识 化学中分析的相关知识	
要求	学生分组、分工合作,共同完成任务 自主查阅各种媒介资料,自主学习完成工作任务 小组成员相互监督、相互评价	
信息来源	教材、讲义 相关设备、网络信息等	
学习步骤	(1) 每6人一小组,通过教材、教辅、网络等资源共同查阅相关资料 (2) 获取必要信息、知识 (3) 在教师引导下各小组各自完成工作页中知识内容 (4) 师生相互讨论、总结 (5) 自我评价、相互评价、教师评价	
任务实施	一、配位化合物的命名 1. 凡含有配离子的化合物称为配位化合物,简称配合物。 2. 配合物由内界和外界两部分组成。在配合物内,提供电子对的分子或离子成为称为配位体;接受电子对的离子或电子称为配位中心离子;中心离子与配位体结合构成内界;配合物中的其他离子,构成配合物的外界。 3. 配合物的命名 (1) 配离子为阳离子的配合物 　　命名次序为:_____。 (2) 配离子为阴离子的配合物 　　命名次序为:_____ _____。 (3) 有多种配位体的配合物 如果含有多种配体,不同的配体之间要用"·"隔开。其命名顺序为:阴离子——中性分子。配位体若都是阴离子时,则按简单——复杂——有机酸根离子的顺序。配位体若都是中性分子时,则按配位原子元素符号的拉丁字母顺序排列。 (4) 命名下列化合物 　　$[Ag(NH_3)_2]Cl$ _____　　$[Cu(NH_3)_4]SO_4$ _____ 　　$[Co(NH_3)_6](NO_3)_3$ _____　　$K_2[PtCl_6]$ _____	

K₄[Fe(CN)₆] _____ [CoCl₂(NH₃)₄]Cl _____

[PtCl₃(NH₃)]⁻ _____ [CoCl₃(NH₃)₃] _____

[Ni(CO)₄] _____ [CoCl₃(NH₃)₃] _____

4. 螯合物

螯合物是多齿配体通过两个或两个以上的配位原子与同一中心离子形成的具有环状结构的配合物。乙二胺四乙酸和它的二钠盐是最典型的螯合剂，可简写为 EDTA。

二、配位平衡常数

1. 稳定常数

如 $[Cu(NH_3)_4]^{2+}$ 配离子在水溶液中，在一定温度下，体系会达到动态平衡，即：

$$Cu^{2+} + 4NH_3 \rightleftharpoons [Cu(NH_3)_4]^{2+}$$

这种平衡称为配位平衡，其平衡常数可简写为：

$$K_f^{\ominus} = \frac{c([Cu(NH_3)_4]^{2+})}{c(Cu^{2+})c^4(NH_3)}$$

式中，$K_f^{\ominus}$ 称为配离子的稳定常数，其大小反映了配位反应完成的程度。$K_f^{\ominus}$ 值越大，说明_____，配离子离解的趋势_____，即配离子越_____。不同的配离子具有不同的稳定常数，对于同类型的配离子，可利用 $K_f^{\ominus}$ 值直接比较它们的稳定性，$K_f^{\ominus}$ 值越大，说明该配离子越稳定。不同类型的配离子则不能仅用 $K_f^{\ominus}$ 值进行比较。

2. 不稳定常数

如 $[Cu(NH_3)_4]^{2+}$ 在水中的离解平衡为：$[Cu(NH_3)_4]^{2+} \rightleftharpoons Cu^{2+} + 4NH_3$ 其平衡常数表示式为：

$$K_d^{\ominus} = \frac{c(Cu^{2+})c^4(NH_3)}{c([Cu(NH_3)_4]^{2+})}$$

式中，$K_d^{\ominus}$ 为配合物的不稳定常数或离解常数。$K_d^{\ominus}$ 越大表示配离子越容易离解，即越不稳定，显然 $K_f^{\ominus} = \dfrac{1}{K_d^{\ominus}}$。

3. 逐级稳定常数

配离子的生成或离解一般是逐级进行的，因此在溶液中存在一系列的配位平衡，各级均有其对应的稳定常数。配离子总的稳定常数等于逐级稳定常数之积，即有：

$$K_f^{\ominus} = K_1^{\ominus} K_2^{\ominus} K_3^{\ominus} \cdots K_n^{\ominus}$$

4. 累积稳定常数

将逐级稳定常数依次相乘，可得到各级累积稳定常数 $\beta_n^{\ominus}$。

三、EDTA 的性质

乙二胺四乙酸（ethylene diamine tetraacetic acid，简称 EDTA）是一种四元酸。习惯上用 H_4Y 表示。在一定的 pH 下 EDTA 存在的型体可能不止一种，但总有一种型体是占主要的。

pH	<1	1~1.6	1.6~2	2~2.7	2.7~6.2	6.2~10.3	>10.3
主要存在型体	H_6Y^{2+}	H_5Y^+	H_4Y	H_3Y^-	H_2Y^{2-}	HY^{3-}	Y^{4-}

四、金属离子与 EDTA 的配位平衡

EDTA 与金属离子形成 1∶1 配位化合物在溶液中的平衡如下：

$$M + Y \rightleftharpoons MY$$

其稳定常数 $K_稳$ 为 $K_稳 = \dfrac{[MY]}{[M][Y]}$

配合物的稳定性，主要决定于_____和_____的性质。另外还与溶液的酸度、副反应、金属离子的水解等因素有关。同一配位剂与不同离子形成的配位化合物，根据其稳定常数的大小，可以比较其稳定性，$K_稳$ 越大，配位化合物_____。

稳定常数有两种基本用法：一是_____；二是_____。（具体例子详见教材）

五、影响金属 EDTA 配合物稳定性的因素

1. EDTA 与金属离子的主反应及配合物的稳定常数

配合物的稳定性的差别，主要决定于金属离子本身的_____、_____和电子层结构。离子电荷数_____，离子半径_____，电子层结构_____，配合物的稳定常数就_____。这些是金属离子方面影响配合物稳定性大小的本质因素。此外，溶液的酸度、温度和其他配位体的存在等外界条件的变化也影响配合物的稳定性。

2. 副反应及副反应系数

在配位滴定中，除了存在 EDTA 与金属离子的主反应外，还存在许多副反应。主要是如下三方面：一是_____；二是_____；三是_____。在这三类副反应中，前两类对滴定不利，第三类虽对滴定是有利的，但因反应程度很小，一般都忽略不计。

在副反应存在的条件下，用稳定常数衡量配位反应进行的程度就会产生较大的误差，对此常用条件稳定常数来描述。如果用 $K^{\ominus}(MY')$ 表示条件稳定常数，则：

$$K^{\ominus}(MY') = \dfrac{c(MY')}{c(M')c(Y')} \approx \dfrac{c(MY)}{c(M')c(Y')}$$

式中，$c(M')$ 和 $c(Y')$ 分别表示没有参加主反应的金属离子及 EDTA 配位剂的总浓度；$c(MY')$ 代表形成的配合物的总浓度。

3. EDTA 的酸效应及酸效应系数

酸效应是指：_____。

用公式_____表示。

显然，$\alpha_{Y(H)}$ 随溶液的 $[H^+]$ 增加而_____；$\alpha_{Y(H)}$ 越大，表示酸效应引起的副反应越_____。若 $[H^+]$ 很小，或当 EDTA 全部以 Y^{4-} 形式存在时，$\alpha_{Y(H)} = 1$。所以，仅考虑酸效应时，_____对滴定是有利的。

4. 金属离子的配位效应及配位效应系数

如果滴定体系中存在 EDTA 以外的其他配位剂（L），则由于共存配位剂 L 与金属离子的配位反应而使主反应能力降低，这种现象叫配位效应。配位效应的大小，常用配位效应系数 $\alpha_{[M(L)]}$ 衡量。

5. EDTA配合物的条件稳定常数

配位滴定法中，一般情况下，对主反应影响较大的副反应是EDTA的酸效应和金属离子的配位效应，其中尤以酸效应影响更大。

$\lg K^{\ominus\prime}(MY) =$ _____

如果配位滴定体系中仅考虑酸效应与配位效应，则

$\lg K^{\ominus\prime}(MY) =$ _____

如果配位滴定体系中仅考虑配效应，则

$\lg K^{\ominus\prime}(MY) =$ _____

六、配位滴定的基本原理

1. 配位滴定曲线

在配位滴定过程中，随着配位滴定剂的加入，被测离子不断被配合，其浓度不断减小，当达到等量点时，溶液中金属离子浓度发生突跃，由_____与_____的变化所作的曲线称为配位滴定曲线。

2. 影响滴定突跃的因素

(1) 金属离子浓度的影响　金属离子浓度影响的是滴定突跃的_____，在 $K^{\ominus}(MY')$ 一定时，金属离子浓度越大，其负对数就_____，滴定曲线的起点就_____，滴定突跃范围就_____；

反之，金属离子浓度_____，其负对数就_____，滴定曲线的起点就_____，滴定突跃范围就_____。

(2) 配合物的条件稳定常数 $K^{\ominus}(MY')$ 的影响　当金属离子浓度 $c(M)$ 一定时，配合物的条件稳定常数 $K^{\ominus}(MY')$ 影响的是滴定突跃范围的_____。由此可看出，$K^{\ominus}(MY')$ 越大，则 $c(M')$ 越小，其负对数就_____，滴定突跃范围的上限也就_____，突跃范围也_____。反之亦然。

3. 配位滴定的最高酸度和酸效应曲线

(1) 滴定金属离子的最低pH（即滴定所允许的最高酸度），可以用下式确定。

设滴定体系中存在酸效应，不存在其他副反应，即：$\lg \alpha[Y(H)] \leqslant \lg K^{\ominus}(MY) - 8$

(2) 滴定中的最低酸度（最高pH值）

在没有辅助配位剂的存在时，准确滴定某一金属离子的最低允许酸度通过可粗略地由一定浓度的金属离子形成氢氧化物沉淀时的pH估算。

4. 准确滴定的条件

(1) 准确滴定单一金属离子的条件

_____

即当 $c(M) = 0.01 \text{mol/L}$ 时，_____

(2) 连续滴定

在N存在下测定M，而N不干扰测定（误差小于0.1%），则必须满足：$\lg c_M K'_{MY} - \lg c_N K'_{NY} \geqslant 5$ 和 $\lg K'_{MY} = \lg K_{MY} - \lg \alpha_{Y(H)} \geqslant P[M_0] + 2PT$

当 $c_M = c_N = 0.01 \text{mol/L}$、且没有水解效应、混合配位效应时，可用下式判别：

_____

利用_____可以确定测定溶液的pH值下项；

利用一定浓度的金属离子形成氢氧化物沉淀时的pH可粗略估计溶液的pH值上项。

或利用 $\lg\alpha_Y = \lg K_{NY} + 5 - 8 = \lg K_{NY} - 3$ 可以确定溶液的 pH 值上项。

七、配套练习

1. 在 EDTA 配合滴定中，下列有关酸效应的叙述，（　　）是正确．
   A. 酸效应系数越大，配合物稳定性越大
   B. pH 值越大，酸效应系数越大
   C. 酸效应系数越大，配合滴定曲线的 PM 突跃范围越大
   D. 酸效应系数越小，配合物条件稳定常数越大

2. 在 EDTA 配位滴定中，若只存在酸效应，（　　）的说法是错的。
   A. 加入缓冲溶液可使配合物条件稳定常数不随滴定的进行而明显变小
   B. 加入缓冲溶液可使指示剂变色反应，在一稳定的适宜酸度范围内
   C. 金属离子越易水解，允许的最低酸度就越低
   D. 配合物稳定常数越小，允许的最高酸度越低

3. 在 Ca^{2+}、Mg^{2+} 的混合液中，调节试液酸度为 pH＝12。再以钙指示剂作指示剂用 EDTA 滴定 Ca^{2+}。这种提高配位滴定选择性的方法，属于（　　）。
   A. 沉淀掩蔽法　　B. 氧化还原掩蔽法　　C. 配位掩蔽法　　D. 化学分离法

4. 在 EDTA 配位滴定中，若只存在酸效应（　　）的说法是对的。
   A. 配合物稳定常数越大，允许的最高酸越小
   B. 加入缓冲溶液可使配合物条件稳定常数随滴定进行明显增大
   C. 金属离子越易水解，允许的最低酸度就越低
   D. 加入缓冲溶液可使指示变色在一稳定的适宜酸度范围内

5. 在 EDTA 配位滴定中，若只存在酸效应，说法错误的是（　　）。
   A. 若金属离子越易水解，则准确滴定要求的最低酸度就越高
   B. 配合物稳定性越大，允许酸度越小
   C. 加入缓冲溶液可使指示剂变色反应在一稳定的适宜酸度范围内
   D. 加入缓冲溶液可使配合物条件稳定常数不因滴定的进行而明显变化．

6. 用 EDTA 滴定水中的 Ca^{2+}、Mg^{2+} 时，加入三乙醇胺消除 Fe^{3+}、Al^{3+} 的干扰是（　　）掩蔽法。
   A. 配位　　　　　B. 氧化还原　　　　C. 沉淀　　　　　D. 酸碱

7. 在烧结铁矿石的试液中，Fe^{3+}、Al^{3+}、Ca^{2+}、Mg^{2+} 共存，用 EATA 法测定 Fe^{3+}，Al^{3+} 要消除 Ca^{2+}、Mg^{2+} 的干扰，最简便的方法是（　　）。
   A. 沉淀分离法　　B. 控制酸度法　　C. 配位掩蔽法　　D. 离子交换法

8. 沉淀掩蔽剂与干扰离子生成的沉淀的（　　）要小，否则掩蔽效果不好。
   A. 稳定性　　　　B. 还原性　　　　　C. 浓度　　　　　D. 溶解度

9. 用 EDIA 测定水中的 Ca^{2+}、Mg^{2+} 时，加入（　　）是为了掩蔽 Fe^{3+}、Al^{3+} 的干扰。
   A. 三乙醇胺　　　B. 氯化铵　　　　　C. 氟化铵　　　　D. 铁铵矾

10. 在金属离子 M 与 EDTA 的配合平衡中，若忽略配合物 MY 生成酸式和碱式配合物的影响，则配合物条件稳定常数与副反应系数的关系式应为（　　）。
    A. $\lg K'_{MY} = \lg K_{MY} - \lg a_M - \lg a_Y$
    B. $a_Y = a_{Y(H)} + a_{Y(N)} - 1$
    C. $\lg K'_{MY} = \lg K_{MY} - \lg a_M - \lg a_Y + \lg a_{MY}$
    D. $\lg K'_{MY} = \lg K_{MY} - \lg a_{Y(H)}$

任务实施

11. 用EDTA标准溶液滴定某浓度的金属离子M，被滴定溶液中的PM或PM′值在化学计量点前，由（　　）来计算。

A. $PM = \frac{1}{2}(\lg K_{MY} + Pc_M^{eq})$

B. $PM' = \frac{1}{2}(\lg K'_{MY} + Pc_M^{eq})$

C. 剩余的金属离子平衡浓度［M］或［M′］

D. 过量的［Y］或［Y′］和K_{MY}或K'_{MY}

12. 以钙标准溶液标定EDTA溶液，可选（　　）作指示剂。
A. 磺基水杨酸　　B. K-B指示剂　　C. PAN　　D. 二甲酚橙

13. 某试液含Ca^{2+}、Mg^{2+}及杂质Fe^{3+}、Al^{3+}，在pH=10时，加入三乙醇胺后，以EDTA滴定，用铬黑T为指示剂，则测出的是（　　）。
A. Fe^{3+}、Al^{3+}总量　　　　B. Mg^{2+}含量
C. Ca^{2+}、Mg^{2+}总量　　　　D. Ca^{2+}含量

14. 已知$\lg k_{MgY}=8.7$，在pH=10.00时，$\lg \alpha_{Y(H)}=0.45$，以2.0×10^{-2} mol/L EDTA滴定2.0×10^{-2} mol/L Mg^{2+}，在滴定的化学计量点pMg值为（　　）。
A. 8.7　　　B. 5.13　　　C. 0.45　　　D. 8.25

15. 用EDTA滴定金属离子M，在只考虑酸效应时，若要求相对误差小于0.1%，则滴定的酸度条件必须满足（　　）。

式中，c_M为滴定开始时金属离子浓度，α_Y为EDTA的酸效应系数，K_{MY}和K'_{MY}分别为金属离子M与EDTA配合物的稳定常数和条件稳定常数。

A. $c_M \frac{K_{MY}}{\alpha_Y} \geqslant 10^6$　　　　B. $c_M K_{MY} \geqslant 10^6$

C. $c_M \frac{K'_{MY}}{\alpha_Y} \geqslant 10^6$　　　　D. $\alpha K'_{MY} \geqslant 10^6$

16. 对于EDTA滴定法中所用的金属离子指示剂，要求它与被测离子形成的配合物条件稳定常数K'_{MIn}与该金属离子与EDTA形成的配合物条件稳定常数K'_{MY}的关系是（　　）。
A. $K'_{MIn} < K'_{MY}$　　B. $K'_{MIn} > K'_{MY}$　　C. $K'_{MIn} = K'_{MY}$　　D. $\lg K'_{MIn} \geqslant 8$

17. 国家标准规定的标定EDTA溶液的基准试剂中（　　）。
A. MgO　　　B. ZnO　　　C. Zn片　　　D. Cu片

18. 在配位滴定中，直接滴定法的条件包括（　　）。
A. $\lg cK'_{MY} \leqslant 8$　　　　　　B. 溶液中无干扰离子
C. 有变色敏锐无封闭作用的指示剂　　D. 反应在酸性溶液中进行

19. 在Ca^{2+} Mg^{2+}混合液中，用EDTA法测定Ca^{2+}要消除Mg^{2+}的干扰，宜用（　　）。
A. 控制酸度法　　B. 配位掩蔽法　　C. 离子交换法　　D. 沉淀掩蔽法

20. EDTA与金属离子配位的主要特点有（　　）。
A. 因生成的配合物稳定性很高故EDTA配位能力与溶液酸度无关
B. 能与所有的金属离子形成稳定的配合物
C. 无论金属离子有无颜色，均生成无色配合物
D. 生成的配合物大都易溶于水

任务 实施	21. 配位滴定准确定金属离子的条件一般是（　　）。 　　A. $\lg c_M K_{MY} \geqslant 8$　　B. $\lg c_M K'_{MY} \geqslant 6$　　C. $\lg K'_{MY} \geqslant 6$　　D. $\lg K_{MX} \geqslant 6$ 22. 某溶液主要含有 Ca^{2+}、Mg^{2+} 及少量 Fe^{3+}、Al^{3+} 今在 pH＝10 时加入三乙醇胺，以 EDTA 滴定，用铬黑 T 为指示剂，则测出的是（　　）。 　　A. Mg^{2+} 量　　　　　　　　　　B. Ca^{2+} 量 　　C. Ca^{2+}、Mg^{2+} 量　　　　　　D. Fe^{3+}、Al^{3+}、Ca^{2+}、Mg^{2+} 总量 23. 分析室常用的 EDTA 是（　　）。 　　A. 乙二胺四乙酸　　　　　　　　B. 乙二胺四乙酸二钠盐 　　C. 乙二胺四丙酸　　　　　　　　D. 乙二胺 24. 在含有少量 Sn^{2+} 的 $FeSO_4$ 溶液中，用 $K_2Cr_2O_7$ 法测定 Fe^{2+}，应先消除 Sn^{2+} 干扰，宜采用（　　）。 　　A. 控制酸度法　　　　　　　　　B. 配位掩蔽法 　　C. 沉淀掩蔽法　　　　　　　　　D. 氧化还原掩蔽法 25. 水的硬度测定中，正确的测定条件包括（　　）。 　　A. Ca 硬度 pH≥12 二甲酸橙为指示剂量　　B. 硬度 pH＝10 铬黑 T 为指示剂 　　C. 总硬总硬度 NaOH 可任意过量加入　　　D. 水中微量 Cu^{2+} 可借加入三乙醇胺掩蔽 26. 分析室常用的 EDTA 是（　　）。 　　A. 乙二胺四乙酸　　　　　　　　B. 乙二胺四乙酸二钠盐 　　C. 乙二胺四丙酸　　　　　　　　D. 乙二胺 27. 分析室常用的 EDTA 水溶液呈（　　）性。 　　A. 强碱　　　B. 弱碱　　　C. 弱酸　　　D. 强酸 28. 用 0.01060mol/L EDTA 标准溶液滴定水中的钙和镁含量。准确移取 100.0mL 水样，以铬黑 T 为指示剂，在 pH＝10 时滴定，消耗 EDTA 溶液 31.30mL；另取一份 100.0mL 水样，加 NaOH 溶液使呈强碱性，用钙指示剂指示终点，消耗 EDTA 溶液 19.20mL，计算水中钙和镁的含量（以 CaO mg/L 和 $MgCO_3$ mg/L 表示）。 28. 解：
结果 反思	任务中的难点： 成功之处： 不足之处：

续表

结果评价	评价标准	① 态度（10分） 工作态度、工作协作度 ② 课前准备（20分） 预习内容充分 ③ 工作页完成情况（70分） 工作页完成情况认真、工整、规范20分 工作页完成准确程度50分			
	评价方法	自我评价（10%）：	共　　分×10%=	分	总体评价：
		态度：	态度：	态度：	
		小组评价（20%）：	共　　分×20%=	分	
		态度：	态度：	态度：	
		教师评价（70%）：	共　　分×70%=	分	
		态度：	态度：	态度：	

十、工业结晶氯化铝含量的测定

任务2：工业结晶氯化铝含量的测定		指导老师：	学时：8学时
班级：		姓名：	学号：
职业能力目标	专业能力	★能准确配制并标定EDTA标准溶液 ★能解释EDTA标准溶液的标定原理 ★能选择合适的条件如酸度环境、指示剂等进行标定 ★能根据相关标准制定工业结晶氯化铝含量的测定方案 ★能对结晶氯化铝含量进行准确测定	
	方法能力	★能独立解决实验过程中遇到的一些问题 ★能独立使用各种媒介完成学习任务 ★收集并处理信息的能力得到相应的拓展 ★通过对各种条件的比较提高判断性解决问题的能力	
	社会能力	★在学习中形成团队合作意识，并提交流、沟通的能力 ★能按照"5S"的要求，清理实验室，注意环境卫生，关注健康 ★养成求真务实、科学严谨的工作态度	
任务前提	数据的处理知识 配位平衡的基础知识 EDTA标准溶液的准备		
要求	学生分组、分工、实验操作共同完成 学生要做好实验数据的记录、最后各小组的原始数据汇总到教师集中保存 小组成员之间、小组与小组之间进行相互的监督与评价		

信息来源	教材、讲义、相关实验操作视频 相关设备、网络信息等
学习步骤：	（1）与同学进行交流讨论，了解实验实验步骤实验要求，进而获得实验操作信息 （2）获取学习学习项目中的必要信息、知识和操作的注意要点 （3）小组讨论制定实验操作步骤 （4）按要求进行实验步骤 （5）自我评价、相互评价、教师评价
准备阶段	准备知识： **一、金属离子指示剂** 1. 金属指示剂的变色原理 一种有机配位剂，它能与金属离子配合生成比较稳定的化合物，指示剂的游离态颜色和化合态颜色不同。其作用原理如下。 滴定前：M + In(游离态) $\rightleftharpoons$ MIn(化合态) 终点时：H_2Y^{2-} + MIn(化合态) $\rightleftharpoons$ MY^{2-} + HIn(游离态) + H^+ 2. 指示剂的封闭和僵化现象 （1）封闭 指示剂的封闭是指：_____ _____。 解除封闭的方法有：一、_____ 二、_____。 （2）僵化 指示剂和金属离子所形成的配合物的稳定性与EDTA和金属离子所形成的配合物的稳定性相近或EDTA与MIn之间的置放反应缓慢或MIn化合物的溶解度小，造成终点时指示剂变化不明显的现象。 解除封闭的方法有：_____或_____。 **二、提高配位滴定选择性的方法** 1. 控制溶液的酸度 改变酸度可以改变EDTA配合物的稳定性，使配合物的稳定性差异增大，从而提高滴定选择性。 在N存在下测定M，而N不干扰测定（误差小于0.1%），则必须满足：$\lg c_M K'_{MY}$ − $\lg c_N K'_{NY} \geqslant 5$ 和 $\lg K'_{MY} = \lg K_{MY} - \lg \alpha_{Y(H)} \geqslant P[M_0] + 2PT$ 当$c_M = c_N = 0.01 \text{mol/L}$、且没有水解效应、混合配位效应时，可用下式判别： _____ 利用_____可以确定测定溶液的pH值下项；利用一定浓度的金属离子形成氢氧化物沉淀时的pH可粗略估计溶液的pH值上项。或利用$\lg \alpha_Y = \lg K_{NY} + 5 - 8 = \lg K_{NY} - 3$可以确定溶液的pH值上项。 2. 掩蔽和解蔽方法 （1）掩蔽的方法，如：_____、_____、_____。 （2）解蔽的方法：利用解蔽剂将已被配合的金属离子释放出来的方法，称为解蔽。

准备阶段	3. 预先分离 4. 其他配位剂 **三、配位滴定的方式** 配位滴定的常用的滴定方式有：_____、_____、_____和_____。 **四、配位滴定法应用实例** 1. 水的总硬度及 Ca^{2+}、Mg^{2+} 含量的测定 硬度： 水的硬度分为： 总硬度： 钙硬： 镁硬： 根据采用的单位不同，水的硬度有以下两种表示方法： ① _____ ② _____ （1）总硬度的测定原理　在_____条件下，以_____为指示剂，水中钙、镁离子和指示剂形成_____配合物，用 EDTA 标准溶液直接滴定，终点呈_____。 （2）钙硬的测定原理　取同样体积的水样，用_____溶液调节到_____，此时 Mg^{2+} 以 $Mg(OH)_2$ 沉淀析出，不干扰 Ca^{2+} 的测定。再加入_____，此时溶液_____。再滴入 EDTA，它先与游离配位，在化学计量点时夺取与指示剂配位的 Ca^{2+}，游离出指示剂，溶液转变为_____，指示终点的到达。 （3）镁硬（mg/L）＝总硬－钙硬 2. 用返滴定法测定铝盐中的铝含量（EDTA 配位铜盐回滴法） 测定原理如下。 将被测溶液调节 pH 为 3.8～4.0，煮沸，使 Al^{3+}、TiO_2^+ 离子与 EDTA 完全配位。 配位反应：$Al^{3+} + H_2Y^{2-} \Longrightarrow AlY^- + 2H^+$　　$TiO^{2+} + H_2Y^{2-} \Longrightarrow TiOY^{2-} + 2H^+$ 剩余的 EDTA 以 PAN 为指示剂，用 $CuSO_4$ 标准滴定溶液回滴定。当溶液由黄色变为紫红色为终点，结果为铝、钛合量。其反应式如下： 回滴反应：$Cu^{2+} + H_2Y^{2-} \Longrightarrow CuY^- + 2H^+$ 　　　　　（剩余）　　　　　（蓝绿色） 终点反应：$Cu^{2+} + PAN \Longrightarrow Cu^{2+} - PAN$ 　　　　　（黄色）　　　　（紫红色） $$w(Al_2O_3) = \frac{\frac{1}{2}[c_{EDTA}V_{EDTA} - c_{CuSO_4}V_{CuSO_4}]M_{Al_2O_3} \times 10}{m \times 1000} \times 100\%$$ 3. 置换滴定法测定铝盐中铝含量 （1）测定原理　在铝盐溶液中，当 pH＝3～4 时，加入过量的 EDTA 标准溶液，煮沸使之完全配合，剩余的 EDTA 用锌标准溶液滴定（不计体积），然后，加入过量的 NH_4F，加热煮沸，使 AlY^- 与 F^- 反应，置换出和 Al^{3+} 等量的 EDTA，用二甲酚橙为指示剂，用锌标准溶液滴定至溶液由黄色变为紫红色为终点。 $$Al^{3+} + H_2Y^{2-} \Longrightarrow AlY^- + 2H^+$$

续表

准备阶段		$AlY^- + 6F^- + 2H^+ \rightleftharpoons AlF_6^{3-} + H_2Y^{2-}$ $H_2Y^{2-} + Zn^{2+} \rightleftharpoons ZnY^{2-} + 2H^+$ （2）计算 $w(Al) = \dfrac{c(Zn) \times V \times \dfrac{M(Al)}{1000}}{m_{样}} \times 100\%$	
计划及决策阶段	任务拆分	子任务1：EDTA 标准溶液的配制与标定	
		子任务2：工业结晶氯化铝含量的测定	
	人员分工	姓名	负责工作
	时间安排		
	主要仪器选择		
	实验基本流程		
	师生讨论确定方案	1. 小组派出代表展示本组的任务计划及实验方案 2. 各小组参加讨论 3. 教师引导总结播放实验视频并演示 4. 各组确定实验方案并准备实施	
问题引领		1. 工业结晶氯化铝含量一般为多少？从何处可以得知此信息？ 2. 有哪些方法可以用来测定工业结晶氯化铝含量？其中有哪些是你所学过的？	

问题引领	3. 若用配位滴定法，你将需要何标准溶液？应如何配制并标定？其原理是什么？ 4. 若用配位滴定法测定工业结晶氯化铝含量，其原理是什么？结果如何计算？如何表示？ 5. 利用配位滴定法测定工业结晶氯化铝含量所需的仪器、试剂分别是什么？ 6. 利用配位滴定法测定工业结晶氯化铝含量具体该如何操作？ 7. 在你完成任务的过程将会产生哪些环保方面的问题？你将如何处理？ 8. 你认为要完成此任务还需要老师提供哪些帮助？
任务实施	**子任务1：EDTA标准溶液的配制与标定** **活动准备（仪器与试剂）：** 仪器： 试剂：基准碳酸钙、1+1盐酸、三乙醇胺溶液（1+3）、100g/L的氢氧化钠溶液、乙二胺四乙酸二钠 **方法原理与结果表达：** 乙二胺四乙酸二钠盐是一种有机配合剂，能与大多数金属离子形成稳定的1:1螯合物，常用作配位滴定的标准溶液。 EDTA在水中的溶解度为120g/L，可以配成浓度为0.3mol/L以下的溶液。EDTA标准溶液一般不用直接法配制，而是先配制成大致浓度的溶液，然后标定。用于标定EDTA标准溶液的基准试剂较多，例如 Zn、ZnO、$CaCO_3$、Bi、Cu、$MgSO_4 \cdot 7H_2O$、Ni、Pb 等。若以 $CaCO_3$ 为基准物质，以钙标定：通常选用钙指示剂指示终点，用NaOH控制溶液pH为12~13，其变色原理为： 滴定前 Ca+In（蓝色）══CaIn（红色） 滴定中 Ca+Y══CaY 滴定后 CaIn（红色）+Y══CaY+In（蓝色）

续表

任务实施	实验操作流程：					
	数据记录及处理：					
		内容 \ 次数		1	2	3
		称量瓶＋$CaCO_3$的质量（第一次读数）				
		称量瓶＋$CaCO_3$的质量（第二次读数）				
		基准$CaCO_3$的质量m/g				
	标定试验	滴定消耗EDTA溶液的用量/mL				
		滴定管校正值/mL				
		溶液温度补正值/(mL/L)				
		实际滴定消耗EDTA溶液的体积V/mL				
	空白试验	滴定消耗EDTA溶液的体积/mL				
		滴定管校正值/mL				
		溶液温度补正值/(mL/L)				
		实际滴定消耗EDTA溶液的体积V_0/mL				
	c(EDTA)/(mol/L)					
	c(EDTA)平均值/(mol/L)					
	平行标定结果的极差/(mol/L)					
	极差与平均值之比/%					
	同组成员	姓名	c(EDTA)平均值/(mol/L)		两位成员标定的平均浓度/(mol/L)	
思考与讨论	1. 标定EDTA标准溶液的浓度时为什么要用氢氧化钠调节pH值？ 2. 若用Zn基准试剂标定EDTA标准溶液，其原理如何？					
任务实施	子任务2：工业结晶氯化铝含量的测定					
	项目准备（仪器与试剂）：					

续表

	方法原理与结果表达：				
任务实施	实验操作流程：				
	数据记录及处理：				
	内容 \ 次数		1	2	3
	工业结晶氯化铝样品的质量 m/g				
	EDTA 标准溶液的浓度 c(EDTA)/(mol/L)				
	加入 EDTA 标准溶液的体积/mL				
	锌标准溶液的浓度 c(EDTA)/(mol/L)				
	测定试验	滴定消耗锌标准溶液的体积/mL			
		滴定管校正值/mL			
		溶液温度补正值/(mL/L)			
		实际滴定消耗锌标准溶液的体积 V/mL			
	空白试验	滴定消耗锌标准溶液的体积/mL			
		滴定管校正值/mL			
		溶液温度补正值/(mL/L)			
		实际滴定消耗锌标准溶液的体积 V_0/mL			
	w（$AlCl_3$）/%				
	w（$AlCl_3$）平均值/%				
	平行测定结果的极差/%				
	极差与平均值之比/%				

续表

结果反思	任务中的难点： 成功之处： 不足之处：

学生课程任务学习评价表-结晶氯化铝含量的测定

项目	评分点 评分标准	配分	扣分	得分	项目	评分点 评分标准	配分	扣分	得分
天平称量准备	称量工具选取	1			滴定管的准备	滴定管试漏、洗涤	2		
	检查水平、状态完好情况	1				润洗	2		
	天平内外清洁	1				装液操作、排气泡	2		
	检查和调零点	1				调零	1		
称量操作	操作轻、慢、稳	2			滴定操作	加指示剂操作不当	1		
	加减试样操作正确	2				滴定姿势	2		
	倾出试样符合要求	2				滴定速度控制	2		
	读数及记录正确	2				摇瓶操作、锥形瓶内壁淋洗	2		
称量后的处理	样品放回干燥器、工具放回原位	2				半滴加入控制	1		
	清洁天平门外	1				终点判断正确	2		
	关天平门	2				读数姿势正确、读数正确	2		
	检查零点	2				过失操作	2		
					5S管理	仪器清洗、归整	1		
						桌面整理	1		

续表

项目	评分点 评分标准	配分	扣分	得分	项目	评分点 评分标准	配分	扣分	得分
容量瓶的使用	洗涤	1			数据记录	记录及时、漏项	2		
	试样溶解	1				记录数值精度不符合要求	1		
	定量转移正确	1				记录涂改现象二处以上	1		
	2/3 处平摇	1				数据记错	1		
	定容、摇匀	2				有意涂改数据	1		
移液管的使用	洗涤、润洗	3			分析结果	平行误差	15		
	放出溶液姿势	2				平行结果与参照值误差	20		
					计算		5		
	停留 10～15s	1			考核时间	考核时间为 120 分，每超 5 分钟扣 2 分			

十一、水硬度的测定

任务 3：水硬度的测定		指导老师：	学时：
班级：		姓名：	学号：
职业能力目标	专业能力	★学生依据配位滴定法测定水的硬度方法确定测定的实验步骤 ★能正确表示水的硬度的测定结果 ★能正确选择指示剂 ★能准确标定 EDTA 标准溶液的浓度 ★能拓展配位滴定法的应用 ★实验全过程能遵守 5S 原则	
	方法能力	★能独立解决实验过程中遇到的一些问题 ★能独立使用各种媒介完成学习任务 ★信息收集能力能得到相应的拓展 ★工作结果的评价与反思	
	社会能力	★团队协作能力 ★与团队负责人、成员相互沟通的能力 ★具有独立解决问题的能力	
任务前提	数据的处理知识 配位平衡、配位滴定的相关基础知识		
要求	学生分组、时分时合共同完成工作任务 学生要做好实验数据的记录、最后各小组的原始数据汇总到教师集中保存 小组成员之间、小组与小组之间进行相互的监督与评价		
信息来源	教材、讲义、相关实验操作视频 相关设备、网络信息等		

续表

学习步骤	(1) 与同学进行交流讨论，了解实验步骤、实验要求，进而获得实验操作信息 (2) 获取学习任务中的必要信息、知识和操作的注意要点 (3) 小组讨论制定 实验操作步骤 (4) 按要求进行实验步骤 (5) 自我评价、相互评价、教师评价
准备阶段	准备知识 配位滴定法应用实例 1. 水的总硬度及 Ca^{2+}、Mg^{2+} 含量的测定 硬度： 水的硬度分为： 总硬度： 钙硬： 镁硬： 根据采用的单位不同，水的硬度有以下两种表示方法： ①_____ ②_____ (1) 总硬度的测定原理　在_____条件下，以_____为指示剂，水中钙、镁离子和指示剂形成_____配合物，用 EDTA 标准溶液直接滴定，终点呈_____。 计算公式： (2) 钙硬的测定原理　取同样体积的水样，用_____溶液调节到_____，此时 Mg^{2+} 以 $Mg(OH)_2$ 沉淀析出，不干扰 Ca^{2+} 的测定。再加入_____，此时溶液_____。再滴入 EDTA，它先与游离_____配位，在化学计量点时夺取与指示剂配位的 Ca^{2+}，游离出指示剂，溶液转变为_____，指示终点的到达。 计算公式： (3) 镁硬（mg/L）＝总硬－钙硬 2. 用返滴定法测定铝盐中的铝含量（EDTA 配位铜盐回滴定法） 测定原理如下。 将被测溶液调节 pH 为 3.8～4.0，煮沸，使 Al^{3+}、TiO_2^+ 离子与 EDTA 完全配位。 配位反应：$Al^{3+} + H_2Y^{2-} = AlY^- + 2H^+$　　$TiO^{2+} + H_2Y^{2-} = TiOY^{2-} + 2H^+$ 剩余的 EDTA 以 PAN 为指示剂，用 $CuSO_4$ 标准滴定溶液回滴定。当溶液由黄色变为紫红色为终点，结果为铝、钛合量。其反应式如下： 　　　　　　回滴反应：$Cu^{2+} + H_2Y^{2-} = CuY^- + 2H^+$ 　　　　　　　　　　　（剩余）　　　　（蓝绿色） 　　　　　　终点反应：$Cu^{2+} + PAN = Cu^{2+} - PAN$ 　　　　　　　　　　　（黄色）　　（紫红色）

准备阶段	$$w(Al_2O_3) = \frac{\frac{1}{2}[c_{EDTA}V_{EDTA} - c_{CuSO_4}V_{CuSO_4}]M_{Al_2O_3} \times 10}{m \times 1000} \times 100\%$$ 3. 置换滴定法测定铝盐中铝含量 （1）测定原理　在铝盐溶液中，当pH＝3～4时，加入过量的EDTA标准溶液，煮沸使之完全配合，剩余的EDTA用锌标准溶液滴定（不计体积），然后，加入过量的NH_4F，加热煮沸，使AlY^-与F^-反应，置换出和Al^{3+}等量的EDTA，用二甲酚橙为指示剂，用锌标准溶液滴定至溶液由黄色变为紫红色为终点。 $$Al^{3+} + H_2Y^{2-} \Longleftrightarrow AlY^- + 2H^+$$ $$AlY^- + 6F^- + 2H^+ \Longleftrightarrow AlF_6^{3-} + H_2Y^{2-}$$ $$H_2Y^{2-} + Zn^{2+} \Longleftrightarrow ZnY^{2+} + 2H^+$$ （2）计算　$w(Al) = \dfrac{c(Zn) \times V \times \dfrac{M(Al)}{1000}}{m_{样}} \times 100\%$
	活动准备（仪器与试剂）： 仪器： 试剂：
任务实施	**方法原理与结果表达：** （1）总硬度的测定原理　在pH＝10条件下，以铬黑T为指示剂，水中钙、镁离子和指示剂形成酒红色配合物，用EDTA标准溶液直接滴定，终点呈纯蓝色。 滴定前：　$Mg^{2+} + HIn^{2-} \Longleftrightarrow MgIn^- + H^+$ 滴定反应：$Ca^{2+} + H_2Y^{2-} \Longleftrightarrow CaY^{2-} + 2H^+$ 　　　　　$Mg^{2+} + H_2Y^{2-} \Longleftrightarrow MgY^{2-} + 2H^+$ 终点时：　$MgIn^- + H_2Y^{2-} \Longleftrightarrow MgY^{2-} + HIn^{2-} + H^+$ 计算：　总硬度$(mg/L) = \dfrac{(cV)(EDTA)M(CaCO_3)}{V_{水样}} \times 10^6$ （2）钙硬的测定原理　在pH＝12时，使Mg^{2+}成为$Mg(OH)_2$沉淀而掩蔽，在钙指示剂存在下，用EDTA标准溶液直接滴定水中Ca^{2+}。 滴定前：　$Ca^{2+} + H_2In^{2-}（蓝色） \Longleftrightarrow CaIn^{2-}（红色） + 2H^+$ 滴定反应：$Ca^{2+} + H_2Y^{2-} \Longleftrightarrow CaY^{2-} + 2H^+$ 终点时：　$CaIn^{2-}（红色） + H_2Y^{2-} \Longleftrightarrow CaY^{2-} + H_2In^{2-}（蓝色）$ 计算：　钙硬$(mg/L) = \dfrac{(cV)(EDTA) \times M(Ca)}{V_{水样}} \times 10^6$

续表

任务实施	(3) 镁硬(mg/L) $= \dfrac{[c(V_\text{总}-V_\text{钙})](\text{EDTA}) \times M(\text{Mg})}{V_\text{水样}} \times 10^6$ 实验操作流程： 1. 水的总硬度测定 2. 水的钙硬度的测定 3. 镁硬的计算					
	数据记录及处理：					
	内容		次数	1	2	3
	水样的体积 V/mL					
	总硬度的测定	实验测定	滴定消耗 EDTA 溶液的用量/mL			
			滴定管校正值/mL			
			溶液温度补正值/(mL/L)			
			实际消耗 EDTA 溶液的体积 V_1/mL			
		空白	滴定消耗 EDTA 溶液的体积/mL			
	钙硬度的测定	实验测定	滴定消耗 EDTA 溶液的用量/mL			
			滴定管校正值/mL			
			溶液温度补正值/(mL/L)			
			实际消耗 EDTA 溶液的体积 V_2/mL			
		空白	滴定消耗 EDTA 溶液的体积/mL			
	总硬度（$CaCO_3$）/(mg/L)					
	总硬度平均值（$CaCO_3$）/(mg/L)					
	平行测定结果的极差/%					
	极差与平均值之比/%					
	钙硬度（Ca）/(mg/L)					
	钙硬度平均值（Ca）/(mg/L)					
	平行测定结果的极差/%					
	极差与平均值之比/%					
	镁硬度/(mg/L)					
	镁硬度平均值/(mg/L)					

学生课程任务学习评价表

班级：_____ 学号：_____ 姓名：_____ 课程：化学分析基础 子任务：水硬度的测定

指标属性及配分	序号	评价指标要素	分值	评价依据	考评记录 学生自评	考评记录 小组互评	考评记录 教师评价
社会能力 20分	1	出勤情况	2	学习、完成任务的出勤率			
	2	参与程度	6	富于工作热情，积极参与			
	3	团队协作	6	服从教师、组长的任务分配，并按时完成			
	4	遵守规章制度	4	遵守各项规章制度			
	5	精神面貌	2	仪容、仪态合适			
方法能力 20分	1	知识的获取	4	知识获取的方法、途径，知识量			
	2	知识的运用	4	灵活运用所获取的知识来解决问题			
	3	问题的解决	4	能独立解决实验过程中遇到的一些问题			
	4	工作的反思与评价	4	能反工作进行全面、客观的评价			
	5	任务的总结、反思	4	工作完成后能进行总结、反思			
专业能力 50分	1	任务准备	4	完成任务前是否认真预习			
	2	仪器选择	3	仪器的选择是否正确			
	3	称量准确	4	称量操作是否符合要求、规范			
	4	溶液的配制	3	溶液的配制规范、熟练			
	5	仪器的使用	4	仪器的使用是否符合要求、规范			
	6	滴定速度	3	滴定速度控制是否恰当			
	7	终点判断	5	滴定终点判断准确			
	8	滴定操作	4	滴定操作规范、熟练			
	9	数据记录	3	数据记录规范、准确			
	10	数据处理	4	数据处理正确			
	11	分析结果的准确度	5	准确度不大于2倍允差，即2×0.1%			
	12	分析结果的精密度	5	极差与平均值之比不大于1/2允差			
	13	工作页的填写	3	工作页的填写			
文明操作 10分	1	实验台整理与清洁	2	实验结束后，是否收拾台面、试剂、仪器等（2）			
	2	废物处理能力	2	废物是否按指定的方法处理（2）			
	3	时间分配能力	2	是否在规定时间内完成全部工作（2）			
	4	诚实可信	2	实验测定中是否有作弊、编造数据等行为（2）			
	5	爱护仪器，沉着细心	2	是否打碎器皿、损坏仪器（2）			
考评小计							
考评总计	学生自评小计分数×20%＋小组互评分数×20%＋教师评分×60%						

十二、认识沉淀平衡与沉淀滴定技术

任务1:认识沉淀平衡与沉淀滴定技术		指导老师:		学时:	
班级:		姓名:	学号:		日期:
职业能力目标	专业能力	★理解难溶电解质的溶度积常数 ★能利用溶度积常数判断难溶电解质的溶解度 ★理解并掌握溶度积规则并能利用溶度积规则判断沉淀的生成和溶解 ★能掌握沉淀滴定法的分类 ★能正确选择莫尔法、佛尔哈德法、法扬司法的滴定条件			
	方法能力	★能独立解决学习过程中遇到的一些问题 ★能独立使用各种媒介完成学习任务 ★信息收集能力能得到相应的拓展 ★工作结果的评价与反思			
	社会能力	★团队协作能力 ★与团队负责人、成员相互沟通的能力 ★具有独立解决问题的能力 ★养成求真务实、科学严谨的工作态度			
任务前提	认识溶度积的相关知识 理解溶度积与溶解度的关系及溶度积规则				
要求	学生分组、分工合作,共同完成任务 自主查阅各种媒介资料,自主学习完成工作任务 小组成员相互监督、相互评价				
信息来源	教材、讲义 相关设备、网络信息等				
学习步骤	(1) 每6人一小组,通过教材、教辅、网络等资源共同查阅相关资料 (2) 获取必要信息、知识 (3) 在教师引导下各小组各自完成工作页中知识内容 (4) 师生相互讨论、总结 (5) 自我评价、相互评价、教师评价				
任务实施	**一、溶度积** 在一定温度下,难溶化合物在其饱和溶液中,各离子的物质的量浓度的乘积是一个常数值,简称溶度积。用 K_{sp} 表示,K_{sp} 数值的大小与物质的溶解度和温度有关,它反映了难溶化合物的溶解能力。同类型难溶化合物,溶度积常数越大,溶解能力越大,反之亦然。 如:$A_mB_n \rightleftharpoons mA^{n+} + nB^{m-}$ 在一定温度下,难溶电解质的饱和溶液中,各离子浓度的幂次方乘积为一常数。 $K_{sp}(A_mB_n) = [A^{n+}]^m + [B^{m-}]^n$ 与其他平衡常数一样,K_{sp} 与温度和物质本性有关而与离子浓度无关。在实际应用中常采用25℃时溶度积的数值。				

	（一）写出下列各难溶化合物的溶度积表达式 AgCl _____ CdS _____ FeS _____ PbCrO$_4$ _____ MgF$_2$ _____ Ag$_2$CO$_3$ _____ Ag$_3$PO$_4$ _____ Ag$_2$C$_2$O$_4$ _____ CuSCN _____ **（二）利用溶度积求难溶物质的溶解度（溶度积和溶解度的关系）** 溶解度表示物质的溶解能力，它是随其他离子存在的情况不同而改变；溶度积反映了难溶电解质的固体和溶解离子间的浓度关系，即在一定条件下，是一常数。 $K_{sp}^{\ominus}$和溶解度S之间的换算关系 1. AB 型难溶电解质：$S = \sqrt{K_{sp}^{\ominus}}$ 2. A$_2$B（AB$_2$）型难溶电解质 $S = \sqrt[3]{K_{sp}^{\ominus}/4}$ 3. A$_3$B（AB$_3$）型难溶电解质 $S = \sqrt[4]{\dfrac{K_{sp}^{\ominus}}{27}}$ | 项目	S	$K_{sp}^{\ominus}$ | |---|---|---| | 相同点 | 表示难溶电解质深解能力的大小 || | 不同点 | 浓度的一种形式 | 平衡常数的一种形式 | | 单位 | g/L | 无 | 已知 25℃时，AgCl 的 $K_{sp} = 1.8 \times 10^{-10}$，求 AgCl 的溶解度 铬酸银（Ag$_2CrO_4$）在 25℃时溶解度为 8×10^{-5} mol/L，试计算它的溶度积 $K_{sp(Ag_2CrO_4)}$ **（三）利用溶度积判断沉淀的生成和溶解** 利用溶度积可计算难溶化合物在溶液中的溶解度和离子的物质的量浓度，可判断沉淀的生成和溶解。 试计算 0.05mol/L Pb（NO$_2$）$_2$ 溶液与 0.5mol/L H$_2$SO$_4$ 溶液等体积混合后，是否有沉淀生成？
任务实施	

（四）判别沉淀分步进行的次序

在溶液中同时存在几种离子时，若加入一种沉淀剂，哪种离子先沉淀呢？显然，离子物质的量浓度之积首先达到溶度积的先沉淀，这种先后沉淀现象称为分级沉淀。

在 Cl^- 和 CrO_4^{2-} 溶液中两种离子物质的量浓度均为 0.1mol/L，若加入 $AgNO_3$ 溶液，哪种离子先沉淀呢？

二、沉淀分析法的相关知识

银量法：利用生成难溶性银盐的沉淀滴定法。

银量法可以测定 Cl^-、Br^-、I^-、Ag^+，类卤离子 SCN^-、CN^- 等，以及经过处理后能够定量产生这些离子的有机化合物。

1. 银量法根据确定终点所用的指示剂不同，银量法按创立者的名字命名划分为 _____、_____ 和 _____。

2. 莫尔法的滴定条件有：

① 指示剂的用量：K_2CrO_4 的浓度太高，终点 _____，结果 _____，而且 CrO_4^{2-} 本身的颜色也会影响终点的观察；K_2CrO_4 的浓度太低，终点 _____，结果 _____。K_2CrO_4 的浓度一般控制在 _____。

② 酸度：若酸度过大：

$$2H^+ + CrO_4^{2-} \rightleftharpoons HCrO_4^- \rightleftharpoons Cr_2O_7^{2-} + H_2O$$

Ag_2CrO_4 沉淀溶解可用 _____ 中和；若碱性太强，则生成 Ag_2O 沉淀，可用 _____ 中和。

溶液的酸度应控制在 _____ 或 _____ 范围内（pH＝_____）。

③ 滴定不能在氨性溶液中进行；

④ 滴定时应充分振摇；因生成的 AgCl 沉淀容易吸附溶液中的 Cl^-，使终点提前，因此滴定时必须充分振摇。

3. 莫尔法主要适用于测定 _____、_____、_____ 由于 AgI、AgSCN 沉淀吸附 I^-、SCN^- 更为严重，因此 Mohr 法不适宜测定 _____、_____；

4. 在 _____ 介质中可直接测定 Ag^+，以铁铵矾作指示剂，用 NH_4SCN 标准滴定溶液直接滴定，当滴定到化学等量点时，微过量 SCN^- 与 Fe^{3+} 结合，生成红色的 $[FeSCN]^{2+}$，即为滴定终点，其反应为如下。

滴定时：$Ag^+ + SCN^- \longrightarrow AgSCN\downarrow$ （白色） $K_{sp}=2.0\times10^{-12}$

化学等量点时：$Fe^{3+} + SCN^- \longrightarrow [FeSCN]^{2+}$ （红色）

5. 铁铵矾法测定卤素离子（如 Cl^-、Br^-、I^-、SCN^-）时应采用 _____ 法，即在酸性待测溶液中，先加入过量的 $AgNO_3$ 标准溶液，再有铁铵矾作指示剂，用 NH_4SCN 标准滴定溶液回滴定剩余的 $AgNO_3$。

测 Cl^- 时，预防沉淀转化造成终点不确定

措施：加入 $AgNO_3$ 后，加热（形成大颗粒沉淀）

加入有机溶剂（硝基苯）包裹沉淀以防接触

任务实施	测 I^- 时，预防发生氧化-还原反应 措施：先加入 $AgNO_3$ 反应完全后，再加入 Fe^{3+} 适当增大指示剂浓度，减小滴定误差 6. 法扬司法又称吸附指示剂法，是以_____确定滴定终点的一种银量法。 吸附指示剂的作用原理：吸附指示剂是一类有机染料，它的阴离子在溶液中易被带正电荷的胶状沉淀吸附，吸附后结构改变，从而引起颜色的变化，指示滴定终点的到达。 吸附指示剂的变色原理：化学计量点后，沉淀表面荷电状态发生变化，指示剂在沉淀表面静电吸附导致其结构变化，进而导致颜色变化，指示滴定终点。 7. 法扬司法适用范围，可直接测定：_____。

十三、食盐中氯含量的测定

任务2：食盐中氯含量的测定		指导老师：	学时：	
班级：		姓名：	学号：	日期：
职业能力目标	专业能力	★学会用不同的方法对硝酸银标准溶液进行准确标定 ★能根据相关标准制定测定食盐中氯含量的方案 ★能用银量法准确测定食盐中氯的含量 ★能解释各种银量法的原理、测定条件		
	方法能力	★能独立解决实验过程中遇到的一些问题 ★信息收集能力能得到相应的拓展 ★根据工作需要查阅资料并主动获取信息 ★对工作结果进行评价及反思		
	社会能力	★具有独立解决问题的能力 ★在学习中形成团队合作意识，并提交流、沟通的能力 ★能按照"5S"的要求，清理实验室，注意环境卫生，关注健康 ★养成求真务实、科学严谨的工作态度		
任务前提	数据的处理知识 沉淀平衡、沉淀滴定的相关基础知识			
要求	学生分组、时分时合共同完成工作任务 学生要做好实验数据的记录、最后各小组的原始数据汇总到教师集中保存 小组成员之间、小组与小组之间进行相互的监督与评价			
信息来源	教材、讲义、相关实验操作视频 相关设备、网络信息等			
学习步骤	(1) 与同学进行交流讨论，了解实验步骤、实验要求，进而获得实验操作信息 (2) 获取学习任务中的必要信息、知识和操作的注意要点 (3) 小组讨论制定.实验操作步骤 (4) 按要求进行实验步骤 (5) 自我评价、相互评价、教师评价			

续表

问题引领	1. 一般食盐中氯化钠的含量为多少？从何处可以得知？ 2. 有哪些方法可以用来测定食盐中氯化钠的含量？有哪些方法是你所学过的？ 3. 若用氧银量法，你将需要何种标准溶液？应如何配制并标定？其原理是什么？ 4. 若用莫尔法测定食盐中氯化钠的含量，其原理是什么？结果如何计算？ 5. 利用莫尔法测定食盐中氯化钠的含量所需的仪器、试剂分别是什么？ 6. 利用莫尔法测定食盐中氯化钠的含量具体该如何操作？ 7. 在你完成任务的过程将会产生哪些环保方面的问题？你将如何处理？ 8. 你认为要完成此任务还需要老师提供哪些帮助？
任务实施	**子任务1：$AgNO_3$标准溶液的配制与标定** 活动准备（仪器与试剂）： 仪器：250mL锥形瓶、50mL棕色酸式滴定管、量杯、电子天平 试剂：基准氯化钠、$AgNO_3$、5％K_2CrO_4、0.5％荧光黄 **工作计划：** | 序　号	工作内容	时　间	负责人	备　注
---	---	---	---	---

续表

任务实施	方法原理与结果表达：					
	实验操作流程：					
	数据记录及处理：					
	内容		次数	1	2	3
	称量瓶＋NaCl 的质量（第一次读数）					
	称量瓶＋NaCl 的质量（第二次读数）					
	基准 NaCl 的质量 m/g					
	标定试验	滴定消耗 $AgNO_3$ 溶液的用量/mL				
		滴定管校正值/mL				
		溶液温度补正值/(mL/L)				
		实际滴定消耗 $AgNO_3$ 溶液的体积 V/mL				
	空白试验	滴定消耗 $AgNO_3$ 溶液的体积/mL				
		滴定管校正值/mL				
		溶液温度补正值/(mL/L)				
		实际滴定消耗 $AgNO_3$ 溶液的体积 V_0/mL				
	$c(AgNO_3)$/(mol/L)					
	$c(AgNO_3)$ 平均值/(mol/L)					
	平行标定结果的极差/(mol/L)					
	极差与平均值之比/%					
	同组成员	姓名	$c(AgNO_3)$ 平均值/(mol/L)		两位成员标定的平均浓度/(mol/L)	
思考与讨论	以 K_2CrO_4 为指示剂，用 $AgNO_3$ 溶液滴定 NaCl 溶液时，为什么先析出 AgCl 沉淀？为什么当滴定达到化学计量点时才析出 Ag_2CrO_4 沉淀？					

续表

	子任务2：食盐中氯含量的测定
任务实施	活动准备（仪器与试剂）： 仪器： 试剂： 方法原理与结果表达： 实验操作流程： 数据处理：

内容	次数	1	2	3
移取水样体积 $m_{样}$/g				
标定试验	滴定消耗 $AgNO_3$ 标准溶液的用量/mL			
	滴定管校正值/mL			
	溶液温度补正值/(mL/L)			
	实际滴定消耗 $AgNO_3$ 标准溶液的体积 V/mL			
空白试验	滴定消耗 $AgNO_3$ 标准溶液的体积/mL			
	滴定管校正值/mL			
	溶液温度补正值/(mL/L)			
	实际滴定消耗 $AgNO_3$ 标准溶液的体积 V_0/mL			
w_{NaCl}/%				
w_{NaCl}平均值/%				
平行测定结果的极差/%				
极差与平均值之比/%				

配套练习

1. 在 AgCl 和 $BaSO_4$ 的沉淀中加入强电解质 KNO_3，其溶解度大增，原因是（　　）。
   A. 同离子效应　　　B. 异离子效应　　　C. 酸效应　　　D. 配合效应

2. 对于 A、B 两种难溶盐，若 A 的溶解度大于 B 的溶解度，则必有（　　）。
   A. $K_{sp}^{\ominus}(A) > K_{sp}^{\ominus}(B)$　　　　　　　　　B. $K_{sp}^{\ominus}(A) < K_{sp}^{\ominus}(B)$
   C. $K_{sp}^{\ominus}(A) \approx K_{sp}^{\ominus}(B)$　　　　　　　　　D. 不一定

配套练习	2-3 在 Cl^- 和 CrO_4^{2-} 浓度皆为 0.10mol/L 的溶液中逐滴加入 $AgNO_3$ 溶液，情况为（　　）。($K_{spAgCl}=1.8\times10^{-10}$、$K_{spAgCrO_4}=9.0\times10^{-12}$) A. $AgCrO_4$ 先沉淀　　B. $AgCl$ 先沉淀　　C. 同时沉淀　　D. 都不沉淀 2-4 $AgCl$ 与 AgI 的 $K_{sp}^{\ominus}$ 之比为 2×10^6，若将同一浓度的 Ag^+（10^{-5}mol/L）分别加到具有相同氯离子和碘离子（浓度为 10^{-5}mol/L）的溶液中，则可能发生的现象是（　　）。 A. Cl^- 及 I^- 以相同量沉淀　　　　B. I^- 沉淀较多 C. Cl^- 沉淀较多　　　　　　　　D. 不能确定 2-5 在 $BaSO_4$ 沉淀中加入稍过量的 $BaCl_2$，沉淀的溶解度增加，这是因为（　　）。 A. 同离子效应　　B. 异离子效应　　C. 酸效应　　D. 配合效应 2-6 在 NaCl 饱和溶液中通入 HCl(g) 时，NaCl(s) 能沉淀析出的原因是（　　）。 A. HCl 是强酸，任何强酸都导致沉淀 B. 共同离子 Cl^- 使平衡移动，生成 NaCl(s) C. 酸的存在降低了 K_{sp}(NaCl) 的数值 D. K_{sp}(NaCl) 不受酸的影响，但增加 Cl^- 浓度，能使 K_{sp}(NaCl) 减小 2-7 同一类型的难溶电解质 a、b、c、d，其溶解度的关系是 a<b<c<d。则最后析出的沉淀是（　　）。 A. a　　　　B. b　　　　C. c　　　　D. d 2-8 利用莫尔法测定 Cl^- 含量时，要求介质的 pH 值在 6.5～10.5 之间，若酸度过高，则（　　）。 A. AgCl 沉淀不完全　　　　　　　B. AgCl 沉淀吸附 Cl^- 能力增强 C. Ag_2CrO_4 沉淀不易形成　　　　D. 形成 Ag_2O 沉淀 2-9 CaF_2 沉淀的 $K_{sp}^{\ominus}=2.7\times10^{-11}$，$CaF_2$ 在纯水中的溶解度（mol/L）为（　　）。 A. 1.9×10^{-4}　　B. 9.1×10^{-4}　　C. 1.9×10^{-3}　　D. 9.1×10^{-3} 2-10 下列关于吸附指示剂说法错误的是（　　）。 A. 吸附指示剂是一种有机染料 B. 吸附指示剂能用于沉淀滴定法中的法扬司法 C. 吸附指示剂指示终点是由于指示剂结构发生了改变 D. 吸附指示剂本身不具有颜色 2-11 在含有 0.01mol/L I^-、Br^-、Cl^- 溶液中逐滴加入 $AgNO_3$ 试剂，沉淀出现的顺序是（　　）。($K_{spAgCl}=1.8\times10^{-10}$、$K_{spAgI}=8.3\times10^{-17}$、$K_{spAgBr}=5.0\times10^{-10}$) A. AgI, AgBr, AgCl　　　　　　　B. AgCl, AgI, AgBr C. AgI, AgCl, AgBr　　　　　　　D. AgBr, AgI, AgCl 2-12 法扬司法采用的指示剂是（　　）。 A. 铬酸钾　　B. 铁铵矾　　C. 吸附指示剂　　D. 自身指示剂 2-13 在沉淀滴定中，以 $NH_4Fe(SO_4)_2$ 作指示剂的银量法称为（　　）。 A. 莫尔法　　B. 佛尔哈德法　　C. 法扬司法　　D. 沉淀称量法 2-14 沉淀滴定中的莫尔法指的是（　　）。 A. 以铬酸钾作指示剂的银量法

B. 以 $AgNO_3$ 为指示剂，用 K_2CrO_4 标准溶液，滴定试液中的 Ba^{2+} 的分析方法
C. 用吸附指示剂指示滴定终点的银量法
D. 以铁铵矾作指示剂的银量法

配套练习

2-15 含有浓度为 $0.10mol/L Cl^-$ 离子溶液中，加入 Ag^+，则开始沉淀时 $[Ag^+]$ 为（　　）。($K_{sp}=1.8\times10^{-10}$)

　　A. $0.10mol/L$　　B. $1.8\times10^{-9}mol/L$　　C. $0.95mol/L$　　D. 0

2-16 25℃时，AgCl 的 $K_{sp}=1.8\times10^{-10}$，则 AgCl 的溶解度是（　　）mol/L。

　　A. 1.8×10^{-5}　　B. 1.76×10^{-7}　　C. 1.34×10^{-5}　　D. 1.5×10^{-8}

2-17 往 AgCl 沉淀中加入浓氨水，沉淀消失，这是因为（　　）。

　　A. 盐效应　　B. 同离子效应　　C. 酸效应　　D. 配位效应

2-18 以铁铵矾为指示剂，用硫氰酸铵标准滴定溶液滴定银离子时，应在下列哪种条件下进行（　　）。

　　A. 酸性　　B. 弱酸性　　C. 中性　　D. 弱碱性

2-19 下列说法正确的是（　　）。

A. 莫尔法能测定 Cl^-、I^-、Ag^+
B. 福尔哈德法能测定的离子有 Cl^-、Br^-、I^-、SCN^-、Ag^+
C. 福尔哈德法只能测定的离子有 Cl^-、Br^-、I^-、SCN^-
D. 沉淀滴定中吸附指示剂的选择，要求沉淀胶体微粒对指示剂的吸附能力应略大于对待测离子的吸附能力

2-20 莫尔法采用 $AgNO_3$ 标准溶液测定 Cl^- 时，其滴定条件是（　　）。

　　A. $pH=2.0\sim4.0$　　B. $pH=6.5\sim10.5$
　　C. $pH=4.0\sim6.5$　　D. $pH=10.0\sim12.0$

学生课程任务学习评价表

班级：_____　学号：_____　姓名：_____　课程：_____　子任务：食盐水中氯含量的测定

指标属性及配分	序号	评价指标要素	分值	评价依据	考评记录		
					学生自评	小组互评	教师评价
社会能力20分	1	出勤情况	2	学习、完成任务的出勤率			
	2	参与程度	6	富于工作热情，积极参与			
	3	团队协作	6	服从教师、组长的任务分配，并按时完成			
	4	遵守规章制度	4	遵守各项规章制度			
	5	精神面貌	2	仪容、仪态合适			
方法能力20分	1	知识的获取	4	知识获取的方法、途径，知识量			
	2	知识的运用	4	灵活运用所获取的知识来解决问题			
	3	问题的解决	4	能独立解决实验过程中遇到的一些问题			
	4	工作的反思与评价	4	能反工作进行全面、客观的评价			
	5	任务的总结、反思	4	工作完成后能进行总结、反思			

续表

指标属性及配分	序号	评价指标要素	分值	评价依据	考评记录		
					学生自评	小组互评	教师评价
专业能力 50分	1	任务准备	4	完成任务前是否认真预习			
	2	仪器选择	3	仪器的选择是否正确			
	3	称量准确	4	称量操作是否符合要求、规范			
	4	溶液的配制	3	溶液的配制规范、熟练			
	5	仪器的使用	4	仪器的使用是否符合要求、规范			
	6	滴定速度	3	滴定速度控制是否恰当			
	7	终点判断	5	滴定终点判断准确			
	8	滴定操作	4	滴定操作规范、熟练			
	9	数据记录	3	数据记录规范、准确			
	10	数据处理	4	数据处理正确			
	11	分析结果的准确度	5	准确度不大于2倍允差，即2×0.1%			
	12	分析结果的精密度	5	极差与平均值之比不大于1/2允差			
	13	工作页的填写	3	工作页的填写			
文明操作 10分	1	实验台整理与清洁	2	实验结束后，是否收拾台面、试剂、仪器等（2）			
	2	废物处理能力	2	废物是否按指定的方法处理（2）			
	3	时间分配能力	2	是否在规定时间内完成全部工作（2）			
	4	诚实可信	2	实验测定中是否有作弊、编造数据等行为（2）			
	5	爱护仪器，沉着细心	2	是否打碎器皿、损坏仪器（2）			
考评小计							
考评总计		学生自评小计分数×20%+小组互评分数×20%+教师评分×60%					

十四、认识重量分析的基本原理及操作流程

任务1：重量分析基础知识		指导老师：	学时：
班级：		姓名：	学号：
职业能力目标	专业能力	★能掌握称量分析的分类 ★能掌握沉淀的类型 ★能理解并掌握影响沉淀完全和纯净的因素 ★能理解并掌握晶形沉淀、非晶形沉淀的沉淀条件 ★能掌握并应用称量分析的基本操作 ★能对称量分析结果进行准确的计算		

续表

职业能力目标	方法能力	★能独立解决学习过程中遇到的一些问题 ★能独立使用各种媒介完成学习任务 ★信息收集能力能得到相应的拓展 ★工作结果的评价与反思
	社会能力	★团队协作能力 ★与团队负责人、成员相互沟通的能力 ★具有独立解决问题的能力 ★养成求真务实、科学严谨的工作态度
任务前提		数据的处理知识 化学中分析的相关知识
要求		学生分组、分工合作，共同完成任务 自主查阅各种媒介资料，自主学习完成工作任务 小组成员相互监督、相互评价
信息来源		教材、讲义 相关设备、网络信息等
学习步骤		(1) 每2人一小组，通过教材、教辅、网络等资源共同查阅相关资料 (2) 获取必要信息、知识 (3) 在教师引导下各小组各自完成工作页中知识内容 (4) 师生相互讨论、总结 (5) 自我评价、相互评价、教师评价
任务实施		背景知识： 概述 重量分析法：以测定质量来确定被测组分＿＿＿＿＿＿的分析方法。 分类：依据分离方法不同可分为：沉淀法、气化法、电解法、萃取法。 特点： 最基本、最古老的分析方法 不需要标准溶液或基准物质，准确度高； 操作繁琐、周期长； 不适用于微量和痕量组分的测定； 目前重量分析法主要用于常量的硅、硫、镍、磷、钨等元素的精确分析。 称量分析对沉淀物的要求 对沉淀式的要求： 　　a. 溶解度小 　　b. 易过滤和洗涤 　　c. 纯净，不含杂质 　　d. 易转化成称量形式 对称量式的要求： 　　a. 确定的化学组成

	b. 性质稳定 c. 较大的摩尔质量 一、填空题 按沉淀结构不同，可分为_____、_____。颗粒直径小于 $0.02\mu m$ 为_____，该沉淀内部排列杂乱无章，结构疏松，体积庞大，吸附杂质多，不能很好地沉降，无明显的晶面，难以过滤和洗涤。颗粒直径在 $0.1\sim 1\mu m$ 为_____，该沉淀结构紧密，具有明显的晶面，沉淀所占体积小，沾污少，易沉降，易过滤和洗涤。 形成晶形沉淀的条件：_____、_____、_____、_____、_____。 形成非晶形沉淀的条件：_____、_____、_____、_____、_____。 影响沉淀溶解度的因素：同离子效应、_____、酸效应、_____及其他因素的影响。 影响沉淀纯度的因素：_____、_____。 获得纯净沉淀的措施： 采用适当的分析程序合沉淀方法； 降低易被吸附离子的浓度； 针对不同类型的沉淀，选用适当的沉淀条件； 在沉淀分离后，用适当的洗涤剂洗涤； 必要时进行再沉淀。 取样量的计算：
任务实施	为了称样误差，减少洗涤困难，一般的晶形沉淀称量式为：0.5g 左右，非晶形沉淀称量式为：0.1g 左右。并可由称量式质量求得。 计算：测定工业氯化钡（含量95％以上）的含量时，称量式为 $BaSO_4$，求取样量？ 1. 重量分析结果的计算 重量分析中的换算因数（F）：待测组分的摩尔质量与称量形式的摩尔质量之比 结果计算公式： $$w\% = \frac{mF}{m_s} \times 100$$ 式中 m_s——试样的质量； m——称量形式质量； F——换算因数。 ① 分析铁矿石时，样品质量为 0.5000g，称量式 Fe_2O_3 质量 0.4125g，试计算铁矿石中 Fe 及 Fe_3O_4 的质量分数。

② 称取1.4210g明矾[$K_2SO_4 \cdot Al_2(SO_4)_3 \cdot 24H_2O$]试样，经化学反应后生成$Al(OH)_3$沉淀，灼烧成$Al_2O_3$质量为0.1410g，计算该明矾样中硫的含量。s：32.07g/mol Al_2O_3：102.0g/mol

2. 称量分析的基本操作

称量分析中的主要操作程序为：移取一定质量的试样，将其溶解，然后进行沉淀、过滤、洗涤，经干燥或灼烧后称量，根据其质量来计算被测组分的含量。

分析化学中的滤纸有_____和_____两种。在称量分析中应用的滤纸，要和沉淀一起灼烧称量，因而采用特殊滤纸，这种滤纸是将纸浆经过稀盐酸和氢氟酸处理后制成的，每张滤纸燃烧后余下的灰分质量通常为0.03～0.07mg。在一般分析中可忽略不计，因此称这种滤纸为_____。

滤纸类型	标 签 别	纤维紧密程度	用 途
快速		疏松	无定形沉淀如$Fe(OH)_3$
中速		中等	粗晶形沉淀如$MgNH_4PO_4$
慢速		紧密	微细形沉淀如$BaSO_4$、CaC_2O_4

二、选择题

1. 称量分析中，实际称取的试样量应（　　）于理论计算出的试样量，但必须准确。
   A. 相等　　　　B. 少　　　　C. 稍少　　　　D. 稍多
2. 要称量分析中，对于晶形沉淀，要求称量式的质量一般为（　　）。
   A. 0.1～0.2g　　B. 0.1～0.3g　　C. 0.3～0.5g　　D. 0.5～0.6g
3. 沉淀中若杂质太大，则应采取（　　）措施使沉淀纯净。
   A. 再沉淀　　　　　　　　　　B. 升高沉淀体系温度
   C. 增加陈化时间　　　　　　　D. 减小沉淀的比表面积
4. 沉淀称量分析法选用的滤纸应为（　　）
   A. 快速　　　　B. 慢速　　　　C. 定性　　　　D. 定量
5. 用烘干法测定煤中的水分含量属于称量分析法的（　　）。
   A. 沉淀法　　　B. 气化法　　　C. 电解法　　　D. 萃取法
6. 沉淀重量分析中，依据沉淀性质，由（　　）计算试样的称样量。
   A. 沉淀的质量　　　　　　　　B. 沉淀的重量
   C. 沉淀灼烧后的质量　　　　　D. 沉淀剂的用量
7. 下面影响沉淀纯度的叙述不正确的是（　　）。
   A. 溶液中杂质含量越大，表面吸附杂质的量越大
   B. 温度越高，沉淀吸附杂质的量越大
   C. 后沉淀随陈化时间增长而增加
   D. 温度升高，后沉淀现象增大

	8. 共沉淀分离法分离饮用水中的微量 Pb^{2+} 时的共沉淀别是（　　）。 　　A. Na_2CO_3　　B. $Al(OH)_3$　　C. $CaCO_3$　　D. MgS 9. 以 $BaSO_4$ 沉淀形式沉淀 $BaCl_2 \cdot 2H_2O$ 试样的量应为（　　）。 　　A. 0.2～0.3g　　B. 0.3～0.4g　　C. 0.4～0.5g　　D. 0.5～0.6g 10. 下面使沉淀纯净的选项是（　　）。 　　A. 表面吸附现象　B. 吸留现象　　C. 后沉淀现象　D. 再沉淀 11. 洗涤沉淀的目的是为了洗去（　　）。 　　A. 沉淀剂 　　B. 沉淀表面吸附的杂质 　　C. 沉淀表面吸附的杂质和混杂在沉淀中的母液 　　D. 混杂在沉淀中的母液 12. 下面有关称量分析法的叙述错误的是（　　）。 　　A. 称量分析是定量分析方法之一 　　B. 称量分析法不需要基准物质作比较 　　C. 称量分析法一般准确度较高 　　D. 操作简单，适用于常量组分和微量组分的测定
任务 实施	13. 沉淀中若杂质含量太大，则应采取（　　）措施使沉淀纯净。 　　A. 再沉淀　　　　　　　　　　B. 升高沉淀体系温度 　　C. 增加陈化时间　　　　　　　　D. 减小沉淀的比表面积 14. 下列选项属于称量分析法特点的是（　　）。 　　A. 需要纯的基准物作参比 　　B. 要配制标准溶液 　　C. 经过适当的方法处理可直接通过称量而得到分析结果 　　D. 适用于微量组分的测定 15. 下面影响沉淀纯度的叙述不正确的是（　　）。 　　A. 溶液中杂后含量越大，表面吸附杂质的量越大 　　B. 温度越高，沉淀吸附杂质的量越大 　　C. 后沉淀随陈化时间增长而增加 　　D. 温度升高，后沉淀现象增大 16. 称取 $CaCO_3$ 和 $MgCO_3$ 的混合物 0.7093g，灼烧至恒重后得 CaO 和 MgO 混合物 0.3708g，则试样中 $CaCO_3$ 的百分含量为（　　）。（已知原子质量 Ca：12.01，O：16，Mg：24.31） 　　A. 32.32%　　B. 54.48%　　C. 38.61%　　D. 45.57% 17. 在重量法分析中，为了生成结晶晶粒比较大的晶形沉淀，其操作要领可以归纳为（　　）。 　　A. 热、稀、搅、慢、陈　　　　B. 冷、浓、快 　　C. 浓、热、快　　　　　　　　D. 稀、冷、慢 18. 重量分析对称量形式的要求是（　　） 　　A. 颗粒要粗大　　　　　　　　B. 相对分子质量要小 　　C. 表面积要大　　　　　　　　D. 组成要与化学式完全符合

19. 用沉淀称量法测定硫酸根含量时，如果称量式是 $BaSO_4$，换算因数是（　　）。
　　A. 0.1710　　　　B. 0.4116　　　　C. 0.5220　　　　D. 0.6201
20. 以 SO_4^{2-} 沉淀 Ba^{2+} 时，加入适量过量的 SO_4^{2-} 可以使 Ba^{2+} 沉淀更完全。这是利用（　　）。
　　A. 同离子效应　　B. 酸效应　　　　C. 配位效应　　　D. 异离子效应
21. 过滤 $BaSO_4$ 沉淀应选用（　　）
　　A. 快速滤纸　　　B. 中速滤纸　　　C. 慢速滤纸　　　D. 4号玻璃砂芯坩埚
22. 下列叙述中，哪一种情况适于沉淀 $BaSO_4$（　　）。
　　A. 在较浓的溶液中进行沉淀
　　B. 在热溶液中及电解质存在的条件下沉淀
　　C. 进行陈化
　　D. 趁热过滤、洗涤、不必陈化
23. 下列各条件中何者违反了非晶形沉淀的沉淀条件（　　）。
　　A. 沉淀反应易在较浓溶液中进行
　　B. 应在不断搅拌下迅速加沉淀剂
　　C. 沉淀反应宜在热溶液中进行
　　D. 沉淀宜放置过夜，使沉淀陈化
24. 下列各条件中何者是晶形沉淀所要求的沉淀条件（　　）。
　　A. 沉淀作用在较浓溶液中进行　　　B. 在不断搅拌下加入沉淀剂
　　C. 沉淀在冷溶液中进行　　　　　　D. 沉淀后立即过滤
25. 过滤大颗粒晶体沉淀应选用（　　）。
　　A. 快速滤纸　　　　　　　　　　　B. 中速滤纸
　　C. 慢速滤纸　　　　　　　　　　　D. 4号玻璃砂芯坩埚

三、计算题
1. 称取可溶性盐 0.1616g，用 $BaSO_4$ 重量法测定其含硫量，称得 $BaSO_4$ 沉淀为 0.1491g，计算试样中 SO_3 的质量分数。

2. 称取磷矿石试样 0.4530g，溶解后以 $MgNH_4PO_4$ 形成沉淀，灼烧后得 $Mg_2P_2O_7$ 固体 0.2825g，计算试样中 P 和 P_2O_5 的质量分数。

十五、氯化钡中钡含量的测定

任务2：氯化钡含量的测定		指导老师：		学时：	
班级：		姓名：	学号：		日期：
职业能力目标	专业能力	★能解释重量分析的基本原理 ★能根据工业氯化钡的质量标准制定氯化钡含量测定方案 ★掌握晶形沉淀的理论及条件选择 ★掌握重量分析法的计算 ★掌握工业 $BaCl_2·2H_2O$ 中钡含量的测定方法 ★掌握沉淀、过滤、洗涤及灼烧等重量分析基本操作			
	方法能力	★能独立解决实验过程中遇到的一些问题 ★能独立使用各种媒介完成学习任务 ★信息收集能力能得到相应的拓展 ★工作结果的评价与反思			
	社会能力	★团队协作能力 ★树立正确的时间观念 ★具有独立解决问题的能力			
任务前提	数据的处理知识 重量分析的基本原理及相关知识				
要求	学生分组、时分时合共同完成工作任务 学生要做好实验数据的记录、最后各小组的原始数据汇总到教师集中保存 小组成员之间、小组与小组之间进行相互的监督与评价				
信息来源	教材、讲义、相关实验操作视频 相关设备、网络信息等				
学习步骤	(1) 与同学进行交流讨论，了解实验步骤、实验要求，进而获得实验操作信息 (2) 获取学习任务中的必要信息、知识和操作的注意要点 (3) 小组讨论制定，实验操作步骤 (4) 按要求进行实验步骤 (5) 自我评价、相互评价、教师评价				
问题引领	1. 工业氯化钡含量一般为多少？从何处可以得知此信息？ 2. 重量分析法和容量分析法有何不同？各有何优缺点？ 3. 若用重量分析法测定工业结晶氯化钡含量，其原理是什么？结果如何计算？				

续表

问题引领	4. 重量分析法的基本操作有哪些？你学会了吗？如何操作？ 5. 利用重量分析法测定工业结晶氯化钡含量所需的仪器、试剂分别是什么？ 6. 利用量分析法测定工业结晶氯化钡含量具体该如何操作？ 7. 在你完成任务的过程将会产生哪些环保方面的问题？你将如何处理？ 8. 你认为要完成此任务还需要老师提供哪些帮助？
任务实施	工业氯化钡含量的测定 **活动准备（仪器与试剂）：** **工作计划：** | 序号	工作内容	时间	负责人	备注
---	---	---	---	---
					  方法原理与结果表达：

续表

	实验操作流程：				
任务实施	数据记录及处理：				
	内容＼次数		1	2	3
	称量瓶＋$BaCl_2 \cdot 2H_2O$ 试样质量（第一次读数）/g				
	称量瓶＋$BaCl_2 \cdot 2H_2O$ 试样质量（第二次读数）/g				
	$BaCl_2 \cdot 2H_2O$ 试样质量 m/g				
	空坩埚质量（恒重）				
	（坩埚＋$BaSO_4$）恒重	第一次灼烧/g			
		第二次灼烧/g			
		两次误差/g			
	$BaSO_4$ 质量/g				
	w（$BaCl_2 \cdot 2H_2O$）/%				
	w（$BaCl_2 \cdot 2H_2O$）平均值/%				
	平行测定的极差/%				
	极差与平均值之比/%				

思考与讨论	1. 为什么沉淀 $BaSO_4$ 时要在热稀溶液中进行？而在冷却后才能过滤？ 2. 为了得到纯净、粗大的 $BaSO_4$ 晶形沉淀，本实验中采取了哪些措施？为什么要采取这些措施？ 3. 在重量分析中，为加快沉淀的过滤、洗涤速度，在选择漏斗、折滤纸、过滤和洗涤沉淀等操作中应注意哪些问题？ 4. 什么叫灼烧至恒重？

学生课程任务学习评价表　工业氯化钡含量的测定

班级：＿＿＿＿　姓名：＿＿＿＿　学号：＿＿＿＿　时间：＿＿＿＿　成绩：＿＿＿＿

项目 \ 评分点	评分标准	配分	扣分	得分	项目	评分标准	配分	扣分	得分
天平称量准备	称量工具选取	1			测定过程	煮沸	1		
	检查水平、状态完好情况	1				加入 SO_4^{2-}，煮沸	2		
	天平内外清洁	1				陈化	1		
	检查和调零点	1				过滤	2		
称量操作	操作轻、慢、稳	2				洗涤、检测	2		
	加减试样操作正确	2				沉淀转移入坩埚	2		
	倾出试样符合要求	2				电炉上灰化	1		
	读数及记录正确	2				高温炉灼烧	1		
称量后的处理	样品放回干燥器、工具放回原位	2				冷却	1		
	清洁天平门外	1				称量	2		
	检查零点	1			5S管理	仪器清洗、归整	2		
						桌面整理	2		
测定过程	试样溶解、酸化	2			数据记录	记录及时、漏项	2		
	滤纸折叠	1				记录数值精度不符合要求	1		
	做水柱	2				记录涂改现象二处以上	1		
	漏斗下端紧贴液接烧杯	2				数据记错	1		
	采用倾泻法过滤	2				有意涂改数据	1		
	过滤时，玻棒紧贴烧杯	2			分析结果	平行误差	15		
	玻棒下端轻靠在滤纸上	2				平行结果与参照值误差	20		
	滤液每次不能超过滤纸2/3	2				计算是否正确	5		
	洗涤	2			考核时间	考核时间为120分，每超5min扣2分			
	中和、酸化	2							

ISBN 978-7-122-19937-9

定价：45.00元